GUÍA DE PLANTAS MEDICINALES

UNA BOTICA
EN EL JARDÍN

editorial

cuarto
centenario

De la edición © Editorial IV Centenario,
Real Jardín Botánico Universidad de Alcalá

Textos © sus autores

Fotografías de Plantas del Jardín © todas de Gerardo Stübing, salvo: *Acmella oleracea* (Phyzome); *Aloe vera* (Antonio Málaga); *Aloysia citrodora* (Rafael Tormo); *Arbutus unedo* (Antonio Málaga); *Artemisia annua* (Orest Lyahechka); *Berberis vulgaris* (Stefan Lefnaer / Wikimedia); *Carthamus tinctorius* (Viktor Kovtun); *Centaurea cyanus* (Rafael Tormo); *Ephedra nebrodensis* (Jon Benedictus); *Erysimum x cheiri* (Torn Mekaer); *Fumaria officinalis* (Stefan Lefnaer); *Glycirrhiza glabra* (Orest Mucesto); *Hippophae rhamnoides* (Irkhabar); *Lycium barbarum* (Orest Lyahechka); *Mentha aquatica* (Pedro Sánchez Martínez); *Mentha spicata* (C.T. Johansson); *Monarda didyma* (Smartbyte); *Nicotiana tabacum* (H. Zell); *Ocymum basilicum* (C.H. Weiss); *Oenothera glazioviana* (Nadyn Struleva); *Origanum vulgare* (AnRo0002); *Pelargonium sidoides* (Manfred Rucksio); *Primula officinalis* (Flower_Garden); *Rosa rubiginosa* (Dontheya); *Rubus ulmifolius* (Didacca); *Sideritis hyssopifolia* (Nicolas Guérin) y *Thymus mastichina* (L.F. Rabanedo).

Otras Fotografías © todas de Antonio Málaga, salvo *Arbutus unedo* (G. Stübing), *Haemanthus coccineus* (Jerry Parsons), y *Tilia platiphyllos* (Luis Monje)

Figuras y láminas © Andrés García Juvera y Manuel Peinado Lorca

Diseño y maquetación Editorial Cuarto Centenario

Impresión LOGUI Impresión

Encuadernación Sucesores de Felipe Méndez

Depósito legal TO 96-2025

ISBN 979-13-990064-1-4

Este trabajo esta realizado con papel con certificación PEFC que promueve y divulga la Gestión Forestal Sostenible.

ÍNDICE

Las flores de los lirios son ejemplos de flores zigomorfas. En la fotografía, un lirio azul (*Iris germanica*).

Esta asterácea nativa de Suráfrica, *Dimorphotheca ecklonis*, comúnmente conocida como dimorfoteca, o margarita de El Cabo, tiene decenas de flores reunidas en capítulos con lígulas radiales y flósculos centrales.

AGRADECIMIENTOS

Los autores agradecen a todos los trabajadores del Jardín Botánico de la Universidad de Alcalá su dedicación a la creación del jardín de medicinales que sustenta este libro. El agradecimiento debe ser particularmente especial para algunas personas que han tenido mayor dedicación al diseño y la creación del propio jardín.

Rosendo Elvira Palacio, biólogo y primer director del Jardín Botánico, diseñó el jardín en su forma actual. A partir de 2023 Manuela Plasencia Cano, farmacéutica y colaboradora voluntaria del Jardín, se responsabilizó de las plantaciones y de la distribución de las plantas medicinales siguiendo criterios fitoterapéuticos.

Los biólogos y jardineros Pedro Sánchez Martínez y Adrián Domínguez García han dedicado buena parte de su jornada laboral, pero sobre todo de su afición y de su amor por las plantas, a las plantaciones iniciales y al cuidado de estas. Andrés García Juvera, delineante del Jardín se encargó del diseño de las etiquetas y de la rotulación de plantas y parterres. Montserrat Orive Felipes y Miriam Ortega Barrio revisaron los textos.

Finalmente, a través de su rector, el profesor don José Vicente Saz Pérez, y de la directora general, profesora doña Maite del Val Núñez, agradecemos la atención y la ayuda que los equipos de dirección de la Universidad y de su Fundación General, respectivamente, han prestado en todo momento al Jardín Botánico y sus actividades.

Inflorescencia racemosa y corolas
urceoladas del madroño *Arbutus unedo*.

PRÓLOGO

Las plantas que nos rodean son auténticos laboratorios vivientes. No es nada nuevo. Las plantas medicinales han sido el único recurso que ha tenido la humanidad para curar sus males durante siglos. Siguiendo las tradiciones terapéuticas conocidas desde la prehistoria, la medicina popular, en realidad, no ha dejado nunca de recurrir a las plantas medicinales. De hecho, hasta bien avanzado el siglo XIX, las plantas constituyeron la base de la terapéutica en todo el mundo.

La tendencia de nuestros antepasados homínidos a usar plantas medicinales se remonta al menos a 50.000 años. En el yacimiento de la cueva de El Sidrón, en el norte de España, el *Homo (sapiens) neanderthalensis*, una especie extinta de humanos arcaicos, ingería las plantas medicinales no nutritivas *Achillea millefolium* (milenrama) y *Matricaria chamomilla* (manzanilla), como demuestra el análisis de las partículas encontradas en el sarro de sus dientes fosilizados.

El registro arqueológico de múltiples sitios en todo el Cercano Oriente, que abarcan desde el Paleolítico Inferior hasta el Neolítico, sugiere que el uso intencionado y continuo de plantas medicinales estaba generalizado entre los homínidos del Paleolítico. Dos de las tradiciones medicinales escritas más antiguas, el Ayurveda y la Medicina Tradicional China, se remontan a más de 5.000 años.

Gran parte del mundo todavía depende del uso de hierbas medicinales de estas y otras tradiciones para las necesidades diarias de salud.

Estos tratamientos, que han demostrado ser efectivos, han sido ampliamente aceptados como tratamientos complementarios médicos incluso en las naciones industrializadas.

La etnomedicina, la medicina etnoveterinaria y la etnofarmacología investigan estas y otras tradiciones escritas y orales antiguas sobre el uso de plantas medicinales que son buscadas como fuentes de tratamientos alternativos para enfermedades humanas y ganaderas frente a la creciente resistencia de los antibióticos y antivirales a las drogas sintéticas.

Las plantas pueden sanar, pero también pueden matar. La naturaleza es el mayor camello del planeta. Sin salir de una ciudad, en cunetas, descampados y parques se pueden encontrar plantas tóxicas o venenosas como la amapola, el estramonio y el mismísimo opio.

Durante una clase de biología sanitaria, me sorprendió que los alumnos ignoraran la existencia de estas plantas tan cercanas. Al hacerles notar que todas esas especies les acechaban, la estupefacción se dibujó en casi todos los rostros. Cuando puse ejemplos reales de accidentes, algunos mortales, producidos por el mal uso y desconocimiento de las especies venenosas de nuestra península, el auditorio estaba atento y silencioso. Se tranquilizó al saber que muchos venenos resultaban familiares en la práctica médica: en su dosis justa, la morfina, la atropina y la escopolamina son, por ejemplo, tremendamente útiles y han salvado infinidad de vidas.

En el libro que ahora tienes en las manos recogemos una muestra representativa de algunas de las plantas medicinales más conocidas en nuestro país. La muestra es necesariamente reducida por una doble razón. En primer lugar, por el espacio del propio jardín de medicinales, ceñido por el momento a un ámbito limitado por su propio diseño. En segundo lugar, muchas de las plantas medicinales son especies restringidas a ámbitos ecológicos cálidos y húmedos con ausencia de heladas, lo que limita su crecimiento en climas fríos como el nuestro.

El libro se estructura en tres secciones. En la primera, hemos intentado resumir algunas nociones fundamentales sobre botánica, fitoterapia y farmacognosia. La segunda está dedicada a la descripción mediante fichas, fotografías y láminas de 113 plantas cultivadas en el jardín de medicinales. Los vocablos técnicos citados en las secciones anteriores se definen en sendos glosarios (taxonómico y fitoterapéutico), los cuales, junto con un pequeño apéndice bibliográfico y sendos índices de nombres comunes y científicos, cierran el volumen.

Una flor de anémona, *Anemone coronaria*, cubierta de rocío abriéndose al amanecer.

NOCIONES BOTÁNICAS

La botánica (del griego "*botane*", 'hierba') es la rama de la biología que estudia las plantas en sentido amplio (algas, hongos y organismos fotosintéticos de diferente índole), incluyendo la descripción, clasificación, distribución, identificación, biología reproductiva, fisiología, morfología, relaciones recíprocas, relaciones con los otros seres vivos y efectos provocados sobre el medio en el que se desenvuelven. El término en castellano para quien se dedica a esta disciplina es botánico.

El campo de estudio de la botánica abarca las categorías taxonómicas de las plantas sin flores (criptógamas), las plantas sin flores y sin haces vasculares (briófitas), las plantas sin flores y con haces vasculares (pteridófitas), las plantas con flores (espermatofitas), las plantas con flores y sin frutos (gimnospermas) y las plantas con flores y con fruto (angiospermas), dentro de la clasificación clásica de los organismos vegetales.

Según el Diccionario de la Real Academia (además de la que remite al pie que, curiosamente, es la primera acepción) una planta es un «ser vivo autótrofo y fotosintético, cuyas células poseen pared compuesta principalmente de celulosa y carecen de capacidad locomotora». Como todas las que atañen a los organismos, esta definición tiene no pocas excepciones, pues existen plantas parásitas que carecen de clorofila y, por tanto, no son ni fotosintéticas ni autótrofas. Ahora bien, esas plantas tienen otras características que permiten establecer relaciones de parentesco con otras que cumplen ambas condiciones. Por

Figura 1. Ciclo de vida de una gimnosperma

1. **Rama adulta**, 2. **Inflorescencia masculina**, 3. **Flor masculina (androstróbilo)**, 4. **Bráctea del androstróbilo** con un **saco polínico**, 5. **Liberación de los granos de polen**, 6. **Flor femenina o ginostróbilo; 6a.** **Antes** de la fecundación, **6b. Fecundada** y semimadura, **6c. Completamente madura** y lista para **liberar las semillas**, y **6d. Bráctea seminífera** del ginostróbilo con un **primordio seminal** en su extremo, 7. **Primordio seminal** (aumentado) y **abierto** para recibir el grano de polen, **8. Divisiones intraprimordiales** que acumulan sustancias de reserva antes de la fecundación, **9.** El **grano de polen** emite un **tubo polínico** por el que pasa el **gameto masculino** que fecunda una **oosfera (gameto femenino)**, **10.** En el interior del primordio seminal se **desarrolla el embrión** (en verde), **11 Bráctea seminífera** con dos primordios seminales fecundados y transformados en sendas **semillas** provistas de un **ala dispersora 12**, **13. Germinación de la semilla** y salida de la **plántula** con múltiples **profilos**, **14. Plántula**, cuando crezca producirá un pino adulto. Las fases **gametofíticas (haploides)** son la **5** y la **8**.

Figura 2. Caracteres generales de las angiospermas

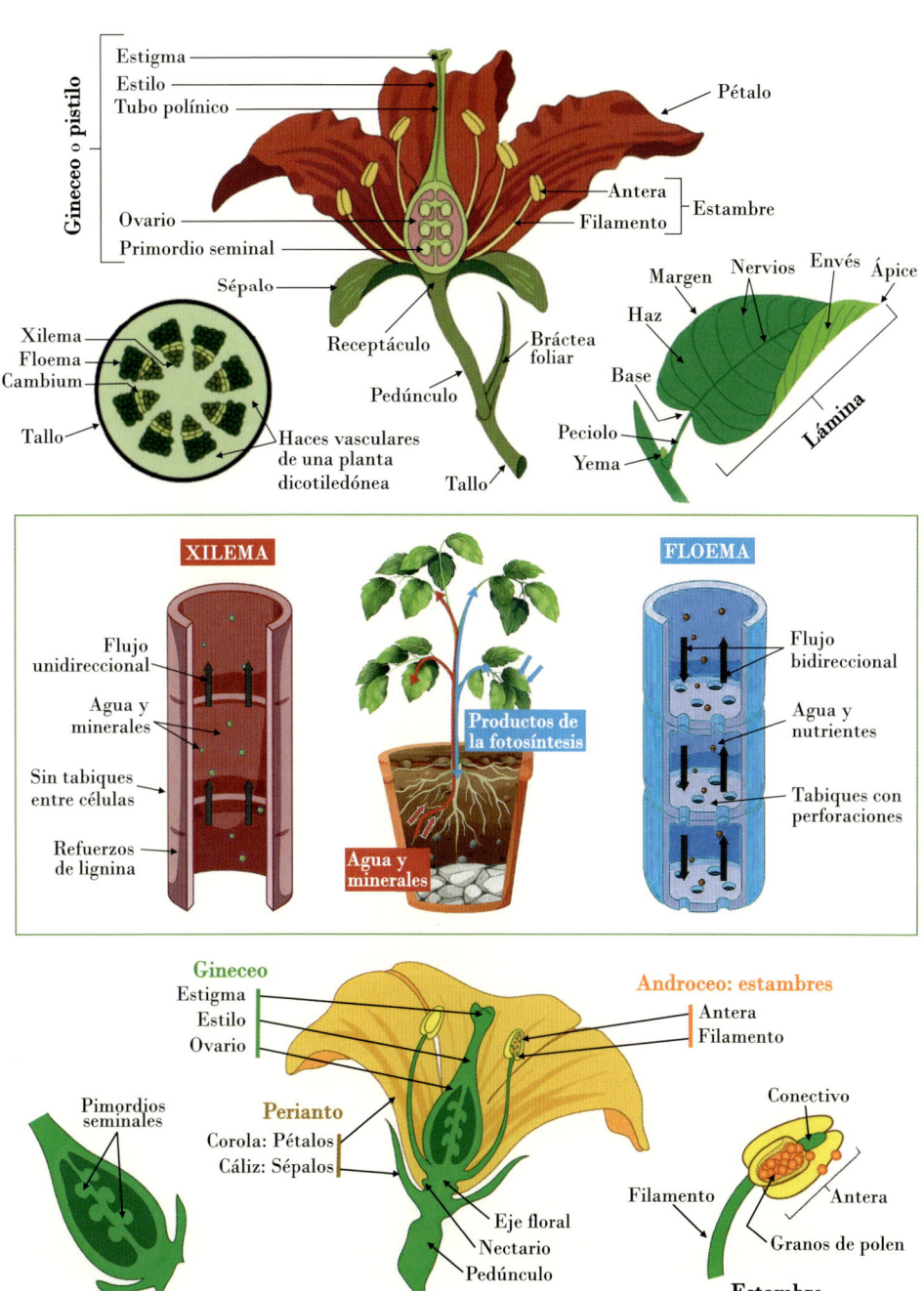

lo demás, el propio Diccionario remite al término "vegetal" para todo lo perteneciente o relativo a las plantas.

Este libro trata de plantas medicinales. Todas las que tratamos tienen en común ser plantas vasculares (traqueófitos), poseer una estructura llamada cormo, de donde deriva su nombre de cormófitos y, en tercer lugar, son espermatófitos, el término que define al conjunto de vegetales que poseen flores y que son capaces de formar semillas; su propio nombre, de raíz griega, hace referencia a este hecho (*sperma* = semilla, *pyton* = planta).

Clasificación y organización de las plantas vasculares

Las plantas vasculares son organismos pluricelulares generalmente terrestres, provistos de sendos tejidos de conducción especializados, el xilema[1], transportador de la savia bruta (esencialmente agua y nutrientes tomados del suelo) y el floema, transportador de la savia elaborada (azúcares y otros productos orgánicos originados en las hojas gracias a la fotosíntesis). Ambos tejidos están constituidos esencialmente por tubos conductores (también llamados traqueidas, los menos evolucionados, y tráqueas, los más evolucionados y propios de las angiospermas), y de ahí la denominación de traqueófitos utilizada por algunos autores. Reciben también los nombres de cormófitos, por poseer cormo, esto es el conjunto formado por raíz, tallo y hojas, y embriófitos por desarrollar un embrión pluricelular después de la fecundación.

Constituyen el núcleo del reino Plantae, el cual, según las clasificaciones más aceptadas, incluye más de un cuarto de millón de especies de musgos, helechos, coníferas y plantas con flores, incluidos en tres grupos principales: briófitos, pteridófitos y espermatófitos.

En este libro únicamente se tratan las plantas vasculares con semillas (espermatófitos) y quedan excluidos aquellos otros vegetales que, pese a ser también verdes (tienen clorofila), no disponen de aquellas,

---

1 Los términos técnicos utilizados que no se definen en el texto se describen en los correspondientes glosarios.

como sucede con los pteridófitos (helechos y grupos afines), los cuales, aunque provistos de haces vasculares, no forman semillas y se reproducen por esporas.

Las plantas con semillas o espermatófitos (división Spermatophyta) son, en números redondos, un cuarto de millón de especies, que comparten una reproducción que se produce con formación de flores y semillas. Incluye dos grandes grupos: gimnospermas y angiospermas.

Las gimnospermas (división Pinophyta) representan solo unas quince familias, con entre setenta y cinco a ochenta géneros, y algo más de ochocientas especies, en su inmensa mayoría leñosas, que, entre las más conocidas, incluyen pinos, abetos y cipreses. El término "*gimnos*", de raíz griega con el significado de desnudo, alude a que sus primordios seminales (las futuras semillas) se encuentran desnudas en la axila de brácteas o directamente sobre el eje de la inflorescencia.

Las gimnospermas, son, pues, plantas vasculares productoras de semillas, aunque estas no se formen en un ovario cerrado (esto es, un pistilo con uno o más carpelos que, tras la fecundación, evolucionan a frutos, como ocurre en las angiospermas). Su flor, definida como una rama de crecimiento limitado productora de hojas fértiles o "esporofilos", tiene semillas expuestas. En síntesis, las gimnospermas no tienen fruto y, por ello, se diferencian de las angiospermas que protegen sus semillas en el interior de frutos. Las características fundamentales de las gimnospermas se resumen en la Figura 1.

Las angiospermas, cuyos principales caracteres se resumen en la Figura 2, constituyen el grupo vegetal dominante en la actualidad. Presentan sus futuras semillas encerradas en un recipiente, el ovario, que se transformará en fruto. Los grupos más importantes de angiospermas son:

Dicotiledóneas: constituyen aproximadamente el 75% de las especies de angiospermas; herbáceas o arbóreas, tienen en común, entre otros caracteres menos visibles, la posesión de dos cotiledones. Ejemplos: lechuga, remolacha, tomate, manzano, etc.

Figura 3. Estructura de la célula vegetal

Figura 3-1

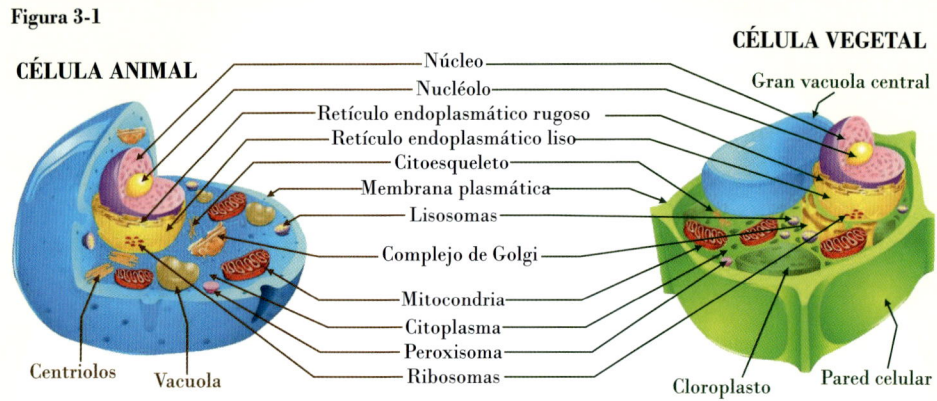

CÉLULA ANIMAL

CÉLULA VEGETAL

- Núcleo
- Nucléolo
- Retículo endoplasmático rugoso
- Retículo endoplasmático liso
- Citoesqueleto
- Membrana plasmática
- Lisosomas
- Complejo de Golgi
- Mitocondria
- Citoplasma
- Peroxisoma
- Ribosomas

Gran vacuola central

Centriolos Vacuola

Cloroplasto Pared celular

Figura 3-2

Pared celular en las plantas herbáceas

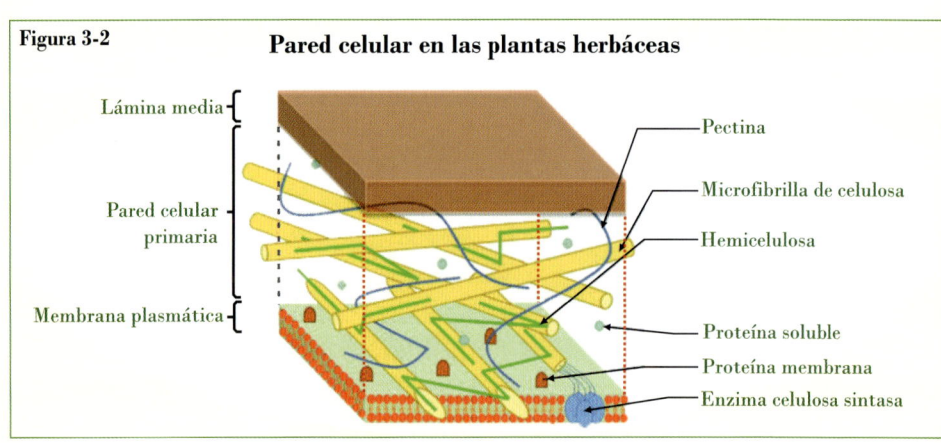

Lámina media

Pared celular primaria

Membrana plasmática

- Pectina
- Microfibrilla de celulosa
- Hemicelulosa
- Proteína soluble
- Proteína membrana
- Enzima celulosa sintasa

Figura 3-3

Pared celular en las plantas leñosas

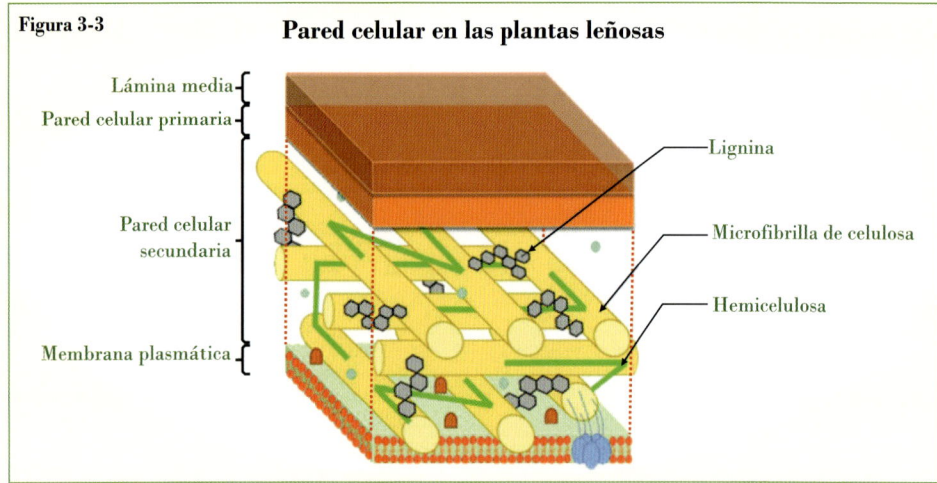

Lámina media
Pared celular primaria

Pared celular secundaria

Membrana plasmática

- Lignina
- Microfibrilla de celulosa
- Hemicelulosa

Figura 4. Composición celular de la madera

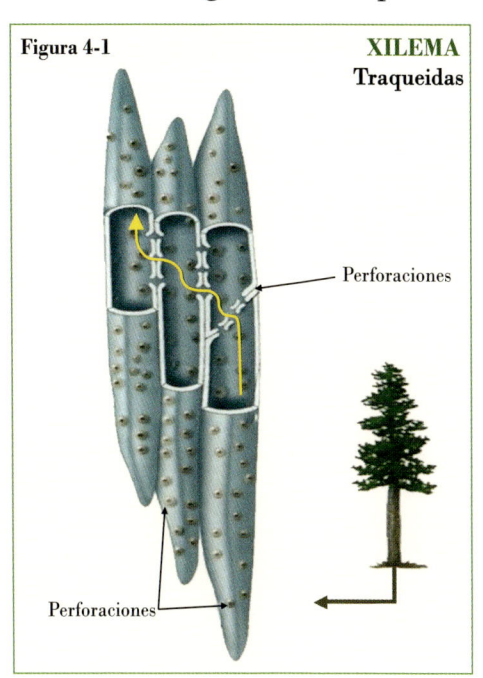

Figura 4-1

XILEMA
Traqueidas

Perforaciones

Perforaciones

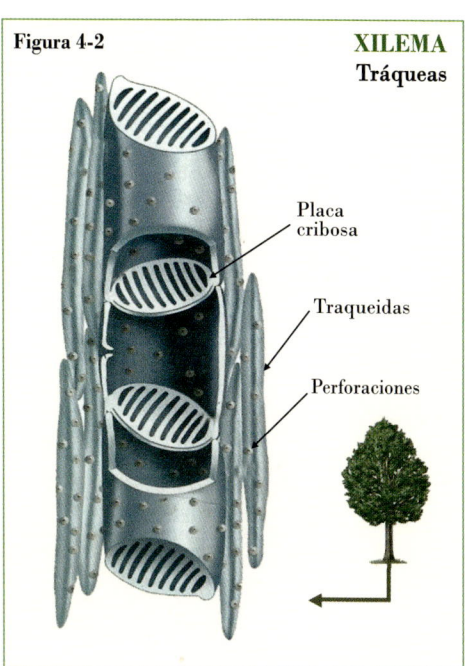

Figura 4-2

XILEMA
Tráqueas

Placa
cribosa

Traqueidas

Perforaciones

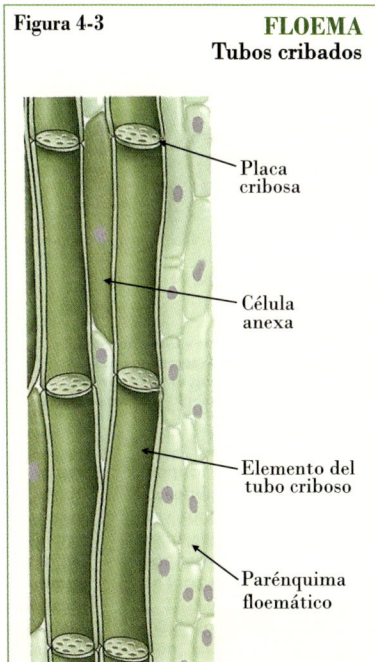

Figura 4-3

FLOEMA
Tubos cribados

Placa
cribosa

Célula
anexa

Elemento del
tubo criboso

Parénquima
floemático

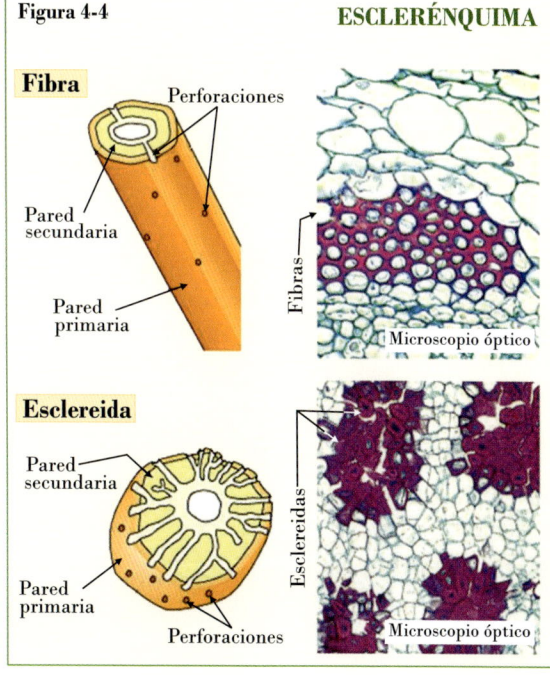

Figura 4-4

ESCLERÉNQUIMA

Fibra

Perforaciones

Pared
secundaria

Pared
primaria

Fibras

Microscopio óptico

Esclereida

Pared
secundaria

Pared
primaria

Perforaciones

Esclereidas

Microscopio óptico

Figura 5. Composición de la pared celular de la madera

Figura 5-1

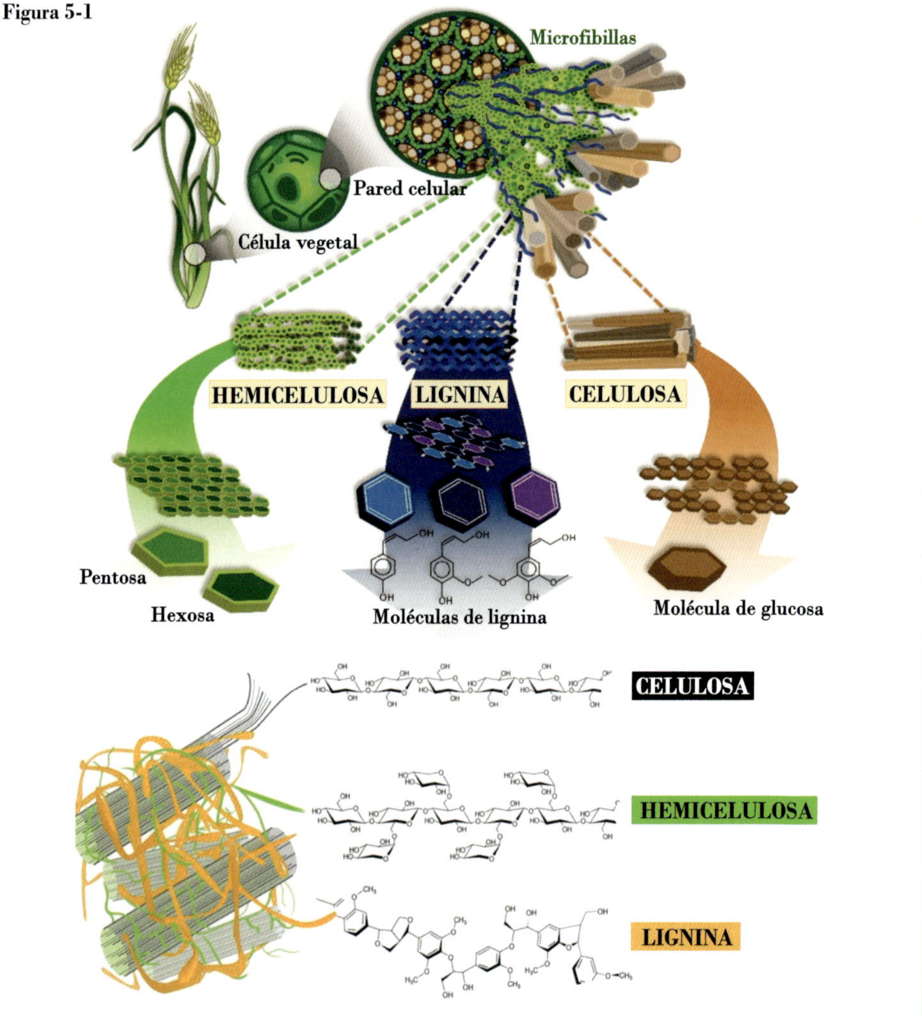

Microfibillas

Pared celular

Célula vegetal

HEMICELULOSA LIGNINA CELULOSA

Pentosa

Hexosa

Moléculas de lignina

Molécula de glucosa

CELULOSA

HEMICELULOSA

LIGNINA

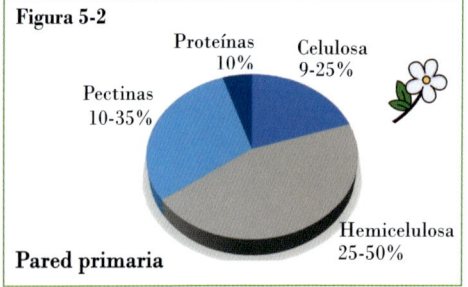

Figura 5-2

Proteínas 10%

Celulosa 9-25%

Pectinas 10-35%

Hemicelulosa 25-50%

Pared primaria

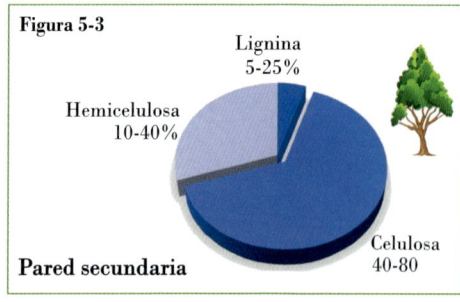

Figura 5-3

Lignina 5-25%

Hemicelulosa 10-40%

Celulosa 40-80

Pared secundaria

Monocotiledóneas: el 25% de las especies de angiospermas; principalmente plantas herbáceas. Ejemplos: cebolla, trigo, lirios, palmeras, orquídeas, etc.

Tanto las gimnospermas como las angiospermas tienen en común la posesión de raíz, tallo y hojas, es decir, de un "cormo", empezaremos, pues, por definir este.

El cormo

El cuerpo vegetativo de las plantas vasculares está formado por la raíz, el tallo y las hojas; estos tres elementos constituyen el cormo. Si se toma como ejemplo la germinación de una semilla de un espermatófito (Figura 24), se puede observar que, a partir de la radícula del embrión, nace una primera raíz que se encorva hacia el suelo; al mismo tiempo, se desarrolla un primer tallo que crece siempre hacia arriba y lleva las primeras hojas del embrión, los cotiledones. Así, en los primeros estadios del desarrollo de la planta, ya se pueden reconocer los tres elementos del cormo: la raíz, el tallo y las hojas.

Esos tres elementos estructurales están formados por células dotadas de una pared protectora de la que carecen las células animales. Esa pared celular está formada por celulosa, un biopolímero compuesto de cientos de moléculas de glucosa, que participa en todas las plantas, tanto en las herbáceas como en las leñosas; en estas últimas a la pared celular se añade un nuevo polímero, la lignina, la molécula responsable de la formación de la madera. La formación de madera se debe a que, además de los meristemos que producen el crecimiento de las plantas herbáceas, en las plantas leñosas actúan dos meristemos, el cámbium y el felógeno, que hacen que la planta crezca en grosor y se forme leño, un vocablo derivado del latín *lignum*, leño, del que también deriva el término lignina.

En el siglo XIX, el botánico J. Sachs distinguió tres sistemas principales de tejidos en el esporófito de los cormófitos, a los que clasificó según su función en la planta: tejidos de protección, fundamentales y vasculares.

Los tejidos que cumplen la función de protección forman la capa más externa del cormo. Si el cormo solo posee crecimiento primario, encontraremos una epidermis, cubierta por una capa de cutina (lípido complejo que evita la pérdida de agua en la vida terrestre pero también evita el intercambio gaseoso con el medio ambiente), que posee estomas y lenticelas (ambos aseguran el intercambio gaseoso con el ambiente).

En los cormófitos con crecimiento secundario del tallo, que son los leñosos, la epidermis con cutina es reemplazada durante el crecimiento secundario por una peridermis parcialmente impermeabilizada con suberina (lípido muy parecido a la cutina, responsable de la formación del súber o corcho).

Los tejidos fundamentales forman un sistema continuo y están conformados principalmente por los diversos tipos de parénquimas (del griego: «carne de las vísceras»), a los que se asocian los tejidos de sostén (como colénquima y esclerénquima). Los tejidos de sostén, como su nombre lo indica, cumplen la función de mantener la estructura de la planta, función que cumplen gracias a los biopolímeros que impregnan y endurecen la pared celular.

Los tejidos de sostén más comunes son el colénquima y el esclerénquima. El primero, (del griego *colla*: goma, cola, nombre dado por la facilidad con que las paredes celulares se hinchan al hidratarse) está formado por células vivas. El esclerénquima (del griego *escleros*: duro, nombre dado por sus gruesas paredes muy duras y resistentes) formado por células casi siempre muertas a su madurez, cuya función es comparable a la del esqueleto de los vertebrados.

Los tejidos vasculares son los responsables del transporte de líquidos y sustancias por todo el cuerpo del vegetal, en el que se distinguen el floema (del griego *floeos*: 'propio de la corteza') especializado en transporte de azúcares y el xilema (del griego *xylos*: 'lignificarse', formado por células muertas tubulares, abiertas o cerradas en sus extremos, de paredes muy lignificadas, que forman un haz vascular especializado en transporte de agua y sales).

Estos tejidos son complejos y, a menudo, están asociados a otros (parenquimáticos y de sostén). Los tejidos vasculares se ubican dentro de los tejidos fundamentales de manera diversa según los distintos órganos de la planta.

Raíz

La raíz es el órgano de absorción y de fijación de la planta. Generalmente es subterránea y ancla la planta al suelo, a la vez que se encarga de absorber el agua y los nutrientes necesarios para que prospere. Tiene geotropismo positivo, lo que quiere decir que crece en dirección al suelo y en sentido opuesto al del tallo (que tiene geotropismo negativo) y carece de hojas y de órganos reproductores.

Al crecer, la radícula del embrión se convierte en la raíz principal de la planta, que crece en vertical y penetra en el suelo. En algunos casos, las plantas desarrollan otras raíces que no se originan a partir de la raíz embrionaria: son las raíces denominadas adventicias, que pueden nacer tanto en la base como en otras partes de la planta.

Algunas plantas desarrollan raíces adventicias que tienen otras funciones específicas distintas a absorber agua y nutrientes. Hay plantas trepadoras que necesitan asirse a un soporte para prosperar, y lo consiguen formando raíces aéreas adherentes o raíces garfio (como las de las hiedras) en diferentes partes del tallo. Las plantas parásitas generan raíces chupadoras de morfología muy variable, que pueden penetrar en los tejidos vivos del huésped para obtener el agua, la savia, o ambos a la vez.

Otras plantas presentan las raíces aéreas en los nudos basales de los tallos y crecen buscando asentarse en el suelo, de modo que actúan como contrafuertes y ayudan a sostener la planta; las forman, entre otras plantas, el maíz y el bambú. Cuando tales raíces nacen en las ramas más altas reciben el nombre de raíces fúlcreas. Las raíces aéreas que nacen del tallo también se conocen genéricamente como raíces caulógenas.

Figura 6. Caracteres generales de las yemas

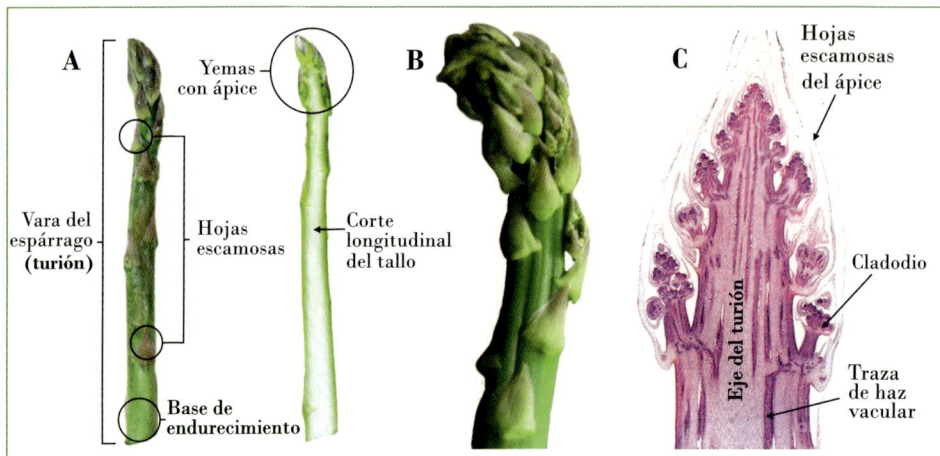

A. **Yemas con ápice**

Vara del espárrago (turión)

Hojas escamosas

Corte longitudinal del tallo

Base de endurecimiento

B.

C. **Hojas escamosas del ápice**

Eje del turión

Cladodio

Traza de haz vacular

Detalles anatómicos de *Asparagus officinalis*: **A. Anatomía** de un **turión**, **B. Extremo del turión** en el que se aprietan las brácteas debajo de las cuales están los **brotes laterales**, **C. Corte longitudinal** al microscopio del extremo del turión.

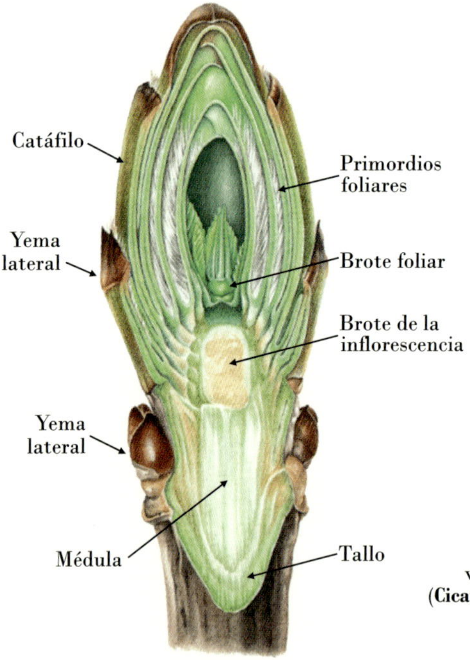

Catáfilo

Primordios foliares

Yema lateral

Brote foliar

Brote de la inflorescencia

Yema lateral

Médula

Tallo

Sección longitudinal de la yema terminal del castaño de Indias

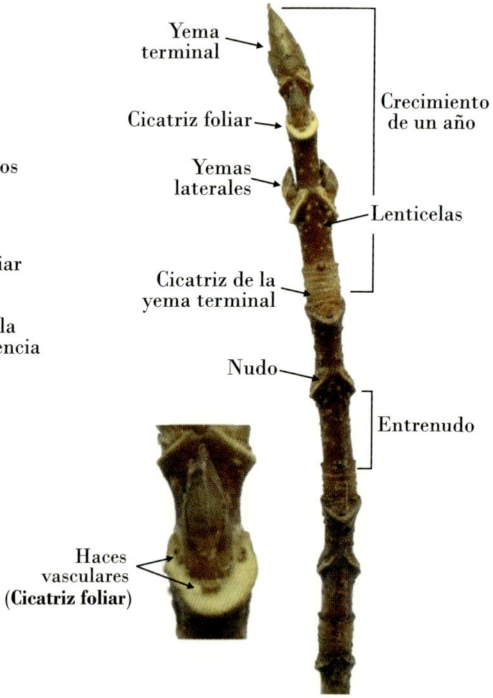

Yema terminal

Cicatriz foliar

Yemas laterales

Crecimiento de un año

Lenticelas

Cicatriz de la yema terminal

Nudo

Entrenudo

Haces vasculares (Cicatriz foliar)

Anatomía de una ramita

Figura 7. Yemas de algunos árboles

ALISO
Alnus glutinosa

FRESNO
Fraxinus excelsior

HAYA
Fagus sylvatica

ÁLAMO NEGRO
Populus nigra

TILO
Tilia x europaea

CEREZO
Prunus avium

ENDRINO
Prunus spinosa

SAÚCO
Sambucus nigra

ROBLE
Quercus robur

HIGUERA
Ficus carica

SAUCE
Salix caprea

CHOPO CANO
Populus x canescens

ESPINO
Crataegus monogyna

AVELLANO
Corylus avellana

CASTAÑO DE INDIAS ROSADO
Aesculus x carnea

CARPE
Carpinus betulus

PLÁTANO
Platanus x acerifolia

MIMBRERA
Salix viminalis

ARCE
Acer platanoides

CASTAÑO DE INDIAS
Aesculus hippocastanum

CASTAÑO
Castanea sativa

ABEDUL
Betula pendula

ARCE
Acer pseudoplatanus

ROBLE TURCO
Quercus cerris

NOGAL
Juglans regia

CHOPO BLANCO
Populus alba

OLMO
Ulmus glabra

Cuando la raíz principal se divide en ramificaciones de primer orden, de segundo orden y así sucesivamente, que son cada vez más delgadas a medida que, formando ángulos muy variados, se alejan de la raíz principal, la raíz se llama axonomorfa, y el conjunto constituye un sistema radical axonomorfo. Las zanahorias son el ejemplo típico de este tipo de raíces.

Otras plantas presentan raíces fasciculadas que se originan cuando las ramificaciones de la raíz principal crecen tanto o más que esta, de manera que no se pueden diferenciar las unas de las otras, o en otros muchos casos, cuando la raíz principal embrionaria deja de crecer poco después de la germinación de la semilla y la planta forma, en su base, un haz de raíces adventicias, todas parecidas entre sí. Entre otros muchos ejemplos, las raíces de los cereales son un ejemplo típico de este sistema radicular.

Cuando la adaptación de la raíz se orienta a la reserva de nutrientes, se vuelve carnosa o tuberosa; a veces se torna más gruesa y desarrolla tubérculos en los que almacena nutrientes. Los tubérculos radicales pueden ser más o menos numerosos y situarse en las ramificaciones de la raíz principal, o ser poco numerosos, como ocurre en muchas orquidáceas, que forman un único par. Aunque las patatas se les denomine tubérculos, no lo son en términos botánicos estrictos, pues las patatas no son raíces, sino tallos capaces de germinar para formar nuevos tallos y hojas, lo que nunca hacen las raíces (Figura 9).

A menudo el tubérculo radical es único y lo forma la raíz principal. La raíz carnosa que resulta en este caso puede ser muy variable en cuanto a su morfología: algunas son globosas (como ocurre en los rábanos), otras son cónicas (como las de las chirivías), y las hay también cilíndricas, que se conocen como raíces napiformes, de las que son exponentes principales la zanahoria y el nabo.

Tallo

El tallo, en latín *thallus*, es el órgano de las plantas vasculares que da soporte a toda la estructura aérea de la planta; sostiene las hojas,

Figura 8. Caracteres generales de las fresas

Las fresas se desarrollan bien a partir de **semillas** originadas por reproducción sexual o multiplicándose por **estolones** (reproducción vegetativa).

Semilla   Estolón   Estolón   Estolón

Conocarpo o eterio

El **receptáculo carnoso** e **hinchado** de la fresa (*Fragaria* x *ananassa*) sirve de lecho a decenas de pequeños frutitos secos, los **aquenios**, uno de los cuales está rodeado de un círculo negro.

La superficie presenta una serie de depresiones, en cada una de las cuales hay un **aquenio** rematado por el **estilo** en cuyo extremo hay una protuberancia: el **estigma**.

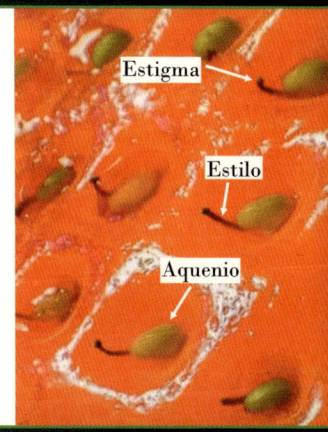

Estigma

Estilo

Aquenio

las flores y los frutos; conecta las diferentes partes de la planta con la raíz, y es el encargado del transporte del agua, los nutrientes y los productos metabolizados por la fotosíntesis. Por lo general, muestra un geotropismo negativo y crece verticalmente buscando la luz.

Sus dimensiones pueden variar desde poco más de 1 mm como en algunas lentejas de agua, hasta más de 100 m en árboles de algunas especies de eucaliptos y secuoyas. El tallo leñoso más largo que se conoce es el de la palma trepadora *Calamus manan*, que alcanza los 185 m.

Los tallos presentan una estructura que se repite en todas las plantas vasculares. Crecen gracias a la yema apical o terminal y, al hacerlo, van diferenciando los nudos, que quedan separados entre sí por los entrenudos. En los nudos es donde nacen las hojas y las yemas axilares o laterales, que siempre están situadas en la axila de las hojas. En un nudo se pueden formar una o más yemas axilares, cada una con su hoja correspondiente. Las yemas axilares, al desarrollarse y crecer, dan lugar a las ramificaciones del tallo y pasan a ser así las yemas apicales de las nuevas ramas.

Las yemas son las encargadas de proteger los meristemas o meristemos (del griego *meros*: 'dividir'), gracias a cuya actividad crece el cormo y que están formadas por grupos de células en estado embrionario permanente, capaces de dividirse indefinidamente, gracias a lo cual forman tejidos que en su juventud son indiferenciados.

Los principales tipos de meristemas son dos: primario y secundario. En los ápices de los tallos y raíces de los cormos encontraremos meristemos primarios responsables del crecimiento primario en longitud. En los cormos con crecimiento secundario del tallo, a lo largo del vástago encontraremos meristemos secundarios, el cámbium y el felógeno, encargados de su crecimiento en grosor.

El conjunto integrado por nudo, yemas axilares y entrenudo constituye un "módulo" que se repite secuencialmente durante todo el crecimiento del tallo. Los entrenudos son variables en cuanto a su longitud, lo que condiciona la separación de las hojas en el tallo. Si los entrenudos son muy cortos o casi inexistentes, las hojas crecen muy próximas unas

Figura 9. Caracteres generales de las angiospermas

Inflorescencia:
Cima raciforme

Patatera (*Solanum tuberosum*)

Fruto: baya

Flor

Inflorescencia

Frutos

Cáliz
persistente

Semilla

Flor regular:

Pétalo

Estambre

Hoja compuesta

Rama:

Foliolo terminal

Tallo principal

Tallo lateral

Foliolo

Raquis

Tubérculo germinado:

Tallito

Tubérculo

Tubérculo madre

Raíz

Peciolo

Estípulas

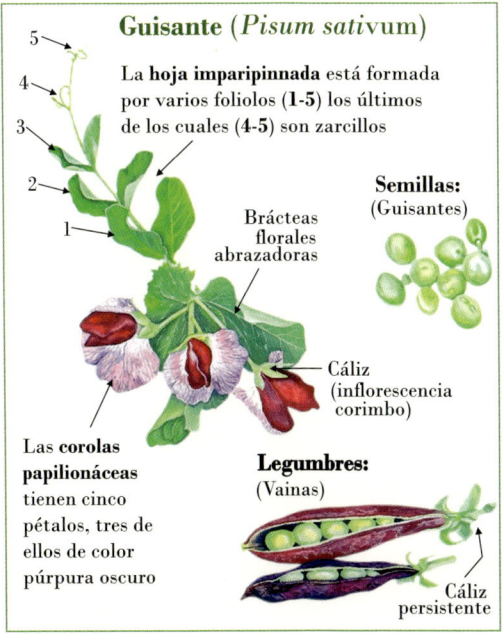

Guisante (*Pisum sativum*)

5
4
3
2
1

La **hoja imparipinnada** está formada
por varios foliolos (**1-5**) los últimos
de los cuales (**4-5**) son zarcillos

Semillas:
(Guisantes)

Brácteas
florales
abrazadoras

Cáliz
(inflorescencia
corimbo)

Las **corolas
papilionáceas**
tienen cinco
pétalos, tres de
ellos de color
púrpura oscuro

Legumbres:
(Vainas)

Cáliz
persistente

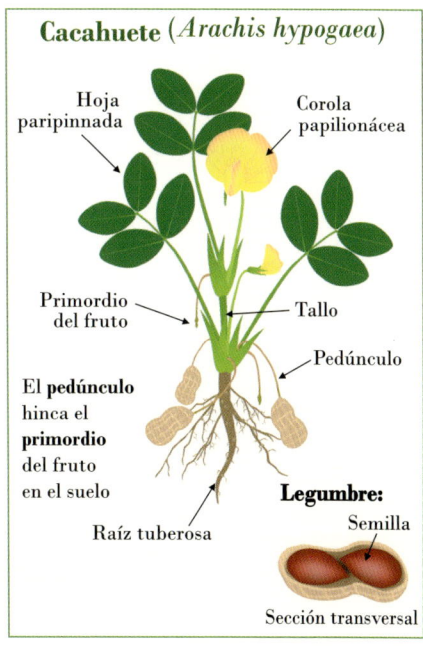

Cacahuete (*Arachis hypogaea*)

Hoja
paripinnada

Corola
papilionácea

Primordio
del fruto

Tallo

Pedúnculo

El **pedúnculo**
hinca el
primordio
del fruto
en el suelo

Raíz tuberosa

Legumbre:

Semilla

Sección transversal

de las otras y aparentemente la planta no presenta tallo (planta acaule; el término latino *caulis* significa también tallo).

Una misma planta puede formar dos tipos de ramificaciones o ramas: las alargadas son los macroblastos, las cortas los braquiblastos; de estos hay muchos ejemplos y tienen relevancia en la estructura de las flores, que no son otra cosa que braquiblastos con hojas especializadas en la reproducción.

Lo más frecuente es que los tallos sean cilíndricos, más delgados hacia el ápice y más gruesos en la base, pero hay también tallos trígonos de sección más o menos triangular, si bien son más frecuentes los cuadrangulares, con cuatro caras bien diferenciadas como en muchas plantas aromáticas (salvias, tomillos, romero, espliego, etcétera. Véanse como ejemplos las descripciones de *Mentha aquatica, Salvia rosmarinus, Thymus mastichina* o *T. vulgaris*).

La superficie del tallo puede ser lisa, más o menos estriada, o presentar costillas o cantos. A veces presenta surcos o canales que lo recorren longitudinalmente, y entonces se dice que son surcados o acanalados, o bien puede ser alado si tiene una formación aplanada a ambos lados, a modo de alas. El tallo es fistuloso cuando está vacío, con un canal en el interior como ocurre, por ejemplo, con el hinojo *Foeniculum vulgare* o la cicuta *Conium maculatum* (ver las fichas de ambos).

En cuanto a su hábito, las plantas forman varios tipos de tallos. Cuando son lo bastante fuertes o leñosos suelen crecer erectos, buscando la luz, pero no siempre tienen suficiente consistencia para mantenerse derechos y crecen postrados. Hay tallos que crecen postrados o tendidos y descansan directamente sobre el suelo, pero, a veces, a medida que crecen, algunos tallos postrados se enderezan y se vuelven procumbentes o decumbentes; en estos casos, si la parte tendida desarrolla raíces adventicias, son ascendentes y radicantes.

Otras veces, el tallo progresa con estolones, es decir, ramificaciones largas, delgadas y flexibles que crecen más o menos tendidas y que, al tocar el suelo, arraigan desde los nudos y sacan nuevas hojas, como ocurre con las fresas (Figura 8). Algunos tallos son volubles y poseen la capacidad de enroscarse sobre otros tallos o soportes y, de este modo, trepar hacia la luz, como hace el lúpulo (véase la descripción de *Humulus lupulus*). Por último, hay plantas cuyos tallos forman los entrenudos extremadamente cortos, casi inapreciables, de tal manera que las hojas nacen unas sobrepuestas a las otras en una roseta basal, dando la impresión de que la planta no tenga ningún tallo que les dé soporte: se trata de las plantas acaules como los llantenes (véase la descripción del género *Plantago*).

El tallo puede mostrar diversas modificaciones y adaptaciones. Para poder trepar, algunos tallos se transforman en zarcillos prensiles que ayudan a sostener la planta en su avance vertical. Los hay que forman zarcillos simples, que se enroscan en cualquier soporte, somo hacen las zarzaparrillas (véase la ficha de *Smilax aspera*); otros son más o menos ramificados y en sus extremos pueden formarse a veces discos adhesivos para asegurar la fijación en superficies planas, como hacen las parras vírgenes.

Como adaptación defensiva frente a los herbívoros, con mucha frecuencia las plantas pueden ser espinosas, lo que puede deberse a la presencia de espinas y aguijones o acúleos. Las espinas son estructuras puntiagudas y punzantes, duras, que están inervadas por tejido vascular (como las de la acacia de tres espinas, *Gleditsia triacanthos*), a diferencia de las denominadas emergencias, como los aguijones o acúleos, no vascularizados aunque implican tejido subepidérmico en su formación, como los aguijones de las rosas y las zarzamoras (véanse las fichas de *Rosa rubiginosa* y *Rubus ulmifolius*), y los acúleos de los tallos como, por ejemplo, los del amor del hortelano *(Galium aparine)*. Por tanto, las espinas no deben confundirse con acúleos y aguijones, que son formaciones epidérmicas no vascularizados.

Hay tallos adaptados a la vida subterránea que crecen enterrados. Estos pueden responder a la estructura modular típica de nudos y entrenudos y ramificarse de forma normal, pero también los hay que se han adaptado y transformado hasta tal punto que es difícil reconocerlos a primera vista como tallos. Este es el caso de los bulbos,

Figura 10. Caracteres generales de las hojas (1)

Margen de la hoja

Ciliado

Crenado

Dentado

Denticulado

Doble aserrado

Entero

Lobado

Aserrado

Finamente aserrado

Sinuado

Espinoso

Ondulado

Imparipinnada

Bipinnada

Ovada

Venación de la hoja

Abierta

Cerrada

Dicótoma

Longitudinal estriada

Palmeada

Paralela

Pinnada

Reticulada

Radiada

Figura 11. Caracteres generales de las hojas (2)

Forma de la hoja

Acicular

Lanceolada

Orbicular

Romboide

Acumitada

Flabelada

Ovada

En roseta

**Trifoliada
Aserrada**

Alternas

Hastada

Palmeada

Espatulada

Aristada

Lanceolada

Palmada simple

Sagitada

Bipinnada

Lineal

Peltada

Subulada

Cordada

Lobulada

Amplexicaule

Trifoliada

**Opuesta
Acuminada**

Cuneada

Obcordada

Imparipinnada

Tripinnada

Triangular

Obovada

Paripinnada

Truncada

Digitada

Obtusa

Pinnatisecta

Entera

**Ovada
Aserrada**

Elíptica

Opuestas

Reniforme

Verticiladas

caracterizados porque el tallo es muy corto y toma la forma de un disco basal y aplanado, con la yema apical a menudo protegida y rodeada por numerosas hojas transformadas y carnosas (los catafilos); en conjunto, el bulbo actúa como órgano subterráneo de resistencia y de reserva. Por lo general, los bulbos pueden multiplicarse a partir de la formación de bulbillos.

Los tuberibulbos como los de los lirios y las orquídeas son similares en forma y función a los bulbos de cebollas y ajos, por ejemplo, pues son tubérculos caulinares subterráneos que almacenan sustancias de reserva, pero difieren en que están protegidos por túnicas foliares o por la base de las hojas no engrosadas.

Además de los anteriores, el tallo puede desarrollar otros órganos subterráneos de resistencia y de reserva como, por ejemplo, los tubérculos caulinares, que son tallos subterráneos engrosados y carnosos. Estos pueden confundirse fácilmente con los tubérculos radicales, pero los últimos no forman yemas, mientras que los caulinares, como es el caso de la patata (Figura 9), a la larga generan "grillos", que son yemas que, al crecer, se convertirán en ramas.

Los tallos subterráneos estructurados claramente en nudos y entrenudos reciben el nombre de rizomas, que a menudo se ramifican con normalidad y acostumbran a formar raíces adventicias; algunas veces el rizoma puede engrosarse y volverse tuberoso, localmente carnoso como un tubérculo, y así convertirse también en órgano de reserva.

Hay tallos que se ensanchan y se comprimen al tiempo que se mantienen verdes y asimiladores (fotosintéticos), y pierden la apariencia propia de un tallo. Estos tallos reciben el nombre genérico de cladodios y pueden ser carnosos o laminares. Los hay que son grandes y suculentos, y se reconocen con facilidad como tallos transformados porque se estructuran en nudos y entrenudos, llevan hojas (transformadas en espinas) y se ramifican normalmente; este es el caso de cactáceas como la chumbera.

Figura 12. Caracteres generales de las hojas (3)

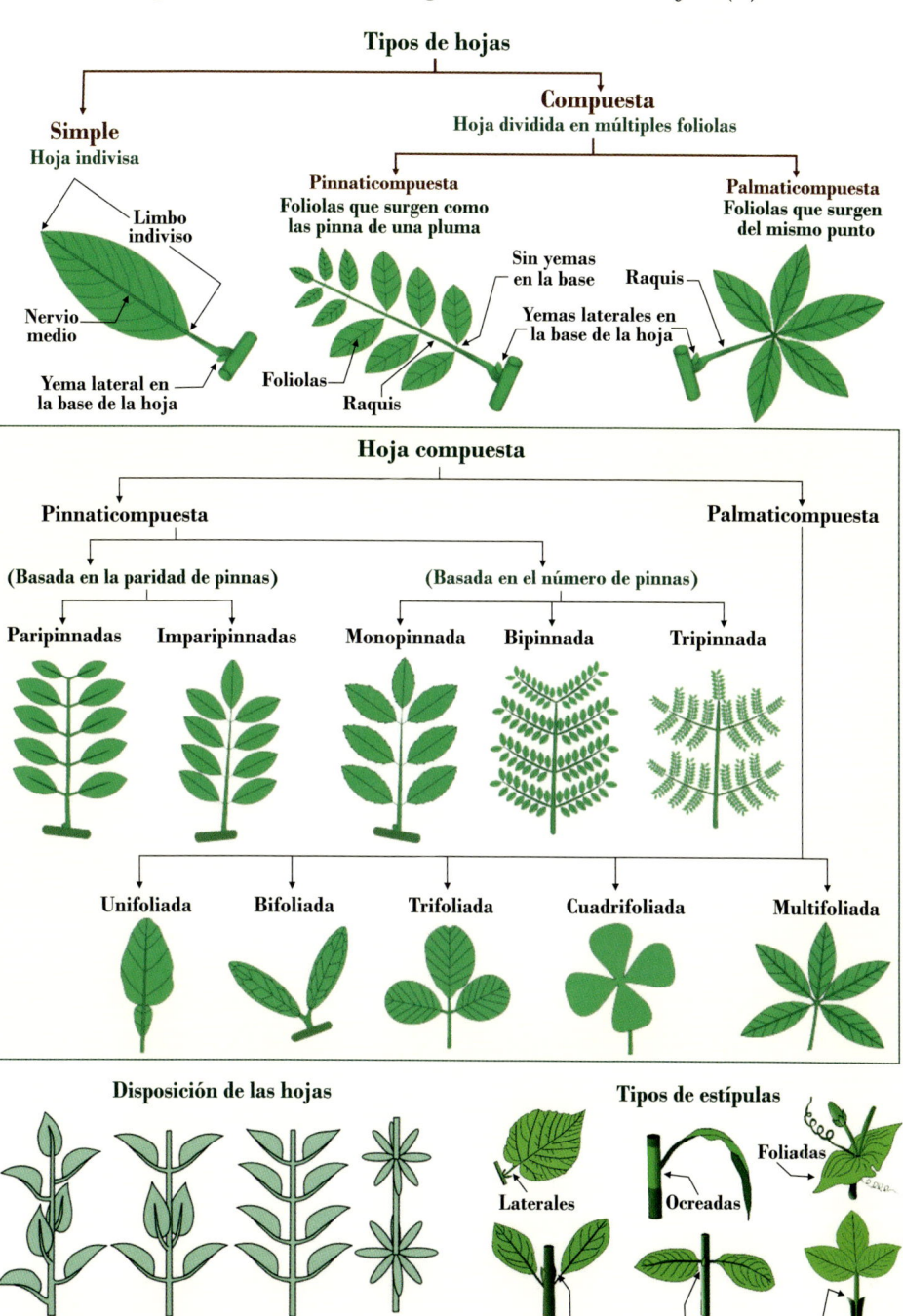

Tipos de hojas

Simple
Hoja indivisa

Limbo indiviso

Nervio medio

Yema lateral en la base de la hoja

Compuesta
Hoja dividida en múltiples foliolas

Pinnaticompuesta
Foliolas que surgen como las pinna de una pluma

Sin yemas en la base

Yemas laterales en la base de la hoja

Foliolas

Raquis

Palmaticompuesta
Foliolas que surgen del mismo punto

Raquis

Hoja compuesta

Pinnaticompuesta

Palmaticompuesta

(Basada en la paridad de pinnas)

(Basada en el número de pinnas)

Paripinnadas **Imparipinnadas** **Monopinnada** **Bipinnada** **Tripinnada**

Unifoliada **Bifoliada** **Trifoliada** **Cuadrifoliada** **Multifoliada**

Disposición de las hojas

Alternas **Decusadas** **Opuestas** **Verticiladas**

Tipos de estípulas

Laterales

Ocreadas

Foliadas

Intrapecioladas **Interpecioladas** **Adnatas**

En otras ocasiones los cladodios adquieren el aspecto de verdaderas hojas, son pequeños, planos o lineares, y no se ramifican, por lo que son difíciles de reconocer (reciben el nombre de filóclados como los de los espárragos trigueros y los ruscos (véase la descripción de *Ruscus aculeatus*), en los que a menudo nacen las flores, hecho que confirma su origen caulinar. En el caso del rusco, puede verse que los filóclados crecen en la axila de las hojas como cualquier otra ramificación del tallo.

Hojas

La hoja (del latín *fŏlĭum, fŏlĭi*; antiguamente *foja*) es el órgano vegetativo y generalmente aplanado de las plantas vasculares, especializado principalmente en realizar la fotosíntesis. En conjunto, tallos y hojas constituyen el vástago de la planta. Las hojas típicas son estructuras laminares o aciculares que contienen sobre todo tejido fotosintético, situado siempre al alcance de la luz. En las hojas se produce la mayor parte de la transpiración; esta produce un efecto de succión que arrastra el agua y los nutrientes inorgánicos desde las raíces y los distribuye por el conjunto de la planta.

Como se describe en el glosario, las hojas típicas (nomófilos) no son las únicas que se desarrollan durante el ciclo de vida de una planta. Desde la germinación se suceden distintos tipos de hojas: cotiledones, catáfilos, prófilos, brácteas y antofilos en las flores con formas y funciones muy diferentes entre sí.

Los cotiledones u hojas embrionarias son las primeras hojas que se observan inmediatamente después de la germinación de la semilla. Generalmente, las plantas monocotiledóneas presentan un solo cotiledón, las dicotiledóneas tienen dos y las gimnospermas no presentan cotiledones, ya que su semilla no presenta las estructuras especializadas que dan origen a los cotiledones. Según se resume en la Figura 24, los cotiledones pueden ser epigeos cuando, después de rasgar la testa de la semilla por una grieta predeterminada, se expanden durante la germinación, crecen por encima de la superficie del terreno y, en muchos casos, comienzan a fotosintetizar. Los cotiledones hipogeos no se expanden, quedan debajo de la superficie y no realizan fotosíntesis. Este último caso es el típico en aquellas especies como nueces, bellotas, avellanas, pistachos, almendras y otros muchos "frutos secos" (que en realidad son semillas) en las que los cotiledones actúan básicamente como órganos de reserva de nutrientes.

Las hojas vegetativas o nomófilos aparecen después de las hojas primordiales y son las que se forman durante toda la vida de la planta. Aunque las plantas siempre renuevan las hojas cuando viven más de un año, lo hacen de diferentes formas y con persistencia variable. En las plantas anuales, las hojas suelen secarse empezando por las basales (las más viejas) y duran lo que vive la planta. En las plantas plurianuales hay estrategias diferentes. Hay plantas cuyas hojas suelen tener una duración de dos años o más y se renuevan de forma continuada y progresiva durante todo el año; un tanto impropiamente, decimos de ellas que son perennes o perennifolias.

Otras plantas pierden todas las hojas cada año con la llegada de la estación desfavorable (principalmente en invierno en climas fríos o durante la estación seca en los tropicales estacionales) y las reponen de nuevo cuando llega la época favorable; son las plantas de hoja caduca o caducifolias. A veces, en algunos caducifolios, las hojas son marcescentes, de tal forma que se marchitan sin caerse y se mantienen secas en la planta hasta que brotan las nuevas.

Una planta puede carecer de hojas, tenerlas muy pequeñas y poco aparentes, o bien perderlas al poco de formarlas y no reponerlas; en estos casos, la planta se considera afila (sin hojas), y son los tallos, verdes, los que realizan la función fotosintética que correspondería a las hojas.

La consistencia de las hojas es variable: las hay que son más o menos blandas, como sucede con la mayoría de las hojas caducifolias; otras son coriáceas y, aunque flexibles, tienen la consistencia del cuero, mientras que las de las plantas esclerófilas son duras y más o menos rígidas.

En los casos más típicos, como el representado en la Figura 2, las hojas son pecioladas y están formadas por una lámina o limbo y un pecíolo o cabillo más o menos largo; cuando el peciolo falta y el limbo nace directamente del nudo, la hoja es sésil o sentada. En el limbo se puede diferenciar una cara superior o haz, a menudo de color más oscuro, y una cara inferior o envés, generalmente más pálida en la que los nervios son más visibles. En la base del peciolo algunas hojas presentan un par de apéndices o estípulas de forma y posición variada (Figura 12).

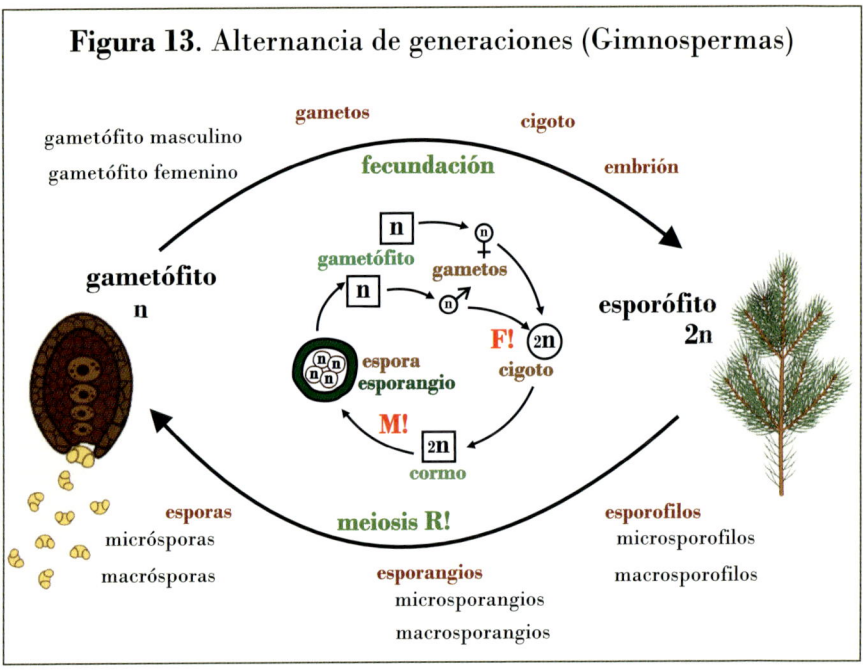

Figura 13. Alternancia de generaciones (Gimnospermas)

No todas las hojas presentan estípulas, pero sí son características de algunas especies e incluso de algún género o familia. En muchos casos se desprenden pronto y es difícil observarlas a menos que sean hojas jóvenes; en otros, son perennes y más o menos evidentes. Algunas son laminares y tienen formas variadas o pueden estar parcialmente soldadas al pecíolo; otras son dentadas y glandulosas en el margen, y también las hay lineares o laciniadas y hasta divididas en segmentos o pinnatipartidas.

En la base del pecíolo de las hojas ocreadas (Figura 10) hay una vaina (ócrea) que envuelve total o parcialmente el tallo; la vaina suele ser membranosa y más o menos consistente. Hay vainas abiertas que envuelven solo en parte el tallo, otras cerradas que lo abrazan totalmente.

El margen, el ápice, la base y la nervadura del limbo son caracteres distintivos de hojas y folíolos. El margen puede ser entero, es decir, regular y liso o más o menos recortado y de forma diversa. El limbo de la hoja está recorrido por un conjunto de nervios, que configuran la nervadura de la hoja y que a menudo condicionan su forma. Hay que tener en cuenta que la nervadura de las hojas compuestas es la que corresponde a la hoja entera y no a la de los folíolos u hojuelas.

Como puede apreciarse en las figuras 10, 11 y 12, hay hojas que se apartan del modelo típico de un limbo plano con un pecíolo bien diferenciado. Además de las representadas en las figuras, también pueden ser escuamiformes cuando se disponen imbricadas unas sobre las otras como las escamas de los peces o las tejas en un tejado (véase, por ejemplo, la ficha de *Cupressus sempervirens*), o ser aciculares, es decir, estrechas y más o menos punzantes como agujas (véanse como ejemplos las hojas aciculares de los pinos en la Figura 1 o la ficha de *Juniperus communis*).

A menudo, la diversidad de la forma de las hojas de una misma planta dificulta que la forma pueda precisarse con un solo término; por eso, se suele expresar la variabilidad de una misma forma de las hojas o bien de manera secuencial (p. ej.: de ovadas a lanceoladas), o bien con adverbios que modifican los términos empleados (p. ej.: estrechamente lanceoladas o anchamente espatuladas), o bien especificando formas intermedias (p. ej.: ovado-lanceoladas u obovado-oblongas).

Las mismas voces con las que se describe la forma de las hojas se utilizan también para describir los otros órganos laminares de la planta, como los folíolos u hojuelas de las hojas compuestas, los pétalos, los sépalos, las estípulas y otros.

Figura 14. Tipos de corolas

Tubulosa Galeada Coronada Espolonada y personada Urceolada

Liliacea Orquidácea Papilionácea Rotácea Aclavelada

Bilabiada Monolabiada Campanulada Lígula Rosácea

Infundibuliforme Violácea Hipocrateriforme Flósculo Cruciforme

Figura 15. Flores de angiospermas

Todas aquellas hojas en las que el limbo presenta continuidad, sin interrupciones, son simples; las que tienen el limbo discontinuo, dividido en porciones perfectamente individualizadas y separadas del nervio principal, son las hojas compuestas (Figura 12). En estas, cada una de las porciones en que está dividido el limbo recibe el nombre de folíolo u hojuela y, en cuanto a su forma y contorno, se tratan del mismo modo que las hojas simples.

En las hojas compuestas, la nervadura sigue siendo la de la hoja en su conjunto y no debe confundirse con la de los folíolos. El nervio principal se denomina raquis o nervio medio y algunas veces puede conservar una pequeña y estrecha franja del limbo a ambos lados, de forma que el raquis pasa a ser alado como el de *Pistacia lentiscus* (véase la ficha correspondiente). Los folíolos pueden ser sésiles, pero también hay plantas que tienen peciólulos.

Uno de los caracteres relevantes de la morfología de las plantas es la disposición de las hojas en el tallo. Es importante el número de hojas que nacen en cada nudo, así como su disposición en el mismo en relación con los nudos anterior y posterior.

En las plantas acaules, las hojas suelen aparecer radialmente y muy juntas, formando una roseta basal (véase la ficha del género *Plantago*). Con independencia del número que se formen en cada nudo, cuando una planta posee hojas escuamiformes y estas nacen muy juntas, las hojas van imbricadas, es decir, dispuestas unas sobre las otras como las tejas de un tejado. Un ejemplo típico son las hojas imbricadas de los cipreses (ver la ficha de *Cupressus*).

En otros casos, la disposición está directamente condicionada por el número de hojas que nacen de cada nudo (Figura 12). Cuando los nudos forman solo una hoja, estas pueden situarse de diferentes maneras alrededor del tallo, más o menos helicoidalmente, y se las considera esparcidas; pero también las hay que nacen alternas siguiendo una rotación de 180° de un nudo al siguiente de modo que se presentan alineadas en dos hileras y en un solo plano.

Figura 16. Distribución de sexos en las angiospermas

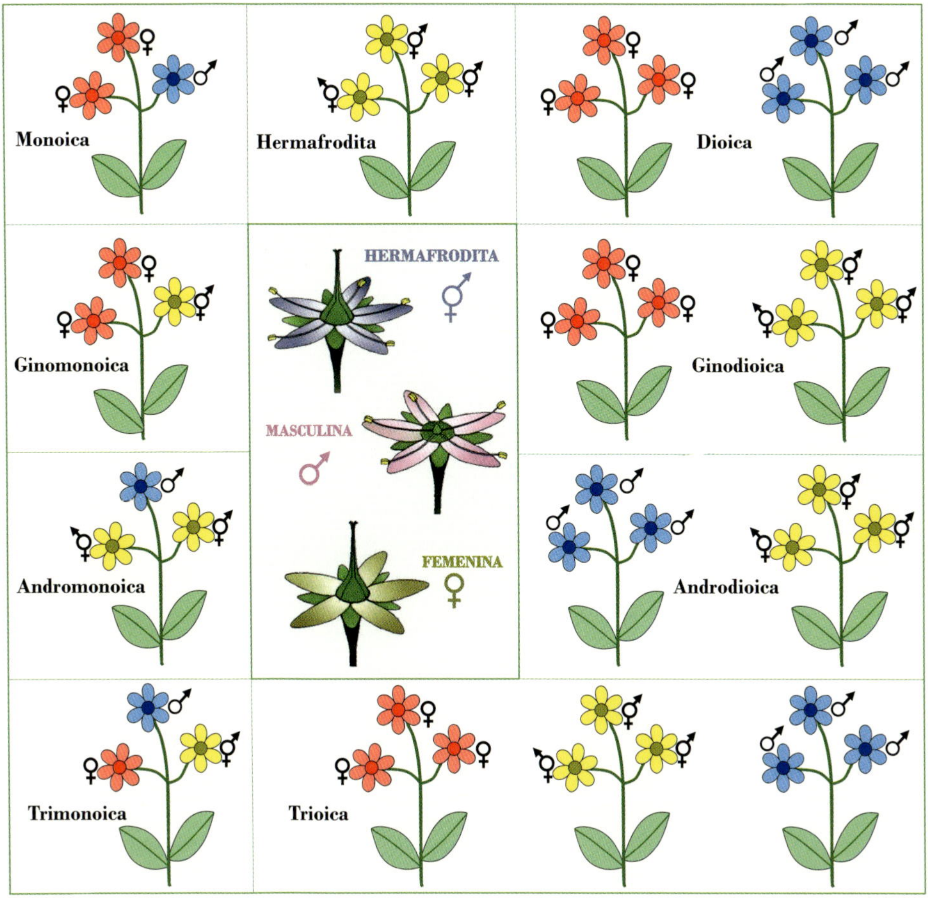

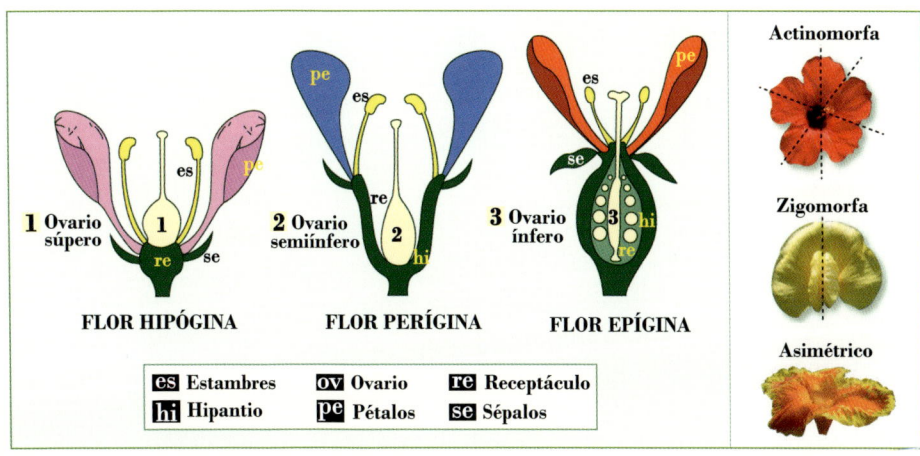

Monoica
Hermafrodita
Dioica
Ginomonoica
HERMAFRODITA
MASCULINA
FEMENINA
Ginodioica
Andromonoica
Androdioica
Trimonoica
Trioica

pe
es
1 Ovario súpero
1
re
se
FLOR HIPÓGINA
pe
es
re
2 Ovario semiínfero
2
hi
FLOR PERÍGINA
pe
es
se
3 Ovario ínfero
3
hi
re
FLOR EPÍGINA
es Estambres
hi Hipantio
ov Ovario
pe Pétalos
re Receptáculo
se Sépalos
Actinomorfa
Zigomorfa
Asimétrico

Las hojas son opuestas cuando se forman por parejas en cada nudo, enfrentada una a la otra; se habla de hojas opuestas en disposición decusada cuando cada pareja de hojas nace entrecruzada respecto a las parejas situadas en los nudos anterior y posterior, de manera que cada par de hojas no interrumpe la incidencia de los rayos lumínicos. Finalmente, las hojas son verticiladas cuando nacen tres o más en cada nudo. Un caso especial, frecuentemente ligada a las que nacen en los braquiblastos, es el de las hojas fasciculadas, cuyos entrenudos son extremadamente reducidos, de modo que las hojas nacen formando haces o fascículos (véanse, por ejemplo, las fichas de *Ginkgo biloba* o de *Prunus dulcis*).

Como sucede con los tallos, las hojas pueden presentar modificaciones o adaptaciones para otras funciones más allá de la fotosintética. Esas adaptaciones van dirigidas, fundamentalmente, a protegerse frente a los herbívoros, formando hojas vulnerantes; a procurar que la planta sea más competitiva en la captación de la luz, desarrollando estructuras para trepar, y también a realizar otras funciones biológicas. En cuanto a las hojas vulnerantes, hay casos en que toda la hoja se transforma en un órgano punzante, mientras que, en otros, es solo el margen el que pasa a ser espinoso o bien son las estípulas las que se endurecen y se transforman en espinas estipulares.

Respecto a las adaptaciones en estructuras trepadoras, la principal es la formación de zarcillos; estos se pueden formar a partir de una hoja entera o bien a partir solo de una parte de ella, como ocurre en algunas hojas compuestas en las que uno o más de los folíolos terminales se transforman en zarcillos, o bien, como en otras hojas, son las estípulas las que se convierten en zarcillos. También hay hojas compuestas que pueden enroscarse y volverse prensiles, tal como hacen los zarcillos.

En ocasiones, las modificaciones de las hojas consiguen que la planta se adapte mejor a la sequía; la reducción de la superficie del limbo disminuye la pérdida de agua por transpiración. En los casos más extremos, en las hojas llamadas filodios no se puede diferenciar el limbo del pecíolo; este último, ensanchado, es el que hace las funciones fotosintéticas.

Hay hojas que acumulan agua y sustancias de reserva: son las hojas suculentas o carnosas. Algunas plantas, al vivir en ambientes pobres en nutrientes, complementan sus necesidades nutritivas principalmente a base de pequeños artrópodos. Para lograrlo, han adaptado sus hojas de diversas maneras para atraer y capturar pequeñas presas que después digieren parcialmente.

Estructuras reproductoras

Alternancia de generaciones en los cormófitos

Antes de embarcarnos en la descripción de cómo se reproducen las plantas con semillas, introduzcamos el concepto de alternancia de generaciones en los ciclos de vida de las plantas terrestres. La alternancia de generaciones significa que en su ciclo de vida las plantas alternan entre dos etapas de vida diferentes, o generaciones, una etapa haploide llamada gametófito y una etapa diploide llamada esporófito.

Los términos haploide y diploide se refieren al número de cromosomas contenidos en las células. Por ejemplo, la mayoría de las células del cuerpo humano contienen dos conjuntos de cromosomas (n) lo que significa que son diploides (2n): un conjunto que heredamos de nuestra madre (n) y un conjunto que heredamos de nuestro padre (n). Sin embargo, los humanos también tienen células reproductivas especiales (óvulos y espermatozoides) que solo tienen un conjunto de cromosomas, y a esto lo llamamos haploide (n). Estas células reproductivas se llaman gametos y se producen a través de la meiosis celular (división celular reductiva). Cuando un gameto masculino (n) se une a un gameto femenino (n) a través de la fertilización, forman un organismo diploide (2n).

La mayoría de las plantas con las que estamos familiarizados, los cormófitos, tienen una etapa dominante, el esporófito diploide que es la fase visible de la planta. De manera que cuando observamos un árbol, una tomatera o cualquier otra planta terrestre, estamos viendo su fase esporofítica diploide, de la misma forma que cuando observamos a una persona, lo que vemos es su cuerpo compuesto fundamentalmente por células diploides.

Al igual que los humanos, las plantas también tienen gametos especializados que son haploides y no son visibles a simple vista en el caso de las plantas con semillas (n). Los gametos en las plantas terrestres se producen en una generación haploide diferente, a la que llamamos gametófito.

Los cormófitos más primitivos a los que conocemos genéricamente como "helechos y afines" producen los gametos en una fase gametofítica de vida independiente en la cual toda la planta está compuesta por células haploides (n). Llamamos a esta planta haploide, apenas visible a simple vista, gametófito. La alternancia de generaciones en las plantas es, pues, una alternancia entre el gametófito y el esporófito.

En general, así es como funciona la alternancia de generaciones: un gametófito masculino (n) y un gametófito femenino (n) producen gametos (espermatozoides y óvulos, respectivamente), que se combinan en la fertilización para formar una planta diploide llamada esporófito (2n). Este esporófito crecerá y luego producirá esporas, a través de la meiosis, que germinarán en un nuevo gametófito (n), por lo que el ciclo alterno es completo.

En todas las plantas terrestres vasculares modernas los gametófitos están fuertemente reducidos. En plantas con semillas, el gametófito femenino se desarrolla totalmente dentro del esporófito, que lo protege y nutre, y del esporófito embrionario que produce. Los granos de polen, que son los gametófitos masculinos, se reducen a solo unas pocas células (solo tres células en muchos casos). La noción de dos generaciones es menos obvia; porque esporófito y gametófito funcionan efectivamente como un solo organismo. El término alternativo "alternancia de fases" resulta ser entonces más apropiado.

Figura 17. El androceo

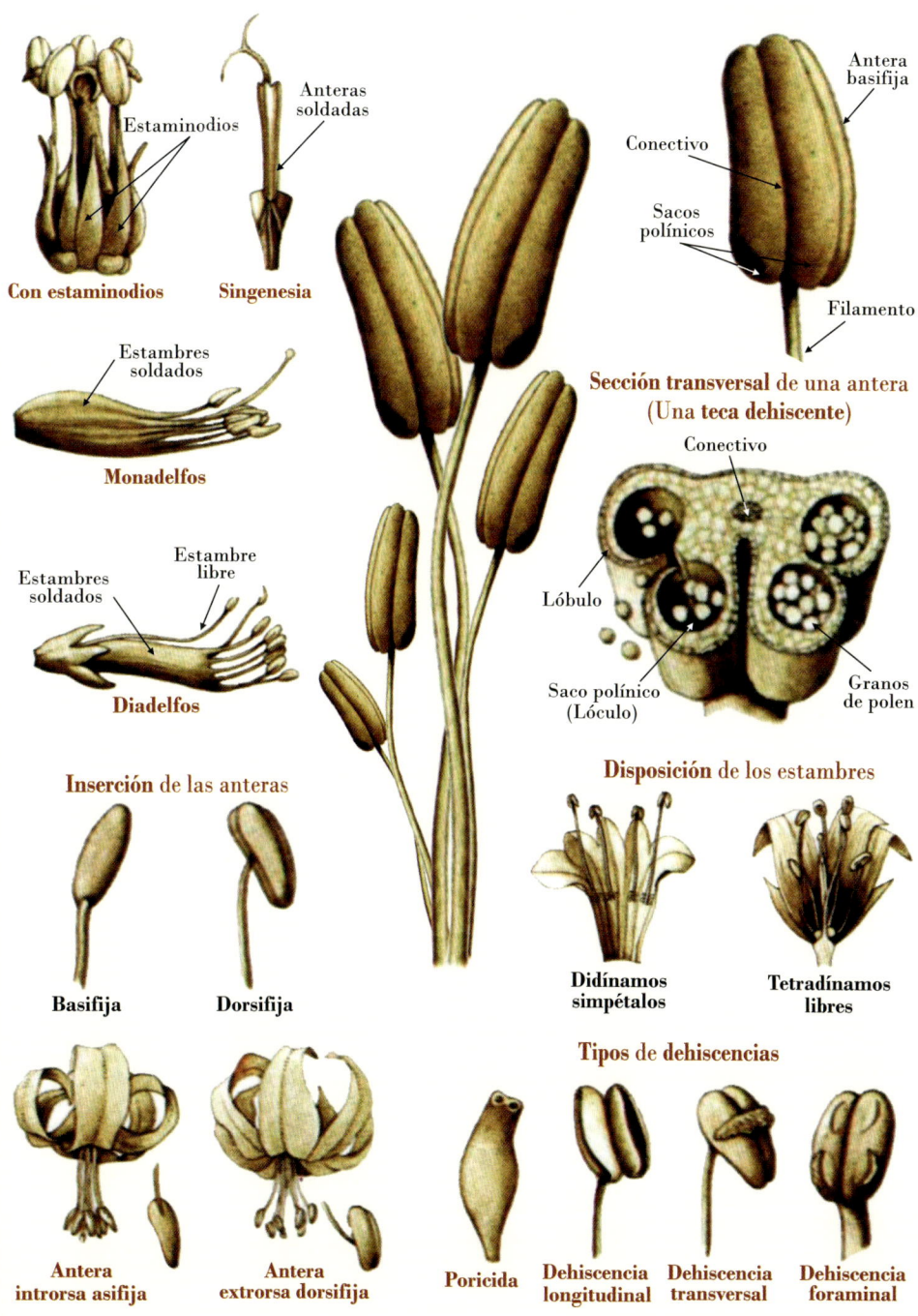

Con estaminodios

Estaminodios

Singenesia

Anteras soldadas

Estambres soldados

Monadelfos

Estambres soldados

Estambre libre

Diadelfos

Antera basifija

Conectivo

Sacos polínicos

Filamento

Sección transversal de una antera
(Una **teca dehiscente**)

Conectivo

Lóbulo

Saco polínico (Lóculo)

Granos de polen

Inserción de las anteras

Basifija

Dorsifija

Disposición de los estambres

Didínamos simpétalos

Tetradínamos libres

Tipos de dehiscencias

Antera introrsa asifija

Antera extrorsa dorsifija

Poricida

Dehiscencia longitudinal

Dehiscencia transversal

Dehiscencia foraminal

Órganos reproductores de las gimnospermas

En la mayoría de las gimnospermas, los órganos reproductores nacen agrupados en el extremo de tallos de crecimiento limitado (braquiblastos); solo en las gimnospermas más primitivas nacen aislados. La interpretación de las estructuras reproductoras de las gimnospermas no está del todo resuelta. Cuando se forman en grupos, en este libro nos referiremos a ellas con el nombre de conos masculinos y femeninos. El término estróbilo es sinónimo de cono. Las estructuras que derivan de la transformación de la mayoría de conos femeninos después de la fecundación son las piñas o gálbulos, según los casos. El ciclo de vida de una gimnosperma típica se muestra en la Figura 1.

En las descripciones de este libro solamente se incluyen tres gimnospermas pertenecientes a los géneros *Ephedra, Ginkgo* y *Juniperus*, ninguna de las cuales forma conos leñosos. Los ginkgos tienen solo dos primordios seminales que se sitúan en el extremo de un pedúnculo bifurcado en dos segmentos muy cortos. En los *Juniperus*, las escamas seminíferas de los conos se tornan carnosas y forman los llamados gálbulos (también llamados arcéstidas y, más impropiamente, bayas). Los conos femeninos de las efedras llevan uno o dos primordios seminales, en parte protegidos por varios pares de brácteas basales estériles, de tal modo que el conjunto recuerda a una flor de las angiospermas.

Órganos reproductores de las angiospermas

En las angiospermas, la flor, cuya diversidad y estructura son extraordinariamente ricas (en las figuras 14 y 15 se muestran las corolas de algunos de los tipos florales más comunes), es la parte de la planta que lleva los órganos reproductores: los masculinos se organizan en estambres cuyo conjunto constituye el androceo (de *andros* masculino y *ceo*, comunidad), y los femeninos en carpelos u hojas carpelares, cuyo conjunto constituye el gineceo (de *gynos* femenino). Muy a menudo, un conjunto de piezas u hojas estériles transformadas, el perianto (de *peri*, alrededor y *anthos*, flor), acompaña a estambres y carpelos, los envuelven y los protegen, además de ejercer muchas veces un papel fundamental en la atracción de los polinizadores.

Todas las piezas de la flor nacen de los nudos de un braquiblasto, un tallo corto y de crecimiento limitado en el que los nudos se sitúan muy juntos, sin entrenudos diferenciados. El número de nudos puede variar de una planta a otra, desde uno solo hasta llegar a ser incontables. Este braquiblasto es el tálamo o receptáculo de la flor, y puede estar precedido o no por un pedúnculo o pedicelo, es decir, una porción de tallo más o menos larga que sostiene la flor; por eso, las flores pueden ser pedunculadas, si lo tienen, o bien sésiles o sentadas, si les falta.

Distribución de sexos en las plantas

Aunque entre los animales estemos habituados a relacionar el reparto de sexos entre dos individuos diferentes a lo que denominamos machos y hembras, en las plantas las cosas no son tan sencillas. Las estructuras reproductivas de las plantas con flores son más variadas que las estructuras equivalentes de cualquier otro grupo de organismos, y las plantas con flores también tienen una diversidad de sistemas sexuales que no tiene comparación.

La complejidad de los sistemas y órganos utilizados por las plantas para lograr su reproducción sexual ha hecho que los biólogos evolutivos propusieran numerosos términos para nombrar las estructuras y las estrategias. En la Figura 16 se resumen los términos que intentan acomodar la realidad sexual de las plantas con flores a las definiciones que se recogen en el glosario taxonómico.

Verticilos florales

Las piezas del perianto, los estambres y los carpelos se sitúan alrededor del tálamo y se disponen en rosetas, cada una de las cuales constituye un verticilo floral, que es variable tanto en el número de piezas que lo forman como en la distribución de estas en el tálamo. Con frecuencia, en el perianto pueden distinguirse dos verticilos separados formados por piezas diferentes ya sea por el tamaño como por la forma o la coloración (Figura 2).

Figura 18-1. Inflorescencias

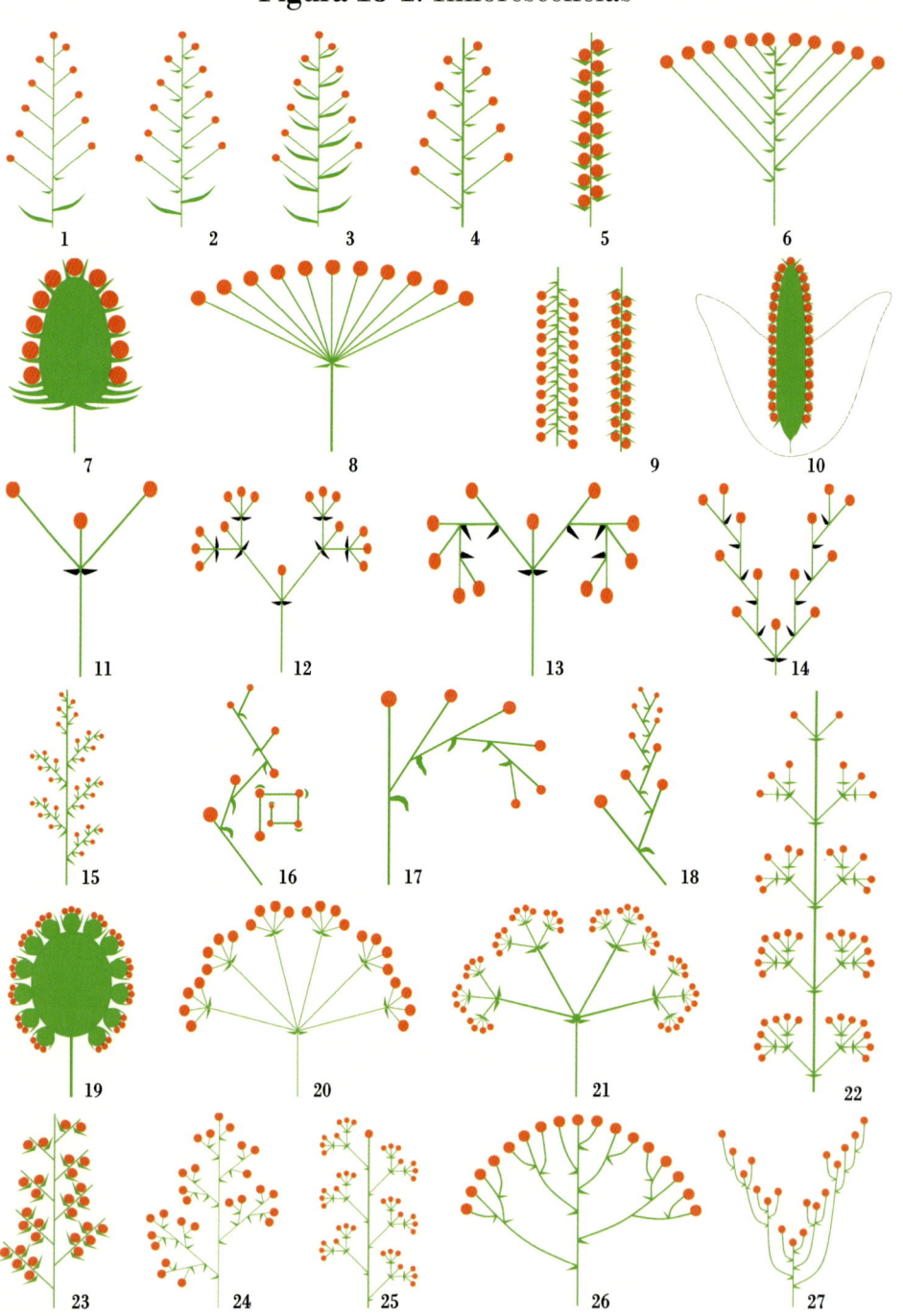

Figura 18-2. Inflorescencias

Espádice❶
Es una inflorescencia con flores unisexuales,
sobre un pedúnculo carnoso, de color amarillo
y que mide entre 4 a 18 centímetros

Espata❷
Es una bráctea de forma
acampanada y color blanco,
que rodea el espádice

Zantedeschia aethiopica
Cala, lirio de agua

1- Inflorescencia ebracteada	10- Espádice (Espata blanca)	19- Capítulo de capítulos
2- Inflorescencia bracteada	11- Monocasio	20- Umbela de umbelas (doble)
3- Inflorescencia foliosa	12- Dicasio	21- Umbela de umbelas (triple)
4- Racimo	13- Cima doble helicoidal	22- Tirso abierto
5- Espiga	14- Cincino	23- Espiga compuesta
6- Corimbo	15- Racimo compuesto	24- Panícula
7- Capítulo	16- Bóstrix	25- Tirso cerrado
8- Umbela	17- Drepanio	26- Cima corimbosa
9- Amentos	18- Ripidio	27- Antela

Figura 19. Anatomía de los frutos (1)

Baya: *Lycopersicon esculentum*

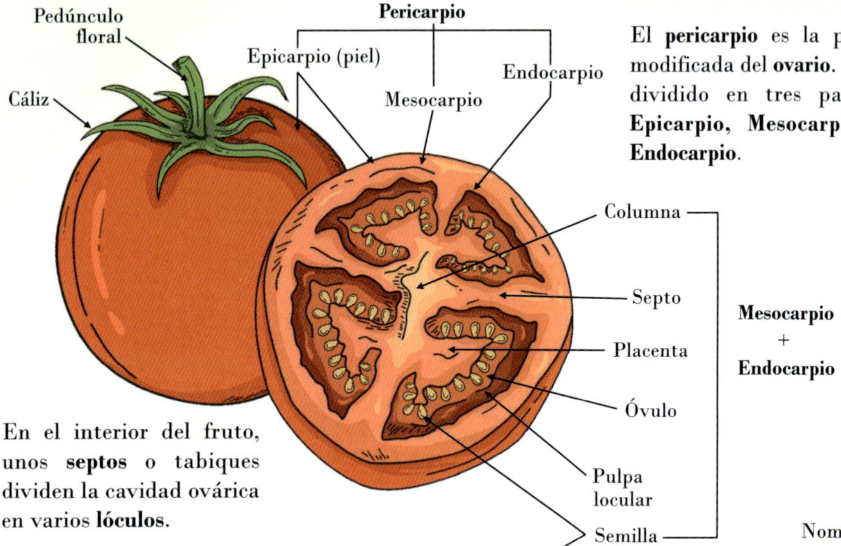

Pedúnculo floral

Cáliz

Pericarpio

Epicarpio (piel)

Mesocarpio

Endocarpio

El **pericarpio** es la pared modificada del **ovario**. Está dividido en tres partes: **Epicarpio, Mesocarpio** y **Endocarpio**.

Columna

Septo

Placenta

Óvulo

Pulpa locular

Semilla

Mesocarpio
+
Endocarpio

En el interior del fruto, unos **septos** o tabiques dividen la cavidad ovárica en varios **lóculos**.

Los lóculos se transforman en una **pulpa gelatinosa**.

En los lóculos, las **placentas** sostienen los **óvulos**, que una vez fecundados se **transforman** en **semillas**.

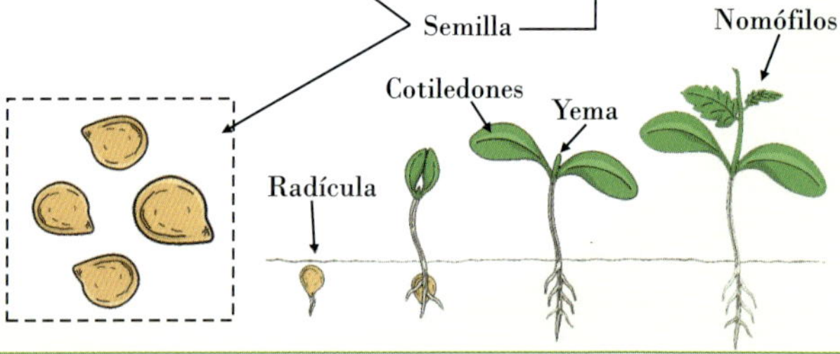

Nomófilos

Cotiledones

Yema

Radícula

Drupa: *Prunus persica*

A diferencia de las bayas, que carecen de hueso, las **drupas** son frutos carnosos que tienen **un hueso duro en su interior**; la verdadera drupa procede de un **ovario súpero**, formado por un solo **carpelo**, y suele tener **una sola semilla**, como la aceituna, la ciruela y otros muchos ejemplos de "**frutas de hueso**". En todas ellas el "hueso" es el **endocarpio pétreo** por esclerificación.

Semilla:
Endospermo
Embrión
Tegumento

Pericarpio:
Endocarpio
Mesocarpio
Epicarpio

En la flor más típica (llamada completa) se pueden reconocer cuatro verticilos distintos: los dos primeros forman el perianto; el tercero está constituido por los estambres, y el último, el cuarto, por los carpelos. Cada uno de los verticilos y sus piezas reciben un nombre que los caracteriza. Desde el exterior al interior de una flor completa el primer verticilo es el cáliz, y cada una de las piezas que lo forman, es un sépalo; la corola es el segundo, constituido por piezas llamadas pétalos; el tercero es el androceo, formado por los estambres, y el más interno, el cuarto, es el gineceo, constituido por carpelos.

El gineceo es el que, después de la fecundación y tras madurar, origina el fruto que contiene las semillas; dicho de forma simple, son los carpelos los que esencialmente constituyen los frutos, y estos llevan en su interior los primordios seminales transformados en semillas.

La disposición de las piezas florales en el tálamo determina el tipo de flor. Un verticilo floral puede tener las piezas verticiladas, opuestas o esparcidas. En las flores acíclicas o helicoidales como las de las magnolias, las consideradas más primitivas, las piezas se disponen helicoidalmente, siempre libres, nunca unidas unas a otras.

Por el contrario, en las flores cíclicas (que son la mayoría), más evolucionadas, las piezas se disponen de manera verticilada en cada nudo y su número suele ser reducido y fijo, igual en todas las flores de la misma especie y del mismo individuo; por eso existen flores dímeras, trímeras, tetrámeras o pentámeras (principalmente referidas al perianto), entre otras, según que el número de piezas de cada verticilo sea dos, tres, cuatro o cinco, respectivamente. Las piezas pueden ser libres o concrescentes; en este último caso, las piezas pueden fusionarse entre sí en el mismo verticilo o incluso entre verticilos distintos. También es frecuente que, en las flores cíclicas, el número de piezas del tercer verticilo, el androceo, a veces se duplique, se triplique o incluso más veces.

En cuanto a los verticilos fértiles, las flores son hermafroditas si desarrollan tanto el androceo como el gineceo, de lo que resulta, obligadamente, que la planta sea también hermafrodita. Sin embargo, hay plantas que forman flores unisexuales, que solo tienen uno de los dos verticilos fértiles: las flores masculinas disponen únicamente de androceo y carecen del gineceo, mientras que las femeninas solo cuentan con gineceo, aunque a veces estas flores pueden tener rudimentos estériles de las piezas del otro sexo.

El perianto puede estar formado por dos verticilos, pero también por uno solo, o incluso puede faltar. Cuando el perianto es doble, la flor es diclamídea (de *di*, dos, y *clamidos*, vestido); si, además, se pueden diferenciar cáliz y corola se dice que es heteroclamídea, en las cuales los sépalos son normalmente más pequeños y verdosos (aunque no siempre), mientras que los pétalos suelen ser más o menos coloreados. Aun siendo diclamídeas, algunas flores presentan piezas similares en ambos verticilos, tanto en forma como en tamaño y coloración; en estos casos, la flor es a la vez homoclamídea, el perianto recibe el nombre de perigonio, y las piezas de los dos verticilos que lo forman se denominan tépalos.

Cuando solo hay un verticilo en el perianto, la flor es monoclamídea y resulta difícil decir si el verticilo corresponde al cáliz o a la corola. En este caso, se mantienen los términos de perigonio para el verticilo y de tépalos para las piezas, diferenciándose entre tépalos sepaloides (con aspecto de sépalos), cuando son verdosos y poco aparentes y tépalos petaloides (con aspecto de pétalos), cuando son coloreados y vistosos. Finalmente, existen flores que carecen de los verticilos del perianto: se trata de las flores aclamídeas, que, como las que no lo son pueden ser hermafroditas o unisexuales.

El verticilo inferior del perianto es el cáliz; normalmente lo forman entre tres y cinco sépalos, aunque a veces pueden ser más o bien menos. Cuando los sépalos son libres entre sí, el cáliz es dialisépalo (o corisépalo), en cuyo caso cada sépalo se puede separar individualmente del tálamo sin rasgar los adyacentes. Otras veces, los sépalos son concrescentes más o menos a partir de la base, y entonces se dice que el cáliz es gamosépalo (o sinsépalo); cuando este es el caso, el cáliz se diferencia en un tubo basal, de longitud variable, que acaba

Figura 20. Anatomía de los frutos (2)

Pomo: el fruto compuesto de las manzanas (*Malus domestica*)

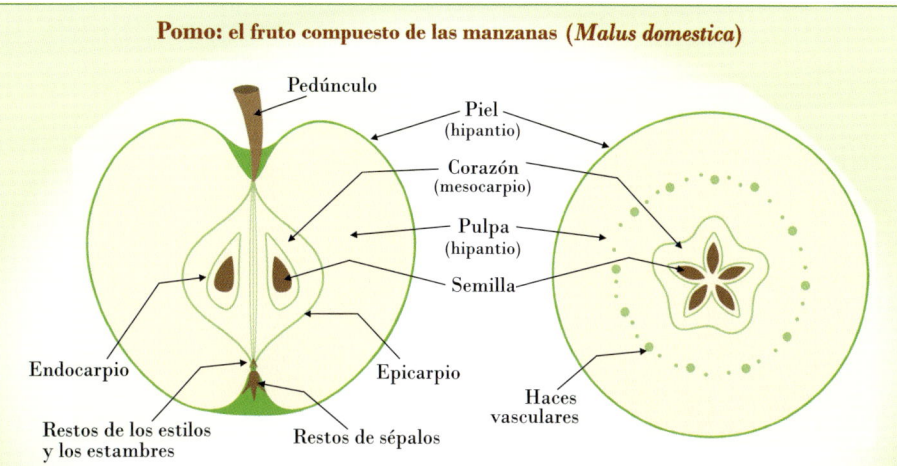

Pedúnculo

Piel
(hipantio)

Corazón
(mesocarpio)

Pulpa
(hipantio)

Semilla

Endocarpio

Epicarpio

Haces
vasculares

Restos de los estilos
y los estambres

Restos de sépalos

El **pomo** es un fruto carnoso **compuesto de varios carpelos** (comúnmente **cinco** en forma de estrella) rodeados por un tejido accesorio formado por la hinchazón del receptáculo floral acopado (**hipantio**) que forma la **pulpa** o "carne". El **verdadero fruto** formado por los **carpelos** es el **"corazón"** de la manzana, cuyo epicarpio es membranoso, casi coriáceo. El **mesocarpio** es la escasa pulpa del interior del corazón y el **endocarpio** es tenue y encamisa a las **semillas**. A veces pueden verse **restos persistentes** de los sépalos, estambres y estilos en el extremo apical (opuesto al pedúnculo) del pomo.

Rama del estilo

Pétalo

Estigma

Antera
Filamento

Estambre
(1 de muchos)

Pétalo

Sépalo

Sépalo

Estilo

Óvulo
(1 o 2 por lóculo)

Hipantio:
(receptáculo acopado y
soldado íntimamente con
el ovario pentacarpelar.
Después de la fecundación
el **hipantio** y el **ovario**
formarán un **pomo**.)

Pedicelo

Sección longitudinal de una flor de ***Prunus americana*** (ciruelo americano) que muestra el **ovario súpero** y el **hipantio perigino**.

Figura 21. Tipos de frutos

FRUTO

ACCESORIO

Además de los ovarios, en su formación intervienen otras plartes de la flor. Suelen ser **indehiscentes** y pueden formarse a partir del receptáculo hinchado o del **hipantio** de las flores.

MÚLTIPLE

Se forman **a partir de varias flores**. Por ejemplo, las piñas proceden de una inflorescencia. Cada escudo es una flor y protege una pulpa con varias semillas.

SIMPLE

Se forma **de una sola flor** con un único ovario **unicarpelar** o **pluricarpelar**. Se llaman también frutos "**verdaderos**", una categoría que incluye a la mayoría de los frutos carnosos.

AGREGADO

Procede **de una flor** con **múltiples ovarios** o **carpelos**, cada uno de los cuales forma su propio frutito carnoso. El ejemplo más típico son las **zarzamoras**.

POMO

Frutos carnosos de la familia **Rosaceae**. El **verdadero** fruto es el **corazón**. Está rodeado por una pulpa procedente del **hipantio**.

BAYA

Un futo carnoso con **múltiples semillas**. A veces no se distinguen el **mesocarpio** y el **endocarpio** porque se funden.

DRUPA

Fruto carnoso con un **endocarpio pétreo**. Puede haber una o varias semillas (**drupilanios**)

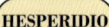

HESPERIDIO

Baya **pluricarpelar** típica de los cítricos.

BAYA UNISEMINADA

Fruto que cumple las características de una baya, pero con **una sola semilla**.

PEPÓNIDE

Fruto carnoso que contiene **muchas semillas** en un solo **lóculo** y un **exocarpio duro**.

en un número determinado de lóbulos o segmentos, que es, a su vez, reflejo del número de sépalos que lo forman.

Cuando la concrescencia es total y no se diferencian lóbulos terminales, los nervios que recorren el cáliz pueden ser orientativos de su número de piezas. La diversidad morfológica del cáliz gamosépalo es mucha: algunos son campanulados, otros bilabiados, tubulosos, hinchados (dejan un espacio vacío y más o menos amplio entre ellos y el resto de los verticilos de la flor), los cuales, en los casos extremos, son vesiculosos.

El cáliz y los sépalos pueden presentar también adaptaciones o transformaciones. Algunos sépalos son espolonados y se prolongan desde la base en un espolón o prolongación tubular y cerrada, que suele acumular néctar en su interior. En las flores de la familia de las compuestas (asteráceas) puede faltar el cáliz, pero, cuando lo tienen, está profundamente transformado en vilano o papo, unas veces constituido por un conjunto de pelos simples o plumosos, formando un penacho que tiene un papel fundamental en la dispersión del fruto, mientras que otras solo se forma alguna pequeña escama membranosa.

El cáliz suele marchitarse, junto con la corola, cuando se inicia la formación del fruto. Pero también puede perdurar en el fruto, a menudo envejecido y medio marchito, y es fácil reconocerlo como tal; en los casos más extremos, el cáliz es persistente y sigue creciendo mientras el fruto madura, por lo que se llama acrescente. Algunas plantas desarrollan un calículo, es decir, un conjunto de brácteas extraflorales y de morfología variada, justo por debajo y junto al verticilo del cáliz.

El segundo verticilo del perianto es la corola cuyas piezas son los pétalos. Lo más común es que el número de pétalos coincida con el de sépalos, y es normal que, de un verticilo al siguiente, haya una rotación en la disposición de las piezas, de modo que se alternen entre sí, por lo que cada pétalo sea alternisépalo, es decir, se sitúa entre dos sépalos.

Figura 22. Frutos y Semillas (1)

Drupa: **cerezas**
(Prunus cerasus)

Pomo: **pera**
(Pyrus communis)

Pepónide: **calabacín**
(Cucurbita pepo)

Baya: **pimiento**
(Capsicum annuum)

Drupa: **melocotón**
(Prunus persica)

Pomo: **manzana**
(Malus domestica)

Hesperidio: **cidra**
(Citrus medica)

Baya: **uvas**
(Vitis vinifera)

Pomo: **membrillo**
(Cydonia oblonga)

Balausta: **granado**
(Punica granatum)

Baya: **guindilla**
(Capsicum chinense)

Accesorio: **chirimoya**
(Annona cherimola)

Drupa: **paraguayo**
(Prunus persica var. platycarpa)

Pepónide: **calabaza**
(Cucurbita maxima)

Legumbre: **guisante**
(Pisum sativum)

Baya: arándano rojo
(Vaccinium oxycoccus)

Conocarpo: **fresa**
(Fragaria vesca)

Pomo: **níspero**
(Eriobotrya japonica)

Pepónide: **sandía**
(Citrullus lanatus)

Baya: **banana**
(Musa paradisiaca)

Drupa: **ciruela**
(Prunus insititia)

Hesperidio: **lima**
(Citrus x aurantifolia)

Hesperidio: **naranja**
(Citrus x sinensis)

Baya: **plátano rosa**
(Musa velutina)

Figura 23. Frutos y Semillas (2)

Pepónide: **melón**
(Cucumis melo)

Baya: **berenjena**
(Solanum melongena)

Cariópsides: **maíz**
(Zea mays)

Infrutescencia: **piña**
(Ananas comosum)

Pepónide: **pepino**
(Cucumis sativus)

Baya: **tomate**
(Solanum lycopersicum)

Baya: **kiwi**
(Actinidia deliciosa)

Drupa: **acerola**
(Malpighia emarginata)

Baya: **aguacate**
(Persea americana)

Drupa: **nectarina**
(Prunus persica var. nucipersica)

Hesperidio: **lumia**
(Citrus x lumia)

Nuez: **castaña**
(Castanea sativa)

Legumbre: **cacahuete**
(Arachis hypogaea)

Drupa: **pistacho**
(Pistacia vera)

Semilla: **nogal**
(Juglans regia)

Semilla: **almendro**
(Prunus dulcis)

Baya: **cacao**
(Theobroma cacao)

Semilla: **anacardo**
(Anacardium occidentale)

Nuez: **avellano**
(Corylus avellana)

Pixidio: **nuez de Brasil**
(Bertholletia excelsa)

Semilla: **calabaza**
(Cucurbita maxima)

Aquenio: **girasol**
(Helianthus annuus)

Semilla: **cafetero**
(Coffea arabica)

Semilla: **garbanzo**
(Cicer arietinum)

Figura 24. Partes de la semilla

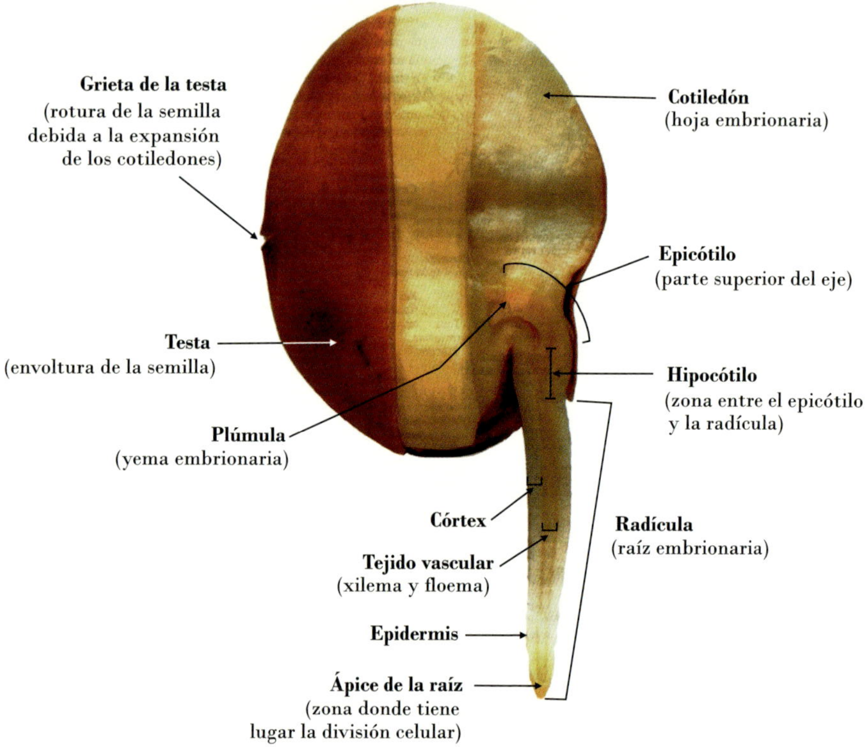

Grieta de la testa
(rotura de la semilla
debida a la expansión
de los cotiledones)

Cotiledón
(hoja embrionaria)

Epicótilo
(parte superior del eje)

Testa
(envoltura de la semilla)

Hipocótilo
(zona entre el epicótilo
y la radícula)

Plúmula
(yema embrionaria)

Córtex

Radícula
(raíz embrionaria)

Tejido vascular
(xilema y floema)

Epidermis

Ápice de la raíz
(zona donde tiene
lugar la división celular)

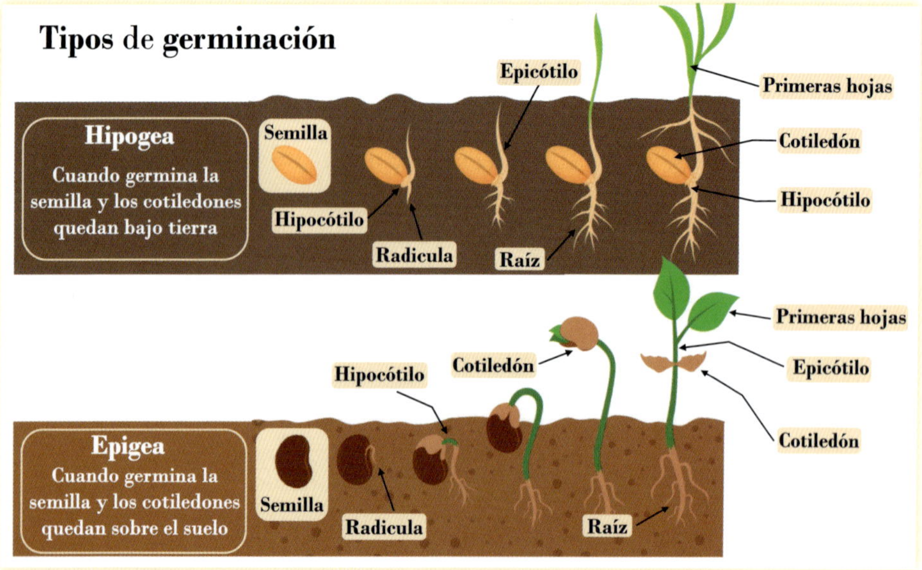

Tipos de germinación

Epicótilo

Primeras hojas

Hipogea
Cuando germina la
semilla y los cotiledones
quedan bajo tierra

Semilla

Cotiledón

Hipocótilo

Hipocótilo

Radicula

Raíz

Primeras hojas

Hipocótilo

Cotiledón

Epicótilo

Epigea
Cuando germina la
semilla y los cotiledones
quedan sobre el suelo

Semilla

Radicula

Cotiledón

Raíz

Figura 25. Ciclo de vida de una angiosperma

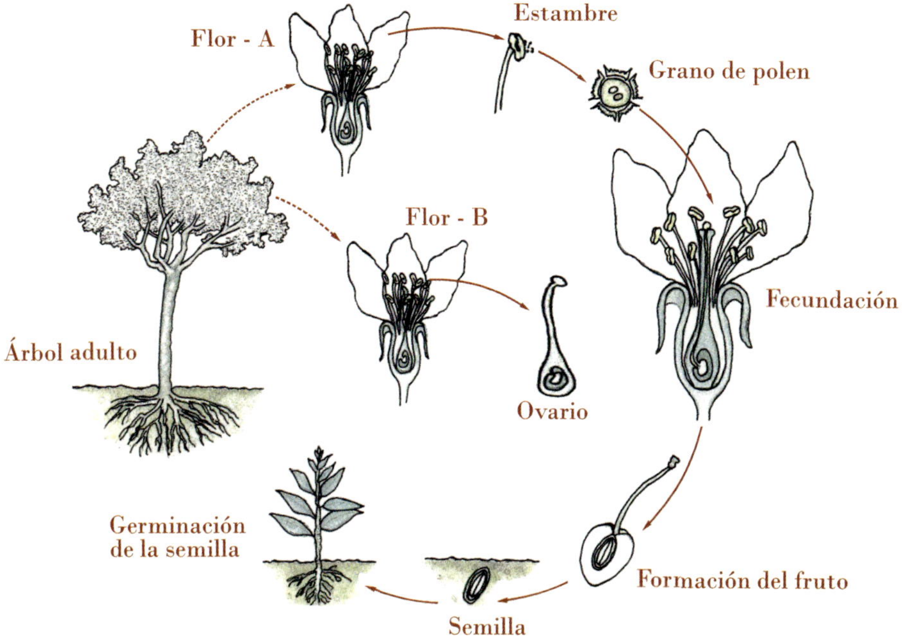

Flor - A
Estambre
Grano de polen
Flor - B
Fecundación
Árbol adulto
Ovario
Germinación
de la semilla
Formación del fruto
Semilla

Formación del **Fruto** y la **Semilla**

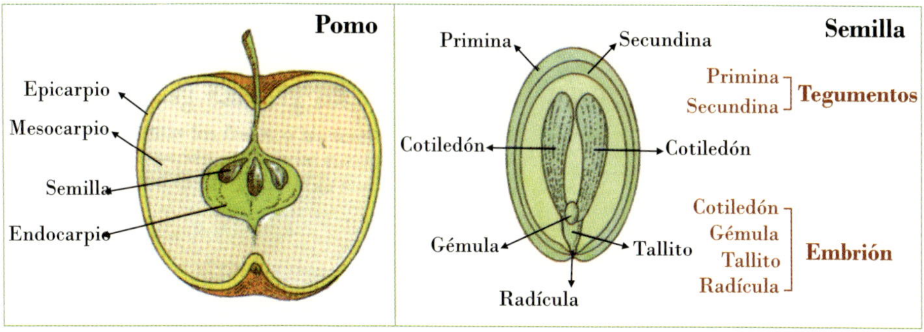

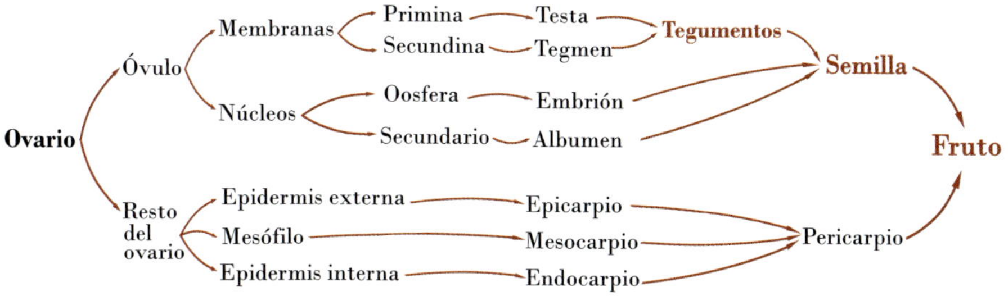

Pomo

Epicarpio
Mesocarpio
Semilla
Endocarpio

Semilla

Primina
Secundina
Primina ⎤
Secundina ⎦ **Tegumentos**
Cotiledón
Cotiledón
Cotiledón ⎤
Gémula
Tallito ⎥ **Embrión**
Gémula
Tallito
Radícula ⎦
Radícula

Ovario	Óvulo	Membranas	Primina — Testa	**Tegumentos**	**Semilla**	**Fruto**
			Secundina — Tegmen			
		Núcleos	Oosfera — Embrión			
			Secundario — Albumen			
	Resto del ovario	Epidermis externa — Epicarpio		**Pericarpio**		
		Mesófilo — Mesocarpio				
		Epidermis interna — Endocarpio				

En las corolas dialipétalas (o coripétalas), los pétalos son libres entre sí y, al igual que los sépalos, tienen una estructura laminar que denota su origen foliar. Así, por lo general, en los pétalos se puede diferenciar una parte ensanchada o limbo, a menudo coloreada, que se suele estrechar abruptamente hacia la parte inferior en una uña.

Algunos pétalos pueden presentar diferentes modificaciones o adaptaciones: los hay que se alargan desde la base en un espolón o prolongación tubular y cerrada, que suele contener el néctar; otros muestran un apéndice laminar o lígula en la base del limbo y, en conjunto, adquieren el aspecto de una corona.

Algunas corolas, por su morfología particular, reciben un nombre propio que las define y caracteriza. Por ejemplo, una flor es cruciforme cuando está formada por cuatro pétalos iguales dispuestos en cruz; entre las de cinco pétalos, destaca la flor papilionácea, típica de muchas especies de la familia de las leguminosas, que tiene los cinco pétalos desiguales: el superior, el estandarte, está erguido y a menudo más grande que el resto; los dos laterales son las alas, y los dos de la base permanecen unidos en una quilla, que inicialmente cierra y protege en su interior el androceo y el gineceo.

Cuando los pétalos son concrescentes entre sí, la corola es gamopétala (o simpétala); el grado de concrescencia es variable, abarcando desde las que tienen los pétalos soldados solo en la base hasta las que los tienen totalmente soldados. Si la concrescencia es parcial, en la corola a menudo puede diferenciarse un tubo en la base, más o menos largo, que acaba en tantos lóbulos o segmentos como el número de pétalos que se han soldado entre sí; cuando los pétalos son libres, estos lóbulos suelen formar un ángulo más o menos pronunciado con respecto al tubo y, así, se muestran plenamente. La parte en la que el tubo se ensancha para diferenciar los lóbulos es la garganta de la corola.

En el caso de que la concrescencia alcance toda la longitud de los pétalos, los nervios que tiene trazados la corola pueden ser orientativos del número de piezas que la forman. Las corolas gamopétalas se separan del tálamo de una sola pieza; las hay de varios tipos y con nombres propios: rotáceas, urceoladas, campanuladas, tubulosas, infundibuliformes, bilabiadas, unilabiadas, personadas y liguladas, por citar las más frecuentes.

Algunas corolas gamopétalas se caracterizan por cierto rasgo particular o alguna modificación. Así, las hay que son coronadas, gibosas y espolonadas. En gibas y en espolones suele acumularse el néctar que buscan los polinizadores.

Además de la forma de la corola, es importante su simetría, puesto que condiciona en gran medida el aspecto general de la flor. A pesar de que la simetría de las piezas de los otros verticilos, especialmente del androceo y del cáliz, también tiene su relevancia en la del conjunto de la flor, la corola es el principal exponente de este carácter.

Para establecer el tipo de simetría, hay que observar la flor de frente y determinar cuántos planos de simetría son posibles, es decir, cuántas opciones tenemos de dividir la flor en dos mitades simétricas. En las flores acíclicas no hay ningún plano de simetría, por lo que son asimétricas. En otras, el número de planos de simetría posibles son tres o más, caso en el que la corola presenta una simetría radial o actinomorfa; cuando solo se puede establecer un solo plano de simetría, la corola es zigomorfa (Figura 16). De algunas flores que tienen dos planos de simetría perpendiculares se dice que tienen una simetría bilateral.

Androceo

El androceo es el primer verticilo fértil de la flor y está constituido por el conjunto de los estambres. Típicamente, en los estambres se puede diferenciar un filamento estéril que lleva en su extremo una antera fértil formada por dos tecas situadas a ambos lados del conectivo como una continuación del filamento. Cada teca contiene dos sacos polínicos en los que se produce el polen.

La diversidad morfológica de los estambres es grande y está condicionada por muchos factores. La inserción de la antera en el filamento es relevante: la antera es basifija cuando se inserta por la base del conectivo, quedando alineada con el filamento, mientras que es dorsifija cuando la inserción tiene lugar en el dorso del conectivo y los dos elementos no se alinean. Otras veces el conectivo de la antera se divide en dos ramas, cada una con una teca, por lo que estas pasan a ser divergentes.

Al madurar el polen, las anteras se abren para liberarlo; el mecanismo de apertura o dehiscencia está predefinido y es característico de cada planta, género o familia. Por lo general, la dehiscencia se produce mediante una fisura longitudinal que recorre las tecas y las abre por completo, pero también hay casos en los que la apertura se limita al ápice de la teca, donde se forma un poro, y así la dehiscencia es poricida; asimismo puede ocurrir que la teca se abra enteramente por una valva o ventalla que se enrolla más o menos en el extremo (dehiscencia foraminal). Si las tecas se abren hacia el interior de la flor, los estambres son introrsos; en cambio, si se abren hacia el exterior de la flor, los estambres son extrorsos.

En cuanto al número de estambres de la flor, muy a menudo (pero no siempre) coincide con el número de piezas que tienen los verticilos del perianto; a veces, el verticilo estaminal se duplica, se triplica o se multiplica aún más, y de esta forma también el número de estambres.

En algunas familias, los filamentos estaminales presentan longitudes diferentes, de manera que se separan en dos grupos: si dos estambres son más largos que los otros dos, como sucede en muchas labiadas, bignoniáceas y escrofulariácea, el androceo es didínamo, mientras que en las crucíferas es tetradínamo, con cuatro estambres más largos y dos más cortos. La longitud de los estambres en relación con el tamaño de las piezas del perianto se hace más evidente en las flores gamopétalas y condiciona el aspecto general de la flor. Cuando las anteras permanecen ocultas dentro de la garganta de la corola, los estambres son inclusos y, por tanto, no son visibles desde el exterior de la flor; por el contrario, si los filamentos y las anteras sobresalen de la garganta y son claramente visibles desde fuera, los estambres son exertos.

En muchas ocasiones la concrescencia de los estambres se produce entre los filamentos, entre las anteras o entre los estambres con otros verticilos florales. Los filamentos pueden ser concrescentes desde solo la base hasta prácticamente su totalidad; a veces todos los estambres se fusionan en un único haz, pero pueden hacerlo también en varios haces. Cuando todos los filamentos se sueldan en un solo haz, se dice que los estambres son monadelfos y forman un tubo, por cuya luz crece y se desarrolla el estilo hasta emerger por el ápice. La malváceas como *Althaea officinalis* o *Malva sylvestris*, son un ejemplo de estambres monadelfos, cuyo nombre deriva del griego *mono*, uno, y *adelphos*, hermano, aludiendo, obviamente, a los estambres todos hermanados, unidos en un solo cuerpo.

En algunas leguminosas suele suceder que los filamentos de los estambres estén todos fusionados menos uno, que queda libre, y así forman dos haces (estambres diadelfos). En otros casos, los estambres se sueldan en tres haces o más, y entonces se consideran poliadelfos; entre estos últimos se incluyen los estambres del ricino (véase la lámina de *Ricinus communis*). Cuando la concrescencia se da entre las anteras, los estambres son sinantéreos (también denominados singenésicos); como sucede con los estambres monadelfos, por la luz del canal que forman las anteras pasa el estilo; las flores de la familia de las compuestas tienen típicamente estambres sinantéreos (véase la lámina de *Matricaria chamomilla*).

También puede aparecer concrescencia del androceo con otros verticilos. Es común que los estambres estén soldados a los pétalos, especialmente en el caso de las gamopétalas, y así se separan junto con esta en una sola pieza; tales estambres reciben el nombre de epipétalos o simpétalos. Aunque hay casos en los que el androceo es concrescente con el gineceo, estos son muy raros. En no pocas flores, aparecen estambres estériles, sin anteras, son los estaminodios.

Gineceo

El gineceo es el cuarto verticilo floral; lo componen los carpelos u hojas carpelares, que por lo común están plegados longitudinalmente y unidos por los bordes mediante una sutura ventral, de manera que el carpelo queda cerrado, formando una cavidad interna donde nacen y se desarrollan los primordios seminales. El gineceo, después de la fecundación y al madurar, origina el fruto de la planta, que lleva en su interior los primordios seminales convertidos en semillas.

El carpelo cerrado recibe el nombre de pistilo y, en los casos más típicos, se pueden reconocer en él tres partes: el ovario, esto es, la parte basal y más o menos ensanchada que alberga los primordios seminales; el estigma, la parte apical, diferenciada en mayor o menor medida, que es la receptora de los granos de polen y un estilo más o menos desarrollado que une el ovario y el estigma.

El gineceo puede ser monocarpelar o pluricarpelar; en este último caso, los carpelos pueden ser libres entre sí o bien concrescentes. Si son libres, el gineceo es apocárpico y cada carpelo forma un pistilo (hay correspondencia entre el número de carpelos y el de pistilos); cuando los carpelos son concrescentes, el gineceo es sincárpico, que puede ser unilocular (de *loculum*, cavidad o lóculo), cuando los carpelos son abiertos, se sueldan por los bordes y forman una sola cavidad ovárica, o pluriloculares, cuando los carpelos son cerrados, se unen unos a otros pero conservando su independencia, y el ovario, observado en corte transversal, está formado por tantas cavidades como carpelos.

Tálamo floral

El tálamo o receptáculo suele ser más o menos cónico y, aunque normalmente es muy corto, la disposición en él de los diferentes verticilos sigue un orden concreto: en la parte inferior se sitúa el cáliz, seguido de la corola y el androceo, y, por último, en el extremo superior, el gineceo. Las flores así estructuradas son las hipóginas, denominación que alude al hecho de que los tres primeros verticilos se localizan en el tálamo por debajo del gineceo.

A veces el tálamo es cóncavo, en forma de copa más o menos ancha que rodea el ovario, y en el margen se insertan las piezas del perianto y del androceo, por lo que la flor es perígina, como sucede en muchas rosáceas como los almendros (véase la descripción de *Prunus dulcis*). El ovario en estas flores está por debajo de las demás piezas florales (ovario ínfero). En el extremo opuesto se sitúan las flores hipóginas cuyo ovario ocupa una posición central en el tálamo y aparece por encima del resto de las piezas (ovario súpero). En las flores períginas, el tálamo es acopado, pero a diferencia de las epíginas tienen el ovario libre, no adherido al tálamo; se dice que tienen ovario semiínfero.

Inflorescencias

Las plantas desarrollan las flores solitarias o agrupadas en inflorescencias, esto es, en ramas diferenciadas, especializadas y regularmente ramificadas. Cuando la flor nace solitaria, en el ápice del tallo o en la axila de una hoja, no existe inflorescencia. La inflorescencia supone una ramificación, y como esta, en líneas generales, es constante para cada especie, de ahí la importancia de la inflorescencia en morfología y en sistemática. Los tipos más comunes de inflorescencias se muestran en las figuras 18.

Fruto

Después de la fecundación, el desarrollo y la maduración del gineceo origina un nuevo órgano, el fruto, que contiene las semillas. Es exclusivo de las angiospermas (las gimnospermas no producen frutos), y cada flor desarrolla un único fruto, con independencia del tipo de gineceo que lo origine. El pistilo o los pistilos de la flor, según el caso, y especialmente sus ovarios, se transforman en los frutos, unas estructuras morfológicamente muy diversificadas que son claves en la biología reproductiva de las angiospermas, puesto que de su adecuada dispersión depende la suerte de la siguiente generación.

Existen frutos de muchas clases, y su tipología se basa sobre todo en tres criterios: el tipo de gineceo que lo origina, la naturaleza y consistencia del pericarpio, que es la parte del fruto que rodea las semillas (normalmente corresponde a la pared del ovario transformada), y la capacidad del fruto de abrirse (dehiscencia) de manera natural al madurar. A veces, otras partes de la flor, como el tálamo o el cáliz, pueden transformarse junto con el gineceo y acabar formando parte inseparable del fruto, como sucede con los frutos de tipo pomo (Figura 20).

Los frutos son simples cuando provienen de un único pistilo, es decir, de un gineceo monocarpelar o pluricarpelar, siempre que este, a su vez, sea sincárpico (con los carpelos soldados). Cuando el gineceo es pluricarpelar y apocárpico —y, por tanto, con dos o más pistilos—, se origina un fruto múltiple o agregado. Por último, la posición relativa del pistilo en la flor también condicionará el tipo de fruto: las flores hipóginas y períginas, que tienen el ovario súpero, formarán frutos diferentes a los de las epíginas, que lo tienen ínfero.

El tipo de pericarpio condiciona también el tipo de fruto. La pared del ovario, al madurar, se convierte en el pericarpio, que puede volverse seco y endurecido, como ocurre en los frutos secos, o bien ser carnoso. En este último caso, cabe diferenciar en él tres partes: la más externa o exocarpio, que corresponde a la piel del fruto; la parte mediana carnosa o mesocarpio, y la parte más interna o endocarpio, que puede ser carnosa o leñosa. Si el conjunto del pericarpio es completamente carnoso, como ocurre con los tomates, los frutos se denominan bayas, mientras que los frutos de tipo de drupa se caracterizan porque el endocarpio se esclerifica, es decir, se vuelve pétreo, como ocurre con frutos como el melocotón, la cereza, los albaricoques y otros muchos (Figura 19).

La dehiscencia del fruto tiene relevancia en los frutos secos, puesto que condiciona el modo en que se dispersan las semillas. En los frutos carnosos, la estrategia de dispersión de las semillas pasa por ser parte de la ingesta de los animales y no depende de la apertura prefijada del fruto. Hay frutos secos que son dehiscentes y desarrollan sistemas de apertura predefinidos para liberar las semillas, mientras que otros son indehiscentes y es necesario que el pericarpio se descomponga de forma natural para que la semilla pueda germinar.

Al madurar, algunos frutos secos se fragmentan en tantas porciones como semillas contienen y cada una de estas porciones o mericarpos actúa de manera parecida a como lo hacen los frutos secos indehiscentes. Finalmente, el número de semillas del fruto tiene cierta importancia, sobre todo si el fruto es monospermo, con una sola semilla, o plurispermo, con más de una semilla.

En las figuras 21, 22 y 23 se recogen los principales tipos de frutos. Para sus descripciones, véase el glosario taxonómico.

Semilla

Los frutos contienen en su interior las semillas de la planta, que están diseñadas para proteger al embrión hasta que las condiciones sean adecuadas para germinar. Después de la fecundación, los primordios seminales maduran y forman las semillas en las que el embrión, normalmente acompañado de tejidos nutricios, permanecerá en fase latente hasta que las condiciones ambientales sean favorables para su germinación.

Cuando una semilla encuentra un ambiente propicio, comienza a germinar y se desarrolla en una nueva planta. Las semillas son esenciales para la continuidad de la especie, son como pequeños paquetes de vida esperando a germinar cuya función es cuádruple:

1. **Reproducción:** cada semilla contiene un embrión que puede desarrollarse en una nueva planta; por tanto, son la forma en que las plantas se reproducen y aseguran la continuidad de su especie.

2. **Dispersión:** las semillas, solas o acompañadas de los frutos o de fragmento de estos pueden ser dispersadas a través de diferentes medios (viento, agua, animales), lo que permite que las plantas colonicen nuevas áreas y reduzcan la competencia entre ellas.

3. **Almacenamiento de nutrientes:** el endospermo y los cotiledones almacenan nutrientes que son esenciales para el crecimiento inicial del embrión. Esto es crucial durante la germi-

nación, cuando la plántula necesita energía antes de poder realizar la fotosíntesis.

4. **Protección:** la cubierta seminal protege al embrión y a los nutrientes de condiciones adversas como la deshidratación, el frío o los depredadores, asegurando que la semilla pueda germinar en el momento adecuado.

Una semilla normal presenta las siguientes partes (Figura 25):

1. **Cubierta seminal (testa):** es la parte exterior de la semilla que puede ser dura o blanda. Su función principal es proteger el embrión y los nutrientes de factores externos como la deshidratación y los depredadores.

2. **Embrión:** es la parte que se desarrollará en una nueva planta como resultado de la fusión del gameto masculino contenido en el grano de polen con el gameto femenino, el óvulo, contenido en el primordio seminal. El embrión consta de: A) Radícula: la parte que se convertirá en la raíz. B) Plúmula: la parte que se convertirá en el tallo y las hojas. La porción superior, que dará el ápice del tallo, es el epicótilo; la inferior es el hipocótilo. C) Cotiledones: las primeras hojas que aparecen en la plántula. Pueden almacenar nutrientes para el embrión durante la germinación. Durante el desarrollo del embrión, los cotiledones se engrosan y se llenan con almidones, lípidos y/o proteínas, mientras que el endospermo, que provee los nutrientes, se va encogiendo. Cuando la semilla está madura, los cotiledones alcanzan un gran tamaño y el endospermo puede haberse consumido totalmente.

En función del número de cotiledones, las angiospermas se dividen en dos grandes grupos: monocotiledóneas, que producen un solo cotiledón, y dicotiledóneas que desarrollan dos. En las monocotiledóneas, el cotiledón no se engrosa ni acumula sustancias; en su lugar, el endospermo permanece y se encuentra presente en la semilla madura (semilla albuminosa); durante la germinación, el cotiledón actúa como tejido de absorción y digestión, transfiriendo los nutrientes del endospermo al embrión. En las dicotiledóneas, se establece un eje que consiste en la radícula (raíz primordial), el epicótilo (tallo primordial), y el hipocótilo (la coyuntura de la raíz y el brote). Los cotiledones almacenan sustancias de reserva. En las gimnospermas, se desarrollan varios cotiledones.

3. **Endospermo:** es un tejido nutritivo que rodea al embrión en muchas semillas. Proporciona los nutrientes necesarios para el crecimiento inicial de la plántula hasta que pueda realizar la fotosíntesis por sí misma.

Ciclo de vida de las angiospermas

El ciclo de vida de las plantas con semillas se puede dividir en varias etapas (Figura 25):

1. **Germinación:** todo comienza cuando una semilla se encuentra en condiciones adecuadas (agua, temperatura y oxígeno). La semilla absorbe agua y se hincha, rompiendo su cubierta. Luego, comienza a crecer la raíz (radícula) y, posteriormente, el brote (plúmula) que se convertirá en el tallo y las hojas.

2. **Planta juvenil:** una vez que la plántula ha emergido del suelo, comienza a desarrollarse y crecer. Durante esta etapa, la planta desarrolla hojas y raíces más fuertes. La fotosíntesis se vuelve esencial para su crecimiento, ya que la planta empieza a producir su propio alimento.

3. **Planta adulta:** con el tiempo, la planta alcanza su madurez. En esta etapa, puede reproducirse.

4. **Reproducción:** en las angiospermas la polinización (transporte de los gametos masculinos hasta los femeninos) puede ser realizada por el viento, insectos u otros animales. Una vez que el polen fertiliza el óvulo, se forma una semilla dentro del ovario de la flor.

5. Formación de semillas y frutos: después de la fertilización, el óvulo se convierte en una semilla, y el ovario se transforma en un fruto. Los frutos ayudan a proteger las semillas y, en muchos casos, facilitan su dispersión.

6. Dispersión de semillas: las semillas son dispersadas de diversas maneras: por el viento, el agua, animales o incluso por explosión del fruto. Esta dispersión es crucial para que las nuevas plantas puedan crecer en diferentes lugares. Finalmente, cuando las semillas caen en un ambiente apropiado, se produce la germinación y se desarrolla una nueva plántula.

Inflorescencias del brezo
Erica x darleyensis.

Inflorescencia multiflora de la flor de sangre (*Haemanthus coccineus*), una planta bulbosa con uso medicinal por los nativos sudafricanos.

TAXONOMÍA Y NOMENCLATURA

La taxonomía (del griego *taxis*, "ordenación", y *nomos*, "norma" o "regla") es, en un sentido general, la clasificación ordenada y jerárquica de cualquier conjunto de elementos físicos o conceptuales, aunque por lo general el término se emplea para designar a la taxonomía biológica, el modo de introducir ordenadamente a los organismos en un sistema de clasificación compuesto por una jerarquía de unidades (taxones) anidados.

La taxonomía biológica es una subdisciplina de la sistemática biológica, la disciplina que estudia las relaciones de parentesco entre los organismos y su historia evolutiva. Actualmente, la taxonomía actúa después de haberse resuelto el árbol filogenético de los organismos estudiados, esto es, una vez que están resueltos los clados, o ramas evolutivas, en función de las relaciones de parentesco entre ellos. Los dendrogramas como el que se muestra en la Figura 26 son la expresión gráfica de los árboles filogenéticos. Cada nodo del dendrograma se corresponde con un clado.

El fin último de la taxonomía es organizar al árbol filogenético en un sistema de clasificación. Para ello, la escuela cladística (la que predomina hoy en día) convierte a los clados en taxones. Un taxón es un clado al que fue asignada una categoría taxonómica, al que, mediante la aplicación de las reglas de nomenclatura, se le otorgó un nombre en latín. Cuando se hace todo esto, el taxón tiene un nombre correcto. La nomenclatura es la subdisciplina que se ocupa de reglamentar estos pasos para que se atengan a unos principios y normativas consensuados por la comunidad científica. Los sistemas de clasificación que nacen como resultado funcionan como contenedores de información, por un lado, y como predictores, por el otro.

Una vez que está terminada la clasificación de un taxón, se extraen los caracteres diagnósticos de cada uno de sus miembros y sobre esa base se confeccionan claves prácticas de identificación, las cuales se utilizan en la tarea de la determinación o identificación de organismos, una tarea que culmina ubicando un organismo desconocido en un taxón conocido del sistema de clasificación dado. En los casos en los que tal ubicación no sea posible porque el organismo en cuestión tiene unas características que no se ajustan a ningún taxón descrito, se procede a describirlo como nuevo para la ciencia.

Características de los sistemas de clasificación

Las normas que regulan la creación de los sistemas de clasificación son en parte convenciones más o menos arbitrarias cuyo fin último es presentar un sistema de clasificación que agrupe a toda la diversidad de organismos en unidades discretas dentro de un sistema estable, sobre las que puedan trabajar los investigadores.

Los sistemas de clasificación están compuestos por taxones (del griego *taxa*) ubicados en sus respectivas categorías taxonómicas. Decidir qué clados deberían convertirse en taxones y en qué categorías taxonómicas deberían ubicarse es un proceso un tanto subjetivo, pero hay ciertas reglas no escritas que los investigadores utilizan para que el sistema de clasificación sea "útil", porque para que un sistema de clasificación resulte útil debe ser manejable y para ello debe organizar la información de la forma en que sea más fácil de recordar.

Otro criterio es la estabilidad de la nomenclatura. Los grupos que ya han sido nombrados en el pasado deberían continuar con el mismo nombre en la medida de lo posible. Una vez decidido qué clados convertir en taxones, los sistemáticos deben decidir en cual de las categorías linneanas de clasificación (reino, filo o división, clase, orden, familia, género y especie) debe situarse.

Los sistemas de clasificación que nacen como resultado de la taxonomía tienen dos utilidades. La primera es servir como contenedores de información. Los científicos de todo el mundo utilizan los taxones como unidad de trabajo, y publican los resultados de sus trabajos en relación con el taxón estudiado. Por lo tanto, los nombres científicos de los organismos son la clave de acceso a un inmenso cuerpo de información, disperso en muchas lenguas y procedente de muchos campos de la biología.

En segundo lugar, permiten hacer predicciones acerca de la fisiología, ecología y evolución de los taxones. Por ejemplo, es muy común que cuando se encuentra un compuesto de interés médico en una planta, se investigue si ese compuesto u otros similares se encuentran también en otras especies emparentadas con ella.

Nomenclatura

La nomenclatura botánica es un sistema que se utiliza para nombrar y clasificar las plantas de manera organizada y universal. Los que enumeramos a continuación son los aspectos más importantes de este sistema.

1. **Sistema Binomial:** la nomenclatura botánica se basa en el sistema binomial desarrollado por el naturalista sueco Carlos Linnaeus (castellanizado Linneo) en una obra fundacional, *Systema naturæ*, publicada en 1735. Este sistema asigna a cada especie un nombre compuesto por dos partes: género y especie. El del género es la primera parte del nombre, que se escribe con mayúscula. Por ejemplo, en *Homo sapiens*, *Homo* es el género. La segunda parte del nombre, el epíteto específico, se escribe en minúscula. En el mismo ejemplo, *sapiens* es ese epíteto.

2. **Clasificación jerárquica:** las plantas se organizan en una jerarquía que incluye varias categorías, desde las más generales hasta las más específicas. Por ejemplo, el taxón de la Figura 26, *Symphyotrichum lateriflorum,* está incluido en las siguientes categorías o

Figura 26. El nombre de las plantas

El nombre científico

En 1753 el botánico sueco **Carolus Linnaeus** (conocido como **Linneo**) describió por primera vez la planta como *Solidago lateriflora* L.

Symphyotrichum lateriflorum (L.) Löve & Löve

| **Nombre** del género | **Epíteto** específico | **Autoridad** que descubrió la especie | **Autoridades** que combinaron el nombre |

Este es el epíteto más antiguo publicado y, por tanto, la autoría tiene prioridad y debe mantenerse ligada al nombre de la planta cualquiera que sea este. La letra "**L**" es la inicial de Linnaeus y aparece entre **paréntesis** para indicar que él fue el autor de un epíteto que fue modificado mucho después.

La autoría de la combinación nomenclatural

En 1753, en una época en la que la Botánica estaba en sus inicios, **Linnaeus** describió por primera vez más de **4.000** especies de plantas.

A medida que fueron descubriéndose nuevas plantas y la taxonomía evolucionó, muchas de las denominaciones originales experimentaron **cambios nomenclaturales**.

En el caso que nos ocupa, después de varios cambios, en 1982, en una publicación sobre cromosomas de plantas, los botánicos **Askel** y **Doris Löve** propusieron una combinación colocando la especie en el género *Symphyotrichum*. Esa combinación es la que hoy se acepta nomenclaturalmente.

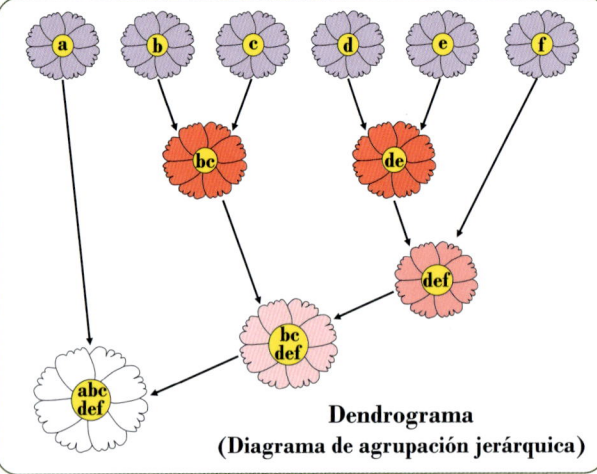

Dendrograma
(Diagrama de agrupación jerárquica)

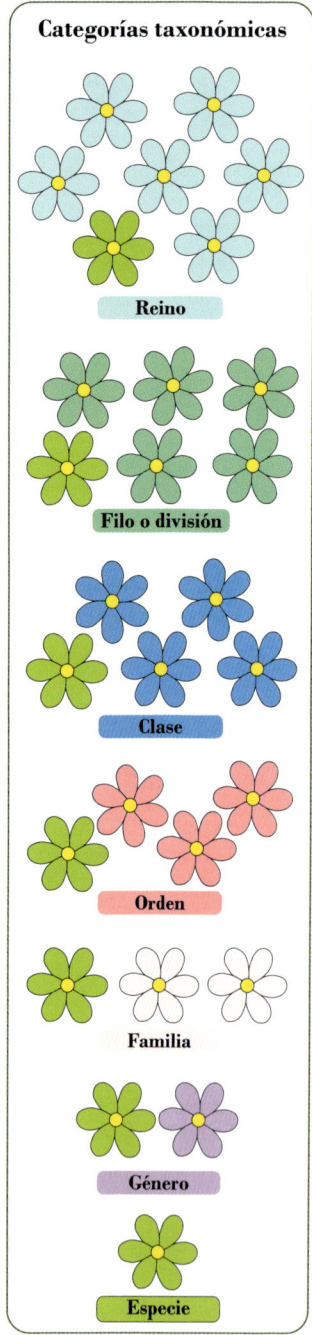

Categorías taxonómicas

Reino

Filo o división

Clase

Orden

Familia

Género

Especie

rangos taxonómicos ordenados de mayor (el que contiene mayor número de taxones) a menor (la especie), si bien hay que tener en cuenta que hay taxones subordinados a la especie (subespecie y variedad) que no se incluyen en el esquema.

Reino: Plantae
División: Magnoliophyta
Clase: Eudicotyledoneae
Orden: Asterales
Familia: Asteraceae
Género: *Symphyotrichum*
Especie: *Symphyotrichum lateriflorum* (L.) Löve & Löve

3. **Latín como lengua oficial:** los nombres científicos se escriben en latín o se basan en palabras latinas. Esto se hace para que sean comprensibles y aceptados internacionalmente, evitando confusiones que podrían surgir de los nombres comunes que varían de un idioma a otro. En los textos, los nombres de géneros y especies se escriben en cursivas o itálicas.

4. **Reglas de Nomenclatura:** la nomenclatura botánica sigue un conjunto de reglas establecidas por el Código Internacional de Nomenclatura Botánica (ICBN), que regula cómo se deben nombrar las plantas. Algunas de estas reglas incluyen el principio de "Prioridad": cada grupo taxonómico en su rango no puede tener más que un nombre correcto: el más antiguo de acuerdo con las reglas nomenclaturales. Por tanto, el nombre más antiguo que se haya publicado correctamente tiene prioridad sobre los nombres más recientes. Los nombres deben ser publicados en una obra científica reconocida para ser válidos. Si se descubre que un nombre es incorrecto o confuso, se pueden hacer ajustes, pero siempre siguiendo las reglas establecidas que conducen a combinaciones nomenclaturales como la que afecta a *Symphotrichum lateriflorum*, que elegimos como ejemplo en la Figura 26, cuyo contenido ampliamos a continuación.

Carolus Linnaeus describió por primera vez el taxón como *Solidago lateriflora* L. en 1753. Este es el epíteto más antiguo publicado para la especie y tiene prioridad nomenclatural. Los paréntesis alrededor de "L." indican que Linneo es el autor del epíteto, no de la combinación posterior. En las publicaciones científicas los nombres latinos de los taxones, especialmente los de las especies se acostumbra a escribirlos acompañados del autor (o autores) que los describieron por primera vez o, en el caso de las combinaciones nomenclaturales posteriores, del autor o autores de estas. Cuando los nombres de los botánicos son muy conocidos, sus apellidos se acostumbran a escribir abreviadamente o mediante iniciales, como en el caso de Linneo.

El botánico Nathaniel L. Britton transfirió la especie descrita por Linneo al género *Aster* en 1889: *Aster lateriflorus* (L.) Britt. Los botánicos habían estado tratando la especie en las floras bajo otros nombres que habían sido descritos después de que Linneo describiera *Solidago lateriflora*. Britton tenía razón al reconocer que el epíteto más antiguo válidamente publicado a nivel de especie era *lateriflorus*, y así, aunque su combinación se hizo mucho más tarde que los otros binomios en uso (por ejemplo, *Aster diffusus* Aiton, 1789), la combinación de Britton fue aceptada como correcta.

Askel y Doris Löve (1982) propusieron válidamente una nueva combinación de *Symphyotrichum* en una nota a pie de página en un artículo que enumeraba los recuentos de cromosomas, pero no dieron razones de por qué lo hacían. Guy Nesom (1994) redefinió el género *Aster* para incluir sólo las especies euroasiáticas. Las especies de Norteamérica fueron colocadas en múltiples géneros propuestos por botánicos anteriores, uno de los cuales era *Symphyotrichum* Nees., además de varios géneros nuevos propuestos por el propio Nesom.

En 1994 Xiang publicó el primer trabajo basado en el ADN de los ásteres y demostró que la conclusión de Nesom sobre la separación de *Aster* era probablemente correcta. Brouillet et al. (2009) publicaron una filogenia basada en la secuencia de ADN de la tribu Astereae que incluía *Symphyotrichum lateriflorum* y con ello dieron un apoyo molecular sólido para aceptar los conceptos genéricos de Nesom sobre los ásteres con algunas modificaciones. La combinación correcta como binomio latino para esta especie está apoyada por la moderna investigación genética y ajustada a las reglas de nomenclatura.

Las liliáceas como este agapanto surafricano *(Agapanthus africanus)* tienen corolas homoclamídeas con seis tépalos.

Las salvias son plantas aromáticas muy utilizadas en medicina popular. En la imagen la salvia mexicana *Salvia microphylla*.

FITOTERAPIA Y FARMACOGNOSIA

Etimológicamente fitoterapia quiere decir curación mediante plantas, es decir la disciplina que estudia la utilización de los productos de origen vegetal con finalidad terapéutica, ya sea para prevenir, para atenuar o para curar un estado patológico. La base de los medicamentos usados en fitoterapia son las drogas vegetales y los productos que se obtienen de ellas.

No hay que confundir planta medicinal con droga vegetal. Según la Organización Mundial de la Salud (OMS), planta medicinal es «cualquier planta que en uno o más de sus órganos contiene sustancias que pueden ser utilizadas con finalidad terapéutica o que son precursores para la semisíntesis químico-farmacéutica».

La misma OMS define droga vegetal como «la parte de la planta medicinal utilizada en terapéutica». Aunque popularmente el término "droga" se aplica a las sustancias estupefacientes, para la Farmacognosia (la disciplina que tiene por objeto el estudio de las materias primas de origen natural que poseen actividad farmacológica), la droga en sentido estricto es la planta o la parte de ella que contenga los principios activos que le confieren sus propiedades como fármaco.

La Real Farmacopea Española considera drogas vegetales «las plantas, partes de las plantas, algas, hongos o líquenes, enteros, fragmentados o cortados, sin procesar; generalmente desecados, aunque también a veces en estado fresco». Los principios activos son las sustancias responsables de la acción terapéutica. La fitoterapia utiliza tanto las drogas vegetales como sus extractos o principios activos aislados de estas. Estos productos se administrarán al paciente en la forma farmacéutica más adecuada.

Principios activos y metabolismo de las plantas

Los principios activos son los compuestos químicos a los que se atribuye la acción terapéutica de una planta. Generalmente no se trata de un solo componente, sino de varios o de alguno mayoritario acompañado de otros minoritarios. En estos casos, la sinergia entre ellos es la base de la acción o acciones terapéuticas de la planta. Su contenido y naturaleza dependerán del órgano, de la época de recolección y de las manipulaciones a las que se someta la planta.

En las plantas se han identificado más de 100.000 sustancias que se generan a raíz de los mecanismos del metabolismo secundario. Por su origen biológico, estas sustancias son en general mejor toleradas por nuestro organismo por presentar unas estructuras orgánicas más similares a las nuestras que los fármacos sintetizados en la industria. En todo caso, sean orgánicos o sintéticos, los compuestos vegetales que ejercen efectos de cualquier naturaleza sobre nuestro organismo, es decir, los principios activos que son objeto de estudio de la farmacología, son compuestos químicos.

La vida es química: nada más y nada menos. La química está en la intersección entre la física, que son las leyes de la naturaleza, y la biología, que es su manifestación. Por ejemplo, el funcionamiento del cerebro se comprende tan poco que se tiende a asociarlo a significados esotéricos. Pero al final, es química, nada más y nada menos, aunque mucha gente se resista a la idea. Muchas personas quieren asociar su vida o sus propias experiencias con algún significado especial, como la religión. Pero es química.

Cuando entendemos las bases químicas de las enfermedades, por ejemplo, automáticamente podemos concebir estrategias químicas para corregirlas. El hecho esencial es que todo en la vida es química y todas las enfermedades reflejan una distorsión de la química. Encontraremos medios químicos para corregirlas.

La química se encarga de la composición de los diferentes constituyentes de la materia, sea mineral, animal o vegetal. La química inorgánica estudia los elementos simples, sus compuestos y reacciones. La química orgánica es la del carbono, el elemento predominante en los compuestos que forman los seres vivos, y que ellos mismos producen, además de combinarse sobre todo con oxígeno, hidrógeno y nitrógeno. Los principios inmediatos son los más frecuentes: glúcidos (o azúcares) y lípidos (aceites y grasas), ambos formados por carbono, oxígeno e hidrógeno, y prótidos (péptidos y proteínas), que a los tres primeros componentes añaden nitrógeno.

El metabolismo primario o principal incluye los procesos químicos que se llevan a cabo para sobrevivir, crecer y reproducirse: fotosíntesis, glucolisis, síntesis de aminoácidos, síntesis de proteínas, enzimas y coenzimas, síntesis de materiales estructurales, duplicación del material genético, reproducción de células (crecimiento), absorción de nutrientes, etcétera. Entre ellos están la glucosa y otros azúcares, los ácidos grasos, lípidos y ceras, los aminoácidos y con ellos las proteínas, además de vitaminas y reguladores de crecimiento, entre otras sustancias esenciales o indispensables para su vida.

Como consecuencia del metabolismo secundario, y a partir de los compuestos fundamentales elaborados en el metabolismo primario, las plantas producen metabolitos secundarios que emplean con diferentes fines, principalmente como mecanismos químicos de defensa frente a herbívoros o de atracción de polinizadores, pero también en situaciones especiales o de alarma para la planta (déficit nutricional, cambios o ciclos estacionales o de día/noche, ataque microbiano) y se suelen producir dependiendo de su ciclo biológico.

Entre los metabolitos secundarios se cuentan diferentes grupos y subgrupos de compuestos entre los que se cuentan aceites esenciales, alcaloides, carotenos, cumarinas, ésteres alifáticos, esteroides, ésteres aromáticos, fenoles, flavonoides, gomas, glucósidos y glicósidos, iridoides, lignanos y neolignanos, mucílagos, pectinas, principios amargos, quinonas, resinas, saponinas, taninos y terpenos, por no ser exhaustivos.

Y puesto que hablamos de lo biológico, hay que añadir que bioquímicos y fisiólogos estudian las estructuras químicas y los complicados procesos y reacciones que se producen en los seres vivos para sintetizar todas estas sustancias orgánicas, las fundamentales de las cuales se describen resumidamente a continuación.

Glúcidos (azúcares o hidratos de carbono)

El grupo de mayor importancia en abundancia y actividad medicinal incluye muchas sustancias de reserva que utilizamos en la alimentación como harinas, almidones, féculas o azúcares que se almacenan en muchas células, tejidos y órganos vegetales. Cuando se trata de glúcidos simples se denominan holósidos (todo azúcares).

Los azúcares más simples son las moléculas de glucosa o fructosa, que son algo así como la piezas elementales con las que se construyen azúcares más complejos como la sacarosa, cuando se unen dos, o los polisacáridos, cuando se reúnen muchos como en los casos del almidón o la celulosa, con hasta 300 azúcares simples, y la inulina, formada por cadenas de fructosas, que se encuentra generalmente en las raíces, tubérculos y rizomas de ciertas plantas (bardana, achicoria, diente de león, yacón, etcétera) como sustancia de reserva.

Entre los glúcidos tienen interés fitoterapéutico las gomas, los mucílagos y la celulosa, ya que pueden actuar como laxantes, calman la irritación digestiva, llenan el estómago provocando saciedad como hacen las pectinas de las frutas, retardan la acción de sustancias como los azúcares (salvado de avena útil en la diabetes), tienen acción antidiarreica y regulan el estreñimiento (semillas de lino) y otros tienen acción estimulante inmunitaria y antitumoral.

Cuando los glúcidos se combinan con otros compuestos se llaman heterósidos. Son principios muy abundantes y constituyen el grueso de los principios activos de las plantas. Por resumir, los heterósidos pueden reunirse en los siguientes subgrupos:

Antraquinonas. La antraquinona es un compuesto orgánico aromático, derivado del antraceno, cuyos compuestos naturales son glucósidos que se encuentran en las hojas, vainas, raíces y semillas de diversas plantas con acción laxante o purgante y reguladora biliar.

Cardenólidos. Encontrados en varias plantas como la adelfa, la convalaria y la digital. El término deriva del griego *kardia* = "corazón". Son constituyentes de algunos glucósidos de acción cardíaca. Aumentan la energía contráctil, reducen el ritmo y mejoran la conducción del impulso. Los glucósidos cardenólidos son a menudo tóxicos porque pueden producir parada cardiorrespiratoria. En la actualidad varios cardenólidos, principalmente la digoxina y sus derivados, son utilizados en la terapia cardíaca. Su importancia es tal que no han podido ser sustituidos hasta la fecha, al menos en el tratamiento a gran escala.

Heterósidos cianogenéticos. Liberan cianuro cuando se descomponen y, a pesar de que son venenos celulares a dosis elevadas, tienen interés medicinal. Las almendras amargas o la semilla de albaricoque son un ejemplo de este tipo de sustancias de sabor amargo inhibidoras de la respiración.

Cumarinas. Etimológicamente, «cumarina» deriva de la palabra francesa coumarou, utilizada para referirse al haba de Tonka *(Dipteryx odorata)*. Se encuentra de forma natural en gran variedad de plantas, y en alta concentración en el haba de Tonka, la grama de olor *(Anthoxanthum odoratum)*, la asperula olorosa *(Galium odoratum)*, el gordolobo (género *Verbascum*) y el trébol de olor (género *Melilotus*), entre otras.

Aunque la cumarina en sí no tiene propiedades anticoagulantes, esta se transforma por acción de varios hongos en el anticoagulante natural dicumarol. Esta sustancia fue responsable de la enfermedad hemorrágica conocida históricamente como "enfermedad del trébol dulce" que afecta al ganado que se alimenta de este forraje. A raíz del estudio de esta enfermedad se han podido sintetizar gran variedad de agentes anticoagulantes, similares al dicumarol, como por ejemplo la warfarina.

Flavonoides. Basta conocer el inventario de aproximadamente 10.000 tipos de flavonoides registrados para comprender que el reino vegetal es mucho más que una despensa gigante. En las plantas, además de actuar como aromas naturales y pigmentos casi universales (amarillo, rojo y azul en flores y frutos), los flavonoides protegen de la radiación ultravioleta, transportan hormonas relacionadas con el crecimiento vegetal, atraen insectos polinizadores, funcionan como defensa ante predadores y pueden proteger contra plagas e infecciones causadas por hongos y bacterias.

Reconocidos por sus funciones en prevenir y tratar diversos procesos del organismo, los flavonoides tienen una comprobada acción antioxidante, antiinflamatoria, analgésica y antimicrobiana. Son útiles en algunos modelos de patologías cardiovasculares, antineoplásicos (para el tratamiento de algunos tipos de cáncer) y hepatoprotectores (fundamentalmente en los casos de hígado graso).

Pero la actividad por la que se han decantado la mayor parte de las investigaciones es su potencial antioxidante y como inhibidores enzimáticos, ambos relacionados con el envejecimiento, y por su acción como agentes neuroprotectores. El secreto de estos compuestos está en que inhiben las colinesterasas, unas enzimas que regulan algunos procesos de neurotransmisión, y modulan las vías neuronales de las funciones cognitivas. En algunos casos también mejoran el flujo sanguíneo vascular, en particular en el hipocampo, la región del cerebro que determina la memoria a largo plazo.

Los flavonoides retrasan la progresión de los síntomas de las enfermedades neurodegenerativas al inhibir la apoptosis (un proceso de muerte celular) neuronal inducida por sustancias neuro-tóxicas, incluidos los radicales libres y la proteína beta-amiloide, que está estrechamente relacionada con la enfermedad de Alzheimer. Todos estos mecanismos de protección contribuyen al mantenimiento del número, calidad y conectividad sináptica de las neuronas en el cerebro.

Iridoides. Muchos fitoquímicos presentan la estructura propia de los terpenos. Entre ellos, destacan algunos derivados del geraniol, denominados iridoides, que confieren sabor amargo a muchas plantas y generalmente aparecen en forma de heterósidos, principalmente como glucósidos. Estos compuestos presentan propiedades beneficiosas sobre la función hepática y biliar. También han mostrado actividad antiinflamatoria, antimicrobiana, antitumoral y antiviral, y se han utilizado como antídoto en el envenenamiento producido tras el consumo de hongos venenosos del género *Amanita*. Distintas plantas como el olivo, el harpagófito, el llantén, la valeriana, la genciana y el fresno contienen principios activos de naturaleza iridoídica. Todas estas plantas se han empleado con frecuencia en la medicina popular de distintas culturas y sus hojas, tubérculos, raíces y semillas, así como los extractos correspondientes, siguen considerándose una fuente farmacológica muy atractiva.

Saponósidos. Las saponinas (del latín *sapo*, "jabón") son glucósidos llamados así por sus propiedades semejantes a las del jabón: cada molécula está constituida por un elemento soluble en lípidos (el esteroide) y un elemento soluble en agua (el azúcar), y forman una espuma cuando se las agita en agua.

Las saponinas, abundantes en varias plantas incluidas en este libro (zarzaparrilla, rusco, digital, regaliz, saponaria o hiedra, entre otras) tienen una acción irritante sobre las células, que en el parénquima pulmonar se traduce en una acción expectorante, que en las células renales produce una acción diurética y sobre los glóbulos rojos una hemolítica. Aunque se absorben mal en el tracto digestivo, favorecen la absorción de los cardiotónicos.

Salicilatos. Su nombre deriva del latino *Salix*, nombre de los sauces, los árboles donde se encontraron por primera vez estos glucósidos. A partir de su composición se han desarrollado la aspirina y algunos antiinflamatorios modernos como el ibuprofeno. Los salicilatos están presentes en las salicáceas (sauce), rosáceas (ulmaria) y betuláceas (abedul), entre otras familias. Tienen acción febrífuga, antiinflamatoria, antirreumática, diurética y sudorífica. Por vía externa son irritantes y tienen acción sobre las descamaciones de la piel.

Sulfóxidos. Por su contenido en azufre, estas sustancias liberan aromas potentes que llegan incluso a ser hediondos. Ejemplos de ello son la col, la mostaza, el ajo o la cebolla. Unos son irritantes, como la mostaza, otros tienen acción antibacteriana, antifúngica, antiagregante plaquetaria y reductora del colesterol (ajo, cebolla).

Grasas o lípidos

Un lípido es una macrobiomolécula insoluble en agua y soluble en solventes orgánicos. Además de ser componentes estructurales de las membranas celulares, las funciones primordiales de los lípidos incluyen el almacenamiento de energía y la señalización celular. Los lípidos tienen aplicaciones en la cosmética y la industria alimenticia, así como en la nanotecnología.

A pesar de que el término "lípido" es a veces utilizado como sinónimo de grasa, estas últimas son un subgrupo de los lípidos llamados triglicéridos. Los lípidos también abarcan moléculas como ácidos grasos y sus derivados (incluyendo tri-, di-, monoglicéridos, y fosfolípidos), además de otros metabolitos que contienen esterol, el más conocido de los cuales es el colesterol. Aunque los humanos y otros mamíferos utilizan diversas vías biosintéticas tanto para descomponer como para sintetizar lípidos, algunos lípidos esenciales no pueden producirse metabólicamente y deben ingerirse en la dieta.

Los lípidos en el cuerpo humano son de crucial importancia para el almacenamiento de energía y el desarrollo de la membrana celular. Los dos tipos principales de lípidos en la sangre son el colesterol y los triglicéridos.

Algunas grasas son simplemente recubrimientos de protección del vegetal, como las ceras; otras forman parte de la estructura anatómica del vegetal, como por ejemplo la lecitina de la soja; mientras que las terceras son las grasas de reserva como los aceites o mantecas (aceites alimentarios, mantecas de cacao, etc.). La diferencia entre aceites y mantecas es simplemente que estas últimas son sólidas a temperatura ambiente.

Además de los aceites comerciales más conocidos como el aceite de oliva, de almendra o de girasol, en fitoterapia son particularmente interesantes los aceites esenciales que, aunque tienen aspecto oleoso, tienen una composición química completamente diferente.

El adjetivo esencial proviene de la quintaesencia que definió Paracelso, que para él era el olor característico que impregna todo ser. Los aceites esenciales son una mezcla de compuestos muy volátiles, que se evaporan con facilidad y producen la fragancia de las plantas aromáticas. Se encuentran en unos pelillos transformados en glándulas, que cuando se rompen por contacto dejan escapar el aceite, que se evapora rápidamente y produce el aroma característico que percibe nuestro olfato.

Dependiendo del número de átomos de carbono se clasifican monoterpenos (6), diterpenos (12) y sesquiterpenos (18) átomos de carbono; además, pueden ser moléculas lineales o cíclicas, y tener grupos funcionales ácido (-COOH), alcohol (-COH), aldehído (-CHOH) o cetona (-CO). Cada compuesto tiene un color y un olor característicos, y las mezclas de estos en los aceites esenciales confieren una enorme variedad a las plantas aromáticas que los producen, las cuales, además, presentan la interesante propiedad de que mantienen su aroma cuando se desecan. Otras sustancias importantes son las resinas, que están formadas por compuestos con un peso molecular mayor y como consecuencia son densas o sólidas.

Proteínas

Las proteínas son moléculas grandes y complejas que desempeñan muchas funciones críticas en el cuerpo. Realizan la mayor parte del trabajo en las células y son necesarias para la estructura, función y regulación de los tejidos y órganos del cuerpo. Las proteínas están formadas por cientos o miles de unidades más pequeñas llamadas aminoácidos, que se unen entre sí en largas cadenas. Hay 20 tipos diferentes de aminoácidos que se pueden combinar para formar una proteína. La secuencia de aminoácidos determina la estructura tridimensional única de cada proteína y su función específica.

Los aminoácidos esenciales no los puede producir el cuerpo. En consecuencia, debemos ingerirlos de los alimentos. Los nueve aminoácidos esenciales son: histidina, isoleucina, leucina, lisina, metionina, fenilalanina, treonina, triptófano y valina.

Nuestros cuerpos están formados por miles de proteínas diferentes, cada una con una función única. Forman componentes estructurales de células y tejidos, así como muchas enzimas, hormonas y proteínas activas secretadas por las células; también son importantes reguladores del sistema cardiovascular y el punto de partida y recepción de importantes neurotransmisores.

Alcaloides

Las proteínas tienen en sus moléculas nitrógeno y en su metabolismo secundario producen alcaloides. Los alcaloides son, por definición, sustancias de origen vegetal en forma de moléculas cíclicas nitrogenadas. Casi todos ellos presentan reacción básica, de donde proviene la raíz "alca" (alcalino), que ante un ácido forman un compuesto neutro y agua, y una fuerte actividad fisiológica a dosis bajas. Se suelen encontrar formando mezclas de varios de ellos y se combinan con otras moléculas. Estas sustancias de desecho han resultado ser desde el punto de vista evolutivo beneficiosas para la planta porque la protegen de herbívoros y parásitos.

Los alcaloides fueron los primeros principios activos aislados de las plantas, cuya historia arranca con el aislamiento en 1803, por parte de Friedrich Seturner de la morfina a partir del opio. A raíz de este descubrimiento, la investigación sobre los alcaloides se desarrolló rápidamente, ya que en pocos años se descubrieron otros muy conocidos como la cafeína (1818), la quinina y la emetina (1820), la coniína (1827), la codeína (1832), la atropina, la colchicina y la hiosciamina (1833).

Hoy en día se han aislado más de tres mil alcaloides en cerca de cuatro mil especies vegetales, muchos de ellos con potente actividad farmacológica. Popularmente, se asocia la palabra alcaloide con las drogas psicotrópicas, y de hecho algunos de los estupefacientes más poderosos deben su acción a la presencia de alcaloides. Citemos los alcaloides de la adormidera o de la coca, plantas que pueden provocar intensas alucinaciones con alteraciones de la percepción orgánica, y que han sido utilizadas con fines mágicos y enteógenos desde los albores de la humanidad.

Los alcaloides tienen la característica de ser muy activos a dosis mínimas, y ello atrajo el interés farmacéutico desde el principio, aunque no todos los alcaloides tienen acción sobre el sistema nervioso. Entre ellos los hay depresores como la morfina y la codeína (extraídos de la adormidera); estimulantes como la cafeína, la teobromina o la cocaína; paralizantes como la atropina, la estricnina y la d-tubocurarina del curare; gangliopléjicos como la nicotina, la esparteína de la retama o la cicutina de la cicuta; anestésicos locales como la cocaína, y antiespasmódicos como la papaverina de la adormidera.

Entre los alcaloides con acción sobre el sistema circulatorio y el corazón hay antiarrítmicos como la ajmalina (aislada de las raíces de *Rauwolfia serpentina*), quinidina (un derivado original de la corteza disecada de tallos y raíces de la quina, *Cinchona calisaya*) o la convalarina (un glucósido sólido cristalino extraído de *Convallaria majalis*); depresores como la quinina de varias especies de *Cinchona*; hipertensores como la efedrina extraída de algunas especies de *Ephedra* o la hidrastina aislada de *Hydrastis canadensis* y otras plantas de la familia ranunculaceae; hipotensores como la yohimbina, un alcaloide indol derivado de la corteza del árbol centroafricano *Pausinystalia johimbe* que se utiliza principalmente como tratamiento para la disfunción eréctil; mejoradores de la circulación cerebral como la vincamina, un fármaco con actividad vasodilatadora periférica como oxigenador cerebral y antihipertensivo, que se encuentra de forma natural en la planta *Vinca minor*.

Hay también alcaloides antiprotozoarios (quinina para el paludismo, emetina), antihelmínticos (peletierina, componente principal de la corteza de la raíz del granado *Punica granatum*), y arecolina, (obtenido de la nuez de betel, el fruto de la palmera *Areca catechu*), antitumorales (vincaleucoblastina, una droga antimitótica usada para tratar ciertas clases de cáncer, incluyendo linfoma de Hodgkin, cánceres de pulmón, de mama, de cabeza y cuello y testicular, aislada de *Catharanthus roseus*) y digestivos como la boldina (del boldo *Peumus boldus*).

Principios amargos

Presentan estructuras químicas diversas y pertenecen a grupos variados, pero tienen una característica común: su sabor amargo estimula la secreción de jugos gástricos y de la bilis, lo que despierta el apetito. Incluyen heterósidos como la gentiopicrina de la genciana, ésteres como la cinarina de la alcachofa, alcaloides de la quinina o amargos del ajenjo (se hacen vinos quinados para el apetito y el vermut se confecciona con ajenjo).

Ácidos orgánicos

Un ácido orgánico es un compuesto con propiedades ácidas. Los más comunes son los carboxílicos, cuya acidez está asociada con su grupo carboxilo –COOH. Los sulfónicos, que contienen el grupo –SO_2OH, son ácidos relativamente más fuertes. Los alcoholes, con –OH, pueden actuar como ácidos, pero generalmente son muy débiles.

Presentes en muchas frutas y algunas verduras como la uva, el tomate, la acedera, el ruibarbo o la espinaca, entre otros muchos, los ácidos orgánicos les otorgan un sabor ácido característico. Tienen acción refrescante y laxante y estimulan la respiración celular. Poseen también un elevado poder antioxidante, razón por la cual se han propuesto en la prevención del cáncer y procesos degenerativos y sobre el envejecimiento en general.

Se utilizan en la conservación de alimentos debido a sus efectos sobre las bacterias porque los ácidos orgánicos no disociados (no ionizados) pueden penetrar la pared celular de las bacterias e interrumpir la fisiología normal de ciertos tipos bacterianos que llamamos sensibles al pH, lo que significa que no pueden tolerar un amplio gradiente de pH interno y externo.

Taninos

En las últimas décadas han pasado a erigirse como uno de los componentes activos más importantes entre las plantas medicinales. Estos compuestos tienen un sabor particular intensamente áspero, y precipitan muchos metales y medicamentos o sustancias, dificultando su absorción. Los taninos precipitan las proteínas superficiales de las células, disminuyen su permeabilidad y originan una capa proteica insoluble sobre la mucosa inflamada, que protege de las sustancias irritantes e impide las exudaciones y secreción mucosa, así como la absorción de toxinas bacterianas lo que acarrea como resultado una acción antidiarreica.

La acción astringente se usa también en el tratamiento de úlceras húmedas y quemaduras. Los taninos son también antisépticos, antiinflamatorios del intestino y calmantes de la tos; resultan útiles en la conjuntivitis, además de ser considerados unos excelentes antioxidantes. Están presentes en plantas como el castaño de Indias, roble, encina, eucalipto, salicaria, ciprés, té, fresno o quina.

Figura 27. Prensa casera

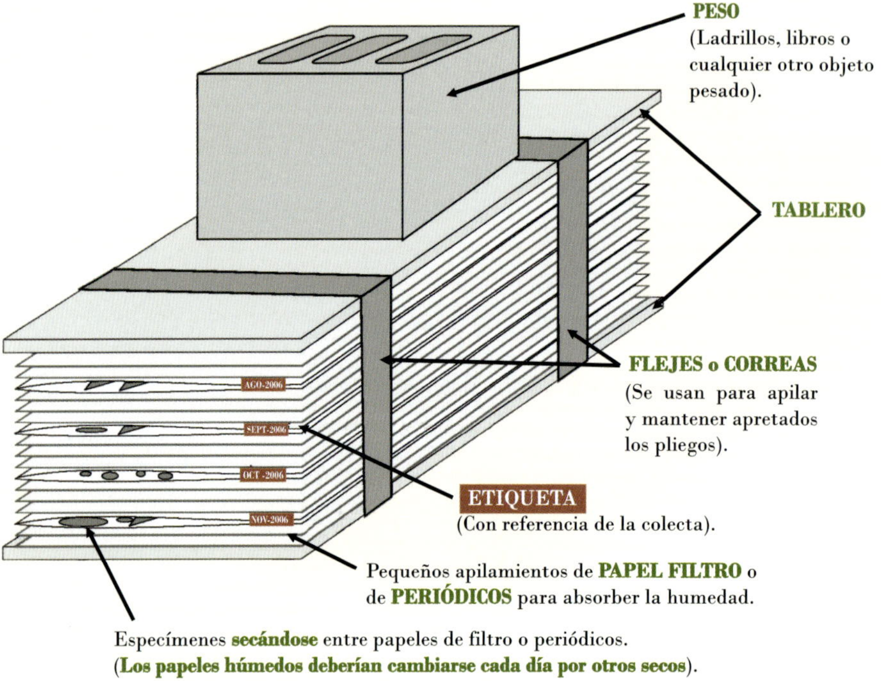

PESO
(Ladrillos, libros o
cualquier otro objeto
pesado).

TABLERO

FLEJES o CORREAS
(Se usan para apilar
y mantener apretados
los pliegos).

ETIQUETA
(Con referencia de la colecta).

AGO-2006

SEPT-2006

OCT-2006

NOV-2006

Pequeños apilamientos de **PAPEL FILTRO** o
de **PERIÓDICOS** para absorber la humedad.

Especímenes **secándose** entre papeles de filtro o periódicos.
(**Los papeles húmedos deberían cambiarse cada día por otros secos**).

Ejemplo de prensa casera:

Puede adquirirse en proveedores especializados o fabricarla en el propio hogar. Si se puede colocar la prensa cerca de un radiador caliente, como se muestra en la ilustración, mucho mejor.

Una prensa casera colocada en el campo para
introducir las plantas recolectadas *in situ*.

Cultivo doméstico de plantas medicinales

Hay muchas plantas medicinales que podemos cultivar en nuestro jardín o incluso en el balcón. Los kits de huertos urbanos pueden ser de bastante utilidad en este sentido. De este modo, tendremos plantas frescas y a nuestro alcance para utilizarlas según nuestras necesidades; además, plantas como la albahaca, la manzanilla, la lavanda o el tomillo son decorativas, alegran la casa, huelen bien y saben mejor.

Sin embargo, si somos realistas, los cultivos urbanos de este tipo no son habituales; no encontramos el tiempo para dedicarnos a ellos; hay que tener espacio, conocimientos y constancia, y, en todo caso, se limitan a unas plantas muy comunes. Finalmente resulta difícil o imposible tener las plantas adecuadas en el momento que las necesitamos, y más si tenemos que hacer alguna formulación algo más compleja, para lo que necesitamos disponer de un producto concreto y de calidad.

Así las cosas, la vía más práctica es recurrir al herbolario o a una farmacia que trabaje la fitoterapia. Por otra parte, aunque por lo general la mejor manera de tomar una planta sea cuando está fresca, muchas plantas secas pueden tener una mayor concentración de principios activos que las frescas.

Recolección

En primer lugar, es necesario tener la seguridad de que se trata de la planta elegida y también que se obtenga la parte correspondiente: flores, hojas, raíces primarias, secundarias, etc.; ambas cosas requieren una buena identificación de la planta. Para ello se debe recurrir a determinaciones organolépticas (olor, sabor, tacto, aspecto, color), macroscópicas (morfología) y, cuando hablamos de profesionales de la botánica y la fitoterapia, también microscópicas.

Respecto a la recolección, es necesario asegurarse de que la planta se ha obtenido en la época del año y la hora del día idóneos según los ciclos biológicos, así como en el suelo y el tipo de cultivo adecuados. La planta debe estar madura para garantizar que la concentración de componentes activos sea óptima. Es importante recoger solo la materia que se vaya a usar o procesar inmediatamente.

Conservación

Una vez identificada y recolectada la planta, el siguiente paso es el procesado para la conservación, que básicamente consiste en el secado. Es importante realizar correctamente este proceso, puesto que un secado defectuoso determina la alteración de la planta a corto plazo, así como la muy probable aparición de contaminación bacteriana o fúngica o la infestación por insectos.

Todas las plantas contienen una cantidad importante de agua en estado fresco. Esta humedad depende de la planta, pero sobre todo depende del órgano de la planta que se utiliza. Las semillas y los frutos secos son quizá los que menos proporción tienen, entre un 5% y un 10% del peso total. Los tejidos leñosos suelen contener entre un 40% y un 50%; las hojas entre un 60% y un 90%; los tubérculos, raíces y rizomas algo más, entre un 70% y un 85%; las flores pueden contener hasta un 90%, mientras que los frutos jugosos alcanzan el 95%.

Con tal cantidad de agua, existe en la planta viva un delicado equilibrio enzimático que empieza a degradarse rápidamente en cuanto se corta, porque la planta se pone mustia enseguida, y si no se tienen unas precauciones adecuadas de conservación, pierde, además, gran parte de sus propiedades medicinales. La degradación enzimática de la planta, que comporta procesos químicos de hidrólisis, oxidación, polimerizaciones o racemizaciones, se produce con gran intensidad mientras su humedad esté por encima del 5% o el 10%.

Ciertos principios activos como los alcaloides, heterósidos, flavonoides o antocianidinas sufren más que otros estos procesos de degradación del vegetal, y son fácilmente alterados por las enzimas si no se produce una conservación adecuada. Estos procesos se detectan simplemente por las alteraciones en el olor o el color de las plantas, como sucede en la raíz de valeriana, que no tiene ningún olor en el momento de arrancarla, pero que en contacto con el oxígeno adquiere un olor desagradable debido a la formación, por oxidación, del ácido valérico; o en el caso contrario, el olor agradable que adquieren por fermentación las hojas de té o los frutos de la vainilla.

Para evitar la degradación enzimática que comporta la pérdida de principios activos y, en suma, de las propiedades medicinales, la solución es someter la planta a un proceso de desecación, ya que por debajo de una humedad del 5% se inhiben las reacciones enzimáticas y se produce la estabilización de la planta.

- La desecación al aire libre y al sol es sin duda el método más sencillo. La planta se cuelga, o bien se coloca en capas finas sobre una tela metálica tipo mosquitera. Este tipo de secado no es el más conveniente para las flores o las plantas aromáticas, ya que pierden gran parte de los aceites esenciales o sufren intensos cambios en la coloración. Además de ello, el secado al sol expone a las plantas a la acción de los rayos infrarrojos y ultravioletas, así como a importantes variaciones de temperatura, y todo ello hace que ciertos principios activos se vean desnaturalizados. Finalmente, aunque el secado al sol suele ser rápido, entre unas cuantas horas y unas pocas semanas, la exposición al rocío de la mañana hace que las plantas adquieran humedad, por lo que se deberán proteger por la noche.

- La desecación en lugar umbrío y bajo techo es la preferida en la mayoría de las plantas a utilizar en tisanas. En este caso, se cuelgan en manojos, o bien en forma de guirnaldas. Es importante que exista una corriente de aire, y que este sea lo suficientemente seco. Se trata de una desecación más lenta que la anterior, pero que en general permite una mejor conservación de los principios activos, siendo además la que se aconseja en todos los libros de botánica popular. El único inconveniente de este tipo de secado está en si vivimos en un lugar muy cerca del mar o con una humedad relativa elevada, ya que ello favorece el enmohecimiento de las plantas.

Si lo que se desea es recolectar plantas para conservarlas en herbario, lo ideal es el uso de las prensas caseras como las de la Figura 28.

Cómo consumir las plantas medicinales

Al igual que en todo producto farmacéutico, en las plantas medicinales buscaremos los principios de calidad, seguridad y eficacia, lo cual no es nada fácil. Para conseguir un producto de calidad, la planta debe estar bien identificada; debe recogerse de la forma adecuada, en el lugar y momento correctos; las condiciones de secado y de envasado deben de ser óptimas y, finalmente, la preparación debe hacerse correctamente. Y, por supuesto, antes de todo se debe identificar bien el problema y saber qué planta o plantas están indicadas para tratarlo.

A partir de ahí, la mejor manera de utilizar las plantas es consumirlas crudas. Sin duda alguna, ese es el momento en que son más ricas en principios activos y en sus propiedades. Cuando está creciendo en su ambiente a plena potencia es el momento en el que la planta resulta más interesante.

El problema es que muchas plantas no están verdes todo el año; por tanto, el hombre tuvo que ingeniárselas para poder utilizarlas también en el periodo en el cual no podía obtenerlas frescas. Poniendo un poco de imaginación, la primera manera de utilización apareció cuando un ser humano cogió una planta seca y observó que, al ponerla en agua, dejarla reposar y beber el líquido obtenido, este resultaba bueno. De esta forma pudo nacer la maceración. Luego, pudo usar el agua caliente en lugar de fría y darse cuenta de que, con ello, las propiedades de la planta variaban, puesto que algunos principios activos solo son solubles en agua caliente.

Durante muchos siglos, la infusión fue la única forma de utilizar las plantas. En un momento determinado, alguien dejó macerar una planta en vino y obtuvo de esta forma un producto que aún hoy existe, el vino medicinal. Además, ese hecho aportó una idea química insólita que era sacar los principios activos de la planta con algo que no era solo agua, sino una mezcla de agua y alcohol. De ahí salió el extracto hidroalcohólico. Estos extractos disuelven más principios activos que el agua. Por ello, los extractos hidroalcohólicos presentan mayor fuerza terapéutica que los extractos hidrosolubles.

Las plantas reinas en el ambiente mediterráneo para la fitoterapia son las plantas aromáticas, las que contienen aceites esenciales. Los aceites esenciales constituyen una parte muy pequeña de los componentes de la planta, del 2 al 3% de rendimiento máximo en plantas secas muy ricas en ellos. Una planta fresca está compuesta por un 60-95% de agua, y una vez realmente seca, queda muy poco de ella. Los aceites esenciales están, pues, muy concentrados una vez seca la planta. Esta es la última de las formas tradicionales utilizadas en fitoterapia hasta el momento.

La tecnología actual aporta diferentes formas orales sólidas: comprimidos, grageas y cápsulas. Todas ellas presentan como ventajas la comodidad de uso y la dosis constante. El comprimido es una forma práctica, es oral y tiene una composición en peso fija, si bien la presencia de los excipientes necesarios para su fabricación puede representar un problema. Otro problema de los comprimidos puede ser el gusto amargo, sensación que, por encontrarse en el fondo de la lengua, es muy difícil de evitar. En algunos casos se soluciona lacando el comprimido y en otros se gragea (se pone azúcar y se laca).

La otra aportación de la tecnología es la cápsula de gelatina dura. Normalmente se usan cápsulas transparentes, sin colorantes. Hay cápsulas especiales que resisten el paso por el estómago y pueden llegar al intestino. La cápsula de gelatina dura, salvo excepciones, no requiere excipientes, por lo que lo que hay dentro es solo planta en polvo fino que permite una mejor extracción de los principios activos. Es, además, más cómoda de tragar, ya que no deja regusto. Las cápsulas de gelatina blanda son las que se conocen como perlas. Su fabricación requiere de una elaborada tecnología.

Hay otras formas de administrar plantas con virtudes medicinales que aúnan la nutrición con el tratamiento médico: zumo y nutriterapia. Los zumos de plantas no siempre son fáciles de preparar. Con las plantas jugosas es sumamente fácil, y consiste en pasar el material por una licuadora centrífuga o de presión. Cuando la planta es más seca, será conveniente mezclarla con algún líquido para extraer mejor sus propiedades. El zumo de manzana, o el jugo de pepino, muy acuosos, nos pueden facilitar este proceso.

En todo caso, los zumos se hacen siempre con la planta fresca, y la dosis depende de la planta y de la eficacia de la extracción. Los zumos tienen una gran tendencia a la oxidación. Dentro de la planta, las sustancias están protegidas del contacto con el aire, pero una vez extraído el zumo se reducen rápidamente sus propiedades medicinales. Por eso es conveniente consumirlos de inmediato.

La nutriterapia es el camino intermedio entre la nutrición y el tratamiento. La soja, el pepino, el café, la cúrcuma y tantas otras plantas son alimentos con propiedades medicinales, a partir de los cuales se elaboran preparaciones farmacológicas. Sin embargo, en muchos casos la alimentación nos permite aportar cantidades importantes del vegetal que pueden superar en eficacia al consumo de preparaciones medicinales, que, además, son mucho más caras. Por eso, en ocasiones, a la hora de establecer un tratamiento de nutriterapia, los cambios dietéticos pueden ser la solución.

Preparaciones en agua

La mayor parte de los remedios que se elaboran son tisanas, la bebida que se consigue al hervir determinadas combinaciones de hierbas y/o especias en agua. El agua que se utilice debe ser de buena calidad, poco mineralizada. Las aguas muy calcáreas o carbónicas no son útiles en la preparación de tisanas, ya que pueden formar precipitados que reduzcan la eficacia medicinal. Las tisanas más habituales son las que se mencionan a continuación.

Infusión. La infusión es uno de los procesos de elaboración de tisanas más simples y ocupa poco tiempo. Consiste en poner la planta en una taza y echar encima agua hirviendo, tapar, dejar reposar y filtrar. Nada más fácil. La infusión se reserva para plantas aromáticas o partes delicadas de las plantas como las flores, ya que una ebullición comportaría la volatilización de sus principios activos o la destrucción de otras sustancias. En la infusión, no se hierve la planta. Las infusiones son de conservación corta, por lo que se deben elaborar al instante o, como mucho, para tomar a lo largo de un día.

Una infusión corta (de dos o tres minutos) absorbe mejor los principios aromáticos, por lo que la infusión será más breve cuanto más se desee conservar su fracción aromática. En cambio, si queremos extraer los taninos, como los que contiene el té, se necesitará una infusión más larga (en torno a cinco minutos), en la que parte de los aromas se evaporarán debido a la cocción prolongada.

Decocción. Es el hecho de cocer en un líquido sustancias vegetales o animales. Consiste en hervir la planta en agua entre cinco y veinte minutos en una ebullición a fuego muy lento, y luego filtrar. Se utiliza para la preparación de las partes no aromáticas y duras de las plantas, como las raíces, los tallos, las cortezas o las hojas coriáceas, y también para muchas plantas cuyos principios medicinales son de extracción insuficiente en el proceso de infusión. A diferencia de la infusión, la decocción tiene la ventaja de que podemos preparar la tisana con antelación y la podemos ir bebiendo regularmente a lo largo del día.

Reducción. Consiste en hervir la planta en agua a fuego lento hasta reducir el líquido a una parte determinada de la porción inicial. Las reducciones más habituales son la reducción de un litro de agua a la mitad y a la cuarta parte. Este procedimiento se utiliza para plantas cuyos principios activos necesitan una concentración para obtener el efecto terapéutico deseado, siempre que no se alteren por el calor. A pesar de ser uno de los métodos más antiguos y tradicionales, se utiliza escasamente porque exige tiempo y gasto de energía, ya que en ocasiones la ebullición se ha de prolongar durante horas.

Maceración. Se suele usar con partes duras de la planta, como raíces, rizomas y cortezas. Se dejan en remojo en agua fría durante horas (un mínimo de 4 horas o, como suele ser habitual, durante toda la noche), y luego se filtra. El líquido resultante se puede ir bebiendo a pequeñas dosis a lo largo del día. En el caso de las semillas, este procedimiento permite la extracción de mucílagos, que se liberan cuando las semillas se han hinchado con el líquido.

La maceración con decocción consiste en pasar la planta por agua fría para luego hervirla. Generalmente se hace en este orden, aunque en ocasiones se puede invertir. Es una preparación muy poco utilizada por el tiempo que exige, y porque algunas tisanas de este tipo, como las de raíz de valeriana, no tienen buen sabor y, por tanto, se suelen preferir preparados farmacéuticos.

Jarabes. Los jarabes son una mezcla de agua y azúcar o miel (melitos) y ayudan a preservar los principios activos de las plantas. Los gargarismos son habitualmente una decocción de aplicación especial para la garganta, que no se deben ingerir por norma general. La diferencia en su elaboración está en la concentración, ya que las plantas recomendadas por vía externa (y, en este caso, la faringe representa la frontera entre lo interno y lo externo) deben concentrarse mucho más que las tisanas destinadas a ser ingeridas: se puede alcanzar el 10% de planta (100 gramos por litro).

Cataplasmas. Una cataplasma es una composición de consistencia blanda que se aplica a una parte del cuerpo como demulcente emoliente o calmante. Existen dos tipos de cataplasmas según la planta sea previamente hervida o sometida a la acción del agua o se utilice su jugo, o bien si se realiza con la planta fresca, con su pulpa o fécula o con semillas de plantas.

Para el primer caso se necesita un lienzo de lino o de algodón (siempre de una fibra natural porosa). Se empapa con el jugo o la infusión o decocción de plantas y se coloca directamente sobre la parte del cuerpo que precisa tratamiento. Se cubre con otro paño seco, más ancho y doblado las suficientes veces como para formar una compresa gruesa, que impida que la humedad traspase a planos superiores. Por encima de este pondremos otro sobrepaño de lana o franela. Finalmente, todo ello se cierra con imperdibles o tiras de velcro. Los lienzos deben quedar muy bien ajustados al cuerpo para evitar que se formen bolsas de aire, que alterarían el efecto terapéutico deseado.

El segundo tipo de cataplasma son las denominadas envolturas o emplastos, en el que la aplicación de la planta sobre la parte afectada es directa (por ejemplo, hojas de col machacadas, patata hervida, etc.), en las que el paño de lino o algodón se pondrá como cobertura externa. En estas envolturas o emplastos, la planta, en contacto con el cuerpo, se reblandece por el calor y se adhiere a la piel.

La acción de las cataplasmas y de los emplastos es muy diversa, y depende no solo de la planta utilizada, sino también de la temperatura y del tiempo de aplicación. Habitualmente son calmantes, antiinflamatorias, cicatrizantes y analgésicas.

Vahos. Los vahos se hacen aspirando el vapor de una infusión o de una decocción (cuando los hacemos con vapor de agua fría, se llaman nebulizaciones). Se elaboran poniendo agua a hervir, echando en ella las plantas aromáticas (o sus extractos, aromas o aceites esenciales) para después aspirar el vapor aromatizado con la cabeza tapada con una toalla. Son un excelente humectante de la faringe y los bronquios, aunque el diámetro de la «burbuja» de vapor suele ser relativamente grande y no llega hasta los bronquios más finos. Aun así, los vahos son muy recomendables para tratar afecciones respiratorias.

Baños. Los baños suelen hacerse con agua enriquecida con una decocción concentrada. Por supuesto, teniendo en cuenta la cantidad de agua que pueda contener el recipiente utilizado (desde una bañera a una palangana), las plantas estarán más diluidas, pero cuanto más tiempo dure el baño, mayores serán sus efectos. El baño no solo es una terapia de la piel, puesto que mientras nos bañamos también aspiramos los vapores que se desprenden.

Entre las plantas medicinales más utilizadas, destacan la valeriana (añadida al baño produce un efecto sedante y mitigador en personas nerviosas e inestables), corteza de roble (con un efecto astringente y tonificante en caso de enfermedades epidérmicas o en caso de piel sensible), paja de avena (con efecto sedante y nutritivo de la piel, muy adecuada para personas nerviosas) o la manzanilla (como inhibidor en caso de inflamaciones y como antiespasmódico).

Hidrolatos. Las aguas aromáticas (hidrolatos) se producen por destilación al vapor, generalmente como subproducto en la destilación de aceites esenciales. Se trata de productos estables, muchas veces aptos por vía oral, incluso para el uso gastronómico en repostería. Los más conocidos son los hidrolatos de rosas, hamamelis y azahar, aunque se pueden hacer de prácticamente todas las plantas aromáticas. Son de sabor discreto, muy agradables de tomar, aunque de acción quizás excesivamente suave. Se usan mucho en dermatología y cosmética.

Irrigaciones. Son decocciones que se utilizan como enemas anales o vaginales. Se aplican a temperatura corporal y, en el caso anal, se intentará mantener en el recto todo el tiempo que sea posible antes de eliminarlas. Generalmente se trata de decocciones al 5-7%, menos concentradas que las que se usan por vía externa, pero algo más que las tisanas para beber.

Preparaciones disueltas en alcohol (alcoholaturas)

El alcohol es un excelente disolvente orgánico que permite, además, la conservación durante mucho tiempo. Para las alcoholaturas siempre se utilizará una botella de vidrio que cierre herméticamente. Es preferible que la botella sea de color ámbar o verde, puesto que así se ofrece una protección de los rayos lumínicos que pueden ejercer un efecto degradador del preparado.

Licores. Los licores medicinales son una tintura que utiliza, en lugar de alcohol, ginebra, coñac u otro licor como solvente. La duración de la maceración es muy variable. Los clásicos recomendaban veintiún días, pero en ciertos casos bastan unas horas, y en otros se puede mantener indefinidamente la droga vegetal dentro del líquido alcohólico. La oscilación de temperatura entre la noche y el día favorece la extracción de los principios activos de las plantas con disolventes alcohólicos.

Vinos. Debido a su sabor desagradable o simplemente a que sus principios activos no se disuelven bien en agua, algunas plantas pueden utilizarse en forma de soluciones alcohólicas más o menos concentradas llamadas vinos. La elaboración de un vino medicinal es simplemente una maceración en un líquido con un grado mayor o menor de alcohol, al igual que una tintura. Los vinos medicinales o enolados han formado parte de la cultura occidental desde los albores de la humanidad. Son fáciles de hacer en casa con vinos de alta graduación que conservan bien las sustancias medicinales.

Se confeccionan prácticamente siempre con plantas secas, ya que las frescas pueden provocar un enmohecimiento del preparado. Como inconvenientes, tienen tendencia al avinagramiento o la descomposición, y no existe una seguridad de la concentración del fármaco, ya que su capacidad solvente no solo se debe al alcohol, sino también, aunque en menor medida, a los ácidos orgánicos que contiene, especialmente el ácido tartárico.

Espíritus. Denominados genéricamente espíritus, los alcoholes aromáticos consisten en la mezcla de alcohol con aceites esenciales, por regla general en una proporción del 3% de aceites en alcohol de 90º. No se añade nada más si se utilizan por vía inhalatoria, y si se añade glicerina se pueden aplicar en forma de linimento.

Linimentos. Los linimentos son preparados para uso externo, sobre la piel. Suelen presentar una base alcohólica en la que se maceran plantas aromáticas o revulsivas. Como el alcohol es muy secante, se les añade un poco de glicerina (aproximadamente un 5%) para permitir que se extienda bien en la piel. Se utiliza habitualmente trementina, pino, alcanfor o guindilla, que se maceran en alcohol para hacer linimentos pectorales y antirreumáticos, sobre todo.

Preparaciones disueltas en vinagre

No difiere en gran cosa hacer una maceración en vino o en vinagre, así que los usos de vinagres y vinos son equiparables. El ejemplo paradigmático es el vinagre de estragón (*Artemisia dracunculus*), que se prepara dejando macerar las hojas frescas o secas en vinagre durante tres semanas y se utiliza mucho en gastronomía.

Preparaciones disueltas en aceite

Como el alcohol, el aceite es otro de los disolventes orgánicos por antonomasia; sirve como estupendo conservante y a veces tiene la ventaja añadida de que ciertas plantas transfieren mejor sus principios activos a los aceites que al agua o al alcohol.

Aceites fijos. Los aceites fijos son el producto del prensado de semillas o partes de la planta ricas en aceites. Se extraen de los frutos o semillas de plantas, del mismo modo que los aceites alimentarios. Se trata de aceites comestibles (salvo excepciones como el aceite de ricino, que, sin ser comestible, se ingiere), y muchos de ellos, ricos en ácidos grasos omega, sirven como complementos dietéticos. Sin embargo, otros solo se aplican por vía externa. Sirven de base de gran cantidad de preparaciones, habitualmente destinadas a la piel.

Ungüentos, cremas y pomadas. Son habitualmente mezclas de agua, aceite y ceras a las que se les añaden aguas aromáticas o extractos de plantas. En realidad, no aportan mejores cualidades que los aceites. Los ungüentos son cremas muy grasas, habitualmente con un 20% de cera de abejas y un 80% de aceite de almendras o de oliva o, en otras ocasiones, con grasas animales como lanolina o manteca de cerdo. Se funden en un cuenco al baño maría, se les añade la planta troceada o triturada y se deja a fuego lento, removiendo constantemente. Luego se filtran con una gasa, se exprimen al máximo, y se pasa el ungüento a un frasco translúcido. Suelen utilizarse para tratar problemas dermatológicos tales como quemaduras, inflamaciones, reacciones alérgicas y escoceduras.

Oleatos. Al macerar plantas en un medio graso, obtenemos los aceites macerados (oleatos). El sistema de preparación de un oleato es exactamente el mismo que el de un vino o alcoholatura, aunque también se puede hacer friendo las plantas en aceite, pero lo más habitual es dejarlas en maceración en frío en un aceite fijo, generalmente fluido porque las mantecas no resultan tan útiles para este tipo de maceración. Son una excelente preparación para uso externo, como en casos de escoceduras, eccemas, etc.

Mantecas. Las mantecas siguen el mismo proceso de extracción del aceite, pero en este caso ciertos ingredientes (los ácidos grasos saturados) producen un grado de saturación mayor de los aceites, y el producto se solidifica. Las mantecas son de gran utilidad en cosmética y afecciones de la piel. En cuanto a los aceites fritos, la medicina tradicional europea tiene la costumbre de freír las plantas en aceite, para utilizarlo luego, una vez filtrado, con fines medicinales, especialmente como ungüento o aceite de masajes. Es una práctica que no se realiza en farmacia porque, en principio, no ofrece ninguna ventaja sobre la maceración y desnaturaliza en parte los aceites. Sin embargo, era una práctica en los remedios caseros de nuestras abuelas.

Esencias. Los aceites esenciales o simplemente esencias, son producto de la destilación de las plantas en un alambique, en un proceso similar al de la fabricación del aguardiente o del güisqui. Suelen ser mezclas aromáticas complejas, que se localizan en diversos órganos, en algunos casos en la planta entera (menta, melisa, lavanda, salvia), en otros solo en las flores (jazmín, rosa, azahar) o en las sumidades floridas (romero, jara), o bien en la raíz y rizomas (cúrcuma, jengibre), en la corteza (canela), en los frutos (anís, hinojo), en la madera (sándalo), en las semillas (mostaza, nuez moscada) o son producto de exudados (mirra, bálsamo del Perú). Se trata de medicamentos de uso externo, ya que por vía interna son intensamente irritantes y con alto poder antibiótico.

Flores con corolas
dialipétalas del relojillo
Erodium malacoides.

Jardín Medicinal

DESCRIPCIÓN: PROPIEDADES, USOS Y CURIOSIDADES DE LAS PLANTAS MEDICINALES

Las páginas que siguen incluyen una descripción resumida de las características de ciento ocho plantas cultivadas en el Jardín de Medicinales del Real Jardín Botánico de la Universidad de Alcalá. Para evocar los antiguos jardines monacales en los que se cultivaron las plantas medicinales, este Jardín está situado en un espacio que, como puede verse en la figura adjunta, reproduce fielmente las proporciones y el diseño del patio de Santo Tomás, uno de los tres patios históricos de la Universidad Cisneriana, la antigua Universidad Complutense que, en 1499, fundó el cardenal Cisneros en la villa de Alcalá.

La distribución y selección de las especies que conforman este jardín se rige por criterios terapéuticos y objetivos pedagógicos que han servido para ordenarlas en función de su utilidad terapéutica en cinco grandes grupos: aromáticas, dermatológicas, tóxicas, estimulantes y sedantes. Cada una de las plantas va acompañada de una placa explicativa, que incluye un dibujo y un código QR que remite a una información más detallada de la misma.

Las ciento ocho plantas incluidas en este volumen se describen en una ficha sintética acompañada de una fotografía o de una lámina explicativa. En cada ficha se resumen las principales características de cada planta: nombre científico y común, etimología de su nombre científico, distribución geográfica, composición fitoquímica, uso medicinal, toxicidad (en su caso), otros usos y curiosidades.

Aquilea, cientoenrama, milenrama, milhojas, perejil bravío o flor de la pluma

ETIMOLOGÍA: *Achillea* es el nombre genérico dispuesto en honor del mitológico Aquiles, uno de los héroes de la guerra de Troya, quien según relata Plinio, curó con esta hierba las heridas de su amigo Tétefo. *Millefolium*, significa en latín "con mil hojas", y alude a que estas, muy divididas, parecen miles de pequeñas hojas.

DISTRIBUCIÓN: originaria de Eurasia, naturalizada en Norteamérica. En España se distribuye en toda la mitad septentrional. Se encuentra en prados y bordes de camino, en lugares frescos y bien abonados o ricos en nitrógeno.

COMPOSICIÓN FITOQUÍMICA: contiene aceites esenciales ricos en alcanfor, azuleno y linalol. Además, en los análisis químicos aparecen lactonas sesquiterpénicas (principios amargos), flavonoides, taninos, cumarinas, fitoesteroles y glucósidos cianogénicos.

USO MEDICINAL: a las sumidades floridas se atribuyen propiedades astringentes, antiespasmódicas y cicatrizantes. Los flavonoides le confieren propiedades antiinflamatorias y antiespasmódicas; se utiliza por vía oral en el tratamiento sintomático de trastornos digestivos (flatulencias, digestiones lentas, eructos y otros trastornos digestivos). Es también estimulante del apetito y astringente. Tópicamente se utiliza en el tratamiento complementario de afecciones dermatológicas para curar eczemas y heridas, sobre todo las producidas por una mala circulación. Se tiene por planta panacea o curalotodo.

OTROS USOS: recolectada y cultivada por las hojas que se comen en ensalada o como verdura. Se utiliza para añadir sabor amargo y aromatizar licores estomacales y aguardientes (grappa y fernet). Las hojas se utilizan para hacer una infusión o tisana a razón de 2-4 g/taza, 3 o 4 veces al día. Las hojas tiernas también se añaden a ciertos quesos, mantequilla y sopas. Ocasionalmente se emplea como condimento. Se cultivó en jardines medievales como ornamental. Las inflorescencias secas se utilizan en arreglos florales para interiores. La destilación proporciona un aceite esencial muy aromático. Si se utiliza como aditivo para bebidas debe estar libre de tuyona (tóxica).

CURIOSIDADES: se dice que el nombre latino de la planta se debe a que el mítico Aquiles curó a muchos de sus soldados utilizando el poder cicatrizante y antihemorrágico de la milenrama. Otro nombre es el de hierba del militar, porque en tiempos pasados los soldados la llevaban consigo para curarse las heridas. Esa capacidad la resaltó el médico grecorromano Dioscórides en el siglo I d.C. Andrés Laguna (1510-1559), que fuera médico y profesor en la Universidad de Alcalá, escribió que la milenrama «sirve mucho en las guerras para soldar las heridas». Por la misma razón, se le llamó también hierba de los carpinteros por emplearlos estos para curar cortes y rozaduras. En el norte de Europa se ha utilizado para conservar y dar sabor a la cerveza.

DESCRIPCIÓN:

hierba vivaz con tallos generalmente no ramificados que suben derechos a partir de una cepa subterránea horizontal y pueden medir hasta un metro de altura. Hojas alternas, con el limbo dividido en segmentos muy profundos subdivididos a su vez en otros más pequeños. Inflorescencia corimbo de capítulos. Flores periféricas liguladas, las centrales tubulosas, ambas blancas, aunque con anteras amarillentas. Fruto aquenio comprimido.

Hierba de los dientes, margarita eléctrica, paracress

ETIMOLOGÍA: el nombre genérico *Acmella* es de origen incierto. Para algunos procede del griego *acmé*, punta, en el sentido de puntiagudo o vigoroso; según otros, la etimología sería la misma pero por el sabor picante de las hojas; para otros, en cambio, sería el nombre cingalés vernáculo de la planta, algo no muy creíble porque es un género nativo de Suramérica. El epíteto específico oleracea proviene del latín *olus, oleris*: planta usada como verdura.

DISTRIBUCIÓN: nativa de los trópicos amazónicos de Brasil y de Perú, se ha cultivado en todo el mundo como ornamental y, ocasionalmente, para uso medicinal o culinario. Prefiere suelos húmedos, bien drenados, ricos en materia orgánica y soleados total o parcialmente; no puede crecer en plena sombra.

COMPOSICIÓN FITOQUÍMICA: toda la planta está saturada con espilanthol, una alcamida analgésica que adormece la boca y estimula el flujo de saliva. Otros fitoquímicos incluyen alcaloides, aceite esencial, flavonoides, triterpenos, esteroles, saponinas y taninos.

USO MEDICINAL: se utiliza en la medicina tradicional en Asia y Suramérica, donde se conoce como *jambu*. Las flores se han utilizado por sus propiedades anestésicas y analgésicas, lo que le ha valido a la planta nombres comunes como la planta del dolor de muelas. Además, se ha observado que alivia la estomatitis, tiene propiedades activadoras del gusto e induce una respuesta salival. Los estudios *in vitro* y en animales sugieren que sus compuestos tienen propiedades antimicrobianas, antinociceptivas, antiinflamatorias y gastroprotectoras. Otros estudios experimentales sugieren que tienen también efectos diuréticos y afrodisíacos. Debido a su acción anestésica local, las hojas y las flores masticadas hormiguean en los labios y la lengua, indicación de su potencial analgésico para el dolor de dientes y estimulante del apetito.

OTROS USOS: para los usos culinarios se emplea sólo una pequeña parte de las hojas que proporcionan un sabor único en las ensaladas. Las hojas cocinadas pierden su fuerte sabor y puede ser empleadas como cualquier otra verdura de hoja tanto fresca como cocinada. Muy utilizada en la gastronomía de Brasil como ingrediente de diferentes platos tradicionales, como el tacacá.

CURIOSIDADES: mientras estuvo abierto, en el restaurante *El Bulli* causó furor la *Electric Milk*, una oblea de encaje de leche deshidratada cubierta con pedacitos de la inflorescencia, que destacó por su extraordinario efecto en el paladar. Quienes tuvieron la fortuna de catarlo cuentan que probar los fragmentos florales producía en la boca un efecto electrizante, el mismo que se siente al lamer una pila voltaica.

Acmella oleracea (L.) R.K.Jansen

DESCRIPCIÓN:

herbácea con tallos postrados o erectos, rojizos y lampiños. Hojas simples, ovadas a triangulares, generalmente lampiñas en ambas caras, con margen dentado, base truncada y ápice agudo. Flores en capítulos cónicos con numerosas
flores tubulares de color amarillo a anaranjado. Frutos negros de apenas dos
milímetros de longitud.

Ajo

ETIMOLOGÍA: *Allium* es el nombre de ajo en latín; *sativum* significa "cultivado".

DISTRIBUCIÓN: originario de las estepas de Asia central, su cultivo se ha extendido por toda la cuenca mediterránea desde la Antigüedad. China destaca como gran productor a nivel mundial.

COMPOSICIÓN FITOQUÍMICA: al romperse la estructura molecular del ajo, la enzima aliinasa, presente en la cubierta, reacciona con la aliina, presente en los dientes de ajo, para formar alicina, un compuesto azufrado que, además de su penetrante olor, presenta diversas actividades farmacológicas. Uno y otras, juegan un importante papel en la defensa de la planta frente a posibles daños ocasionados por insectos, hongos o bacterias.

USO MEDICINAL: la alicina tiene propiedades antibióticas, que se han demostrado eficaces in vitro frente a diversos microorganismos patógenos, entre otros *Candida albicans*, *Escherichia coli* y varias especies de *Salmonella*. Se ha utilizado para el tratamiento de enfermedades genitourinarias como cistitis y uretritis, y en afecciones respiratorias como gripe, resfriados, sinusitis, faringitis, bronquitis, enfisema o asma. Por lo demás, y sin olvidar su importante efecto desinfectante sobre el intestino, contribuye a reducir el nivel de colesterol y de los triglicéridos sanguíneos, a prevenir la arteriosclerosis gracias al aumento del nivel de HDL (colesterol bueno). A todo ello, hay que añadir que el ajo tiene propiedades carminativas, antihelmínticas e hipoglucémicas. Tópicamente se ha utilizado para el tratamiento de las micosis dérmicas, las afecciones bucales y la eliminación de verrugas.

CURIOSIDADES: es característico el olor que se desprende después de su ingestión debido a la eliminación de los componentes sulfurados a través de la respiración y el sudor. Dada esta circunstancia, hay quienes optan por la toma terapéutica de ajo a través de cápsulas y grageas presentes en preparados comerciales. En estos se utiliza ajo desodorizado, desprovisto de alicina, pero que mantiene sus propiedades ya que conserva el resto de componentes. Se dice que a los trabajadores que levantaron las pirámides egipcias se les daba de comer ajo, cebolla y rábanos para que se mantuvieran sanos. En España el ecotipo "Morado de Las Pedroñeras" está preservado por la Indicación Geográfica Protegida (IGP).

Allium sativum L.

DESCRIPCIÓN:

bianual con un bulbo de dientes gruesos cubiertos de una túnica de color variable, la cual, a su vez, está rodeada por una capa membranosa blanquecina. Hojas ligeramente acanaladas y casi macizas. Inflorescencia en umbela terminal. Flores rosadas o blanquecinas con seis tépalos, seis estambres y un ovario tricarpelar. Fruto cápsula.

Aloe, acíbar

 ETIMOLOGÍA: el origen del nombre no está claro, aunque bien pudiera proceder de las palabras *aloe* (en latín) o *als* (en griego) que significan sal, haciendo referencia a su sabor salado. *Vera* en latín significa verdadero.

 DISTRIBUCIÓN: de origen dudoso, aunque se cree que pueda ser originaria de Arabia, ahora extendida por los climas tropicales, semitropicales y áridos de todo el mundo. En España está asilvestrada en zonas de clima cálido.

 **COMPOSICIÓN FITOQUÍMICA:** se emplean dos productos: a) El áloe o acíbar, que está constituido por el zumo concentrado y desecado, obtenido por incisión de las hojas de varias especies, principalmente de áloe de Barbados y del Cabo. Ambas contienen derivados hidroxiantracénicos; b) Gel de aloe vera, que corresponde a la fracción mucilaginosa del parénquima o pulpa de las hojas frescas de *A. vera* y contiene mayoritariamente agua y abundantes polisacáridos constituidos fundamentalmente por glucosa, galactosa, manosa y arabinosa.

 USO MEDICINAL: al actuar sobre las terminaciones nerviosas de la mucosa intestinal, el acíbar tiene una acción laxante del colon para aliviar el estreñimiento. El gel tiene acción cicatrizante de heridas, antiinflamatoria, inmunomoduladora y antiviral. Se usa tópicamente para afecciones de la piel, como quemaduras, heridas, congelación, erupciones cutáneas, psoriasis, herpes labial o piel seca.

 TOXICIDAD: debido a la pérdida de potasio, el acíbar en dosis elevadas y prolongadas puede llegar a producir una parálisis de la musculatura intestinal. En uso tópico, aunque en pocos casos, también han aparecido reacciones alérgicas. Actualmente, está muy extendido su uso directo mediante procedimientos domésticos muy rudimentarios, dando lugar a irritación (dermatitis, eccema) o reacciones alérgicas (urticaria) cuando no se ha limpiado el gel de forma adecuada.

 OTROS USOS: por su contenido en mucílagos posee propiedades hidratantes y emolientes usadas en cosmética como antiarrugas e hidratante.

 **CURIOSIDADES:** el Convento de la Victoria, en Málaga, primera fundación de la orden de religiosos Mínimos en España se asienta sobre unos terrenos que se conocían como "Huerta del acíbar" por la cantidad de acíbar que se producía allí a partir de las plantas de áloe cultivadas en la zona por los moriscos.

FAMILIA • Asphodeláceas
Aloe vera (L.) Burm. f.

DESCRIPCIÓN:

planta crasa con una roseta de hojas basales de hasta 50 cm de longitud. Hojas de color verde grisáceo con márgenes cubiertos de dientes poco aguzados. Cuando florece, en el centro de la roseta se forma un vástago que termina en un racimo de flores tubulares colgantes, amarillas o anaranjadas.

Hierbaluisa o yerbaluisa

ETIMOLOGÍA: el género *Aloysia* se denominó así en honor a la princesa de Asturias, María Luisa de Borbón-Parma. El epíteto *citrodora* hace referencia al olor a limón que tiene la planta.

DISTRIBUCIÓN: originaria de Suramérica desde donde se trajo a España, se cultivó en las huertas de Madrid, para posteriormente difundirse por el resto del mundo. Actualmente, se encuentra naturalizada en algunas zonas de la región mediterránea. Se puede ver habitualmente en jardines como planta ornamental.

COMPOSICIÓN FITOQUÍMICA: aceite esencial rico en limoneno, cineol y alcoholes terpénicos. Flavonoides, compuestos fenólicos (verbascósido) y taninos.

USO MEDICINAL: las hojas se recogen a finales de primavera y principios de otoño. Se usan desecadas, enteras o fragmentadas, como digestivas, carminativas, espasmolíticas y tranquilizantes suaves, siendo eficaces para mejorar el sueño, como relajantes y promotoras de un descanso reparador, a lo que ayuda su agradable fragancia que promueve el bienestar. También se han demostrado propiedades anticonvulsivantes, antimicrobianas, antioxidantes, neuroprotectoras, antiinflamatorias, analgésicas, hipotensoras y citostáticas. Se suele usar como infusión (hojas), aceite esencial (hojas y tallos) o tónico (sumidad florida).

OTROS USOS: las hojas secas y picadas se consumen como condimento aromatizante de bebidas, marinados, aderezos y salsas para dar un toque cítrico. Se elaboran sorbetes con la hierbabuena y se consume como bebida refrescante. La yerbaluisa es el ingrediente principal de un refresco llamado "Inka kola" que se consume popularmente en Perú. Se cultiva en jardines y huertos como planta aromática. Su aroma actúa como un repelente natural, especialmente contra mosquitos. Al atardecer se intensifica el olor a limón de las hojas.

CURIOSIDADES: su uso se remonta al siglo XVII, porque era utilizada como planta medicinal por la cultura Inca. En Suramérica se conoce como cedrón. El cedrón ecuatoriano ha ganado reconocimiento a nivel mundial debido a su calidad y pureza. Se comercializa en diversas formas, incluyendo hojas secas y productos procesados, como infusiones y aceites esenciales. En el mercado local, es apreciado por su versatilidad en la preparación de tés y bebidas refrescantes. En el ámbito internacional, se exporta a países de Europa y Norteamérica, donde la demanda de productos naturales y orgánicos está en constante crecimiento.

Aloysia citrodora Paláu

DESCRIPCIÓN:

arbusto caducifolio o semiperennifolio de hasta tres metros de altura, con hojas lanceoladas, curvadas ligeramente hacia abajo, con el margen liso o ligeramente aserrado, peciolo corto y que se agrupan de tres en tres. El envés tiene glándulas oleosas visibles. Las flores son de color blanco o rosado, con forma acampanada y se encuentran agrupadas en inflorescencias en panícula. La planta tiene olor a limón ligeramente mentolado.

Malvavisco, hierba cañamera

 ETIMOLOGÍA: el nombre genérico procede del término griego *althaía* y del latino *althaea*. En ambos casos significa "médico, medicina, curar". *Officinalis*, epíteto latino que significa "planta medicinal de venta en herbolarios".

 DISTRIBUCIÓN: fundamentalmente euroasiática, pues crece en toda Europa, el norte de África y oeste de Asia. En España solo escasea en el noreste. En Madrid se encuentra en el cuadrante suroriental. Los malvaviscos se utilizan en jardinería como plantas ornamentales por lo que pueden encontrarse en jardines o asilvestrados en todo el mundo. Como la mayoría de las herbáceas perennes, requieren una posición soleada o parcialmente sombreada en un suelo húmedo y bien drenado.

 COMPOSICIÓN FITOQUÍMICA: todos los órganos contienen mucílagos ácidos, unos polisacáridos constituidos por una mezcla de los azúcares galactosa y ramnosa con los ácidos glucurónico y galacturónico. Además, contiene flavonoides, taninos, ácidos fenólicos y cumarinas (escopoletina).

 USO MEDICINAL: además de para combatir el estreñimiento, las hojas, flores y la raíz de *A. officinalis* se han utilizado en medicina tradicional como alivio para la irritación de las membranas mucosas, incluido el uso como gárgaras para la boca (úlceras) y la garganta (úlcera gástrica) y en general para tratar enfermedades respiratorias menores. Se usa principalmente la raíz, aunque también en menor grado, las hojas. Además de los usos antedichos, regula los movimientos intestinales y combate la gastritis. En uso externo es antiinflamatorio. Se atribuyen propiedades inmunoestimulantes a la fracción polisacárida de la raíz.

 TOXICIDAD: no se han descrito efectos secundarios, pero se aconseja no ingerir esta planta a la vez que otros medicamentos, porque los mucílagos pueden retrasar su absorción.

 OTROS USOS: las hojas tiernas se pueden cocinar y los botones florales se pueden encurtir. Las raíces se pueden pelar, cortar en rodajas, hervir y azucarar para elaborar dulces y caramelos. El agua usada para hervir cualquier parte de la planta puede ser un sustituto de la clara de huevo. A partir de los tallos se han obtenido fibra vegetal y papel, aunque de baja calidad y una estopa apropiada para hacer lienzos.

 CURIOSIDADES: la receta original de los famosos dulces llamados *marshmallows* (nombre en inglés del malvavisco) o "nubes" contenía raíz de malvavisco que aportaba el mucílago responsable de aclarar la garganta. Aunque los *marshmallows* se hicieron populares en Estados Unidos a principios del siglo XX, la receta original (*Pâte de guimauve*) procede de la repostería francesa del siglo XVI, que a su vez se había basado en otra receta (*Halva*) de Oriente Medio. Posteriormente, se modificaron las recetas francesas actuales sustituyendo el mucílago del malvavisco por gelatina y proteínas.

Althaea officinalis L.

DESCRIPCIÓN:

hierba con raíz gruesa, tallos poco ramificados y hojas grandes, palmeadas y pubescentes como los tallos. Cáliz con cinco sépalos soldados superpuestos a un epicáliz de 6-8 brácteas lanceoladas. Cinco pétalos blanquecinos o rosados unidos a un tubo estaminal que destaca a modo de columna en el centro de la flor; estambres con anteras violetas o púrpuras. El fruto es un esquizocarpio discoidal con mericarpios que se separan como gajos en la madurez.

Eneldo

 ETIMOLOGÍA: el nombre genérico proviene de *anethon*, anís en griego. El específico *graveolens* deriva del latín *gravis* (pesado, fuerte) y *olens* (olor), por su intenso olor acre. Según otras fuentes, el origen del nombre sería la ciudad de Neto, Sicilia.

 DISTRIBUCIÓN: ampliamente cultivada, se ha asilvestrado en muchas zonas de la región mediterránea y en la mayor parte, si no en todas, las provincias españolas.

 COMPOSICIÓN FITOQUÍMICA: el fruto contiene aceite esencial con monoterpenos, entre los que destacan por su importancia la carvona y el limoneno, responsables del aroma característico de las semillas. También miristicina, felandreno y pineno, además de productos no volátiles como flavonoides, cumarinas, ácidos fenólicos y taninos. El momento de recogida es importante ya que la carvona se sintetiza durante el día.

 USO MEDICINAL: las semillas tienen propiedades espasmolíticas, antimicrobianas y antifúngicas. Se han usado en decocción para tratar trastornos gastrointestinales y, por su capacidad carminativa, contra las flatulencias. Posee propiedades protectoras de la mucosa gástrica y antisecretoras, hipoglucemiantes, hipolipemiantes, antioxidantes, antiinflamatorias y anticancerígenas por demostrar.

 TOXICIDAD: la miristicina del aceite esencial es un insecticida y acaricida con posibles efectos neurotóxicos. Presenta propiedades psicoactivas y alucinógenas en dosis más altas que las culinarias, atribuidas a su similitud estructural con determinadas aminas biógenas responsables de la neurotransmisión del sistema nervioso parasimpático. Puede provocar dermatitis de contacto y fotosensibilización o fototoxicidad.

 OTROS USOS: se usan las semillas y las hojas como aromatizantes culinarios. Muy utilizada en la cocina escandinava como ingrediente del salmón marinado y en conservas de arenques y pepinos. En cosmética se emplea como aromatizante de jabones y perfumes. El aceite esencial contiene miristicina, apiol y dilapiol, utilizados como repelentes e insecticidas.

 CURIOSIDADES: las semillas fueron consideradas afrodisiacas. No debe plantarse cerca del hinojo porque se hibridan con facilidad. Su uso medicinal es antiguo, como lo demuestra su mención en el *Nuevo Testamento*, porque era usado por los sacerdotes judíos como ofrenda y parte de pago del diezmo eclesiástico (*Mateo* 23: 232)

Anethum graveolens L.

DESCRIPCIÓN:

herbácea anual de hasta medio metro de altura, muy aromática, de color verde azulado. Tallos huecos, pero con abundante médula blanca, con estrías finas de color verde y blanco. Hojas alternas y tripinnadas, muy finas. Los tallos rematan en umbelas de flores amarillentas. Frutos ovales o elípticos, de color marrón oscuro, comprimidos dorsalmente y formados por dos mericarpios alados.

Madroño

ETIMOLOGÍA: el nombre génerico *Arbutus* puede proceder del latín *arbor,* que significa arbolillo o del celta *arbois,* que en este supuesto haría alusión a lo áspero que es el exterior de los frutos. *Unedo* hace referencia a la hiperbólica creencia de que únicamente se debe comer un fruto, ya que embriagan y pueden producir dolor de cabeza.

DISTRIBUCIÓN: componente habitual de los bosques mediterráneos cerrados en barrancos, desfiladeros fluviales y a veces en terrenos pedregosos. Se encuentra en Irlanda, sur de Europa (incluyendo la práctica totalidad de la península ibérica), norte de África, Palestina, y Macaronesia.

COMPOSICIÓN FITOQUÍMICA: las hojas contienen heterósidos hidroquinónicos (arbutósido, metilarbutósido), taninos, flavonoides, ácidos fenólicos y resinas. El fruto contiene azúcares, vitaminas (especialmente vitamina C), taninos, flavonoides y licopeno en pequeñas cantidades.

USO MEDICINAL: debido a sus propiedades depurativas, diuréticas, antisépticas y antiinflamatorias, las hojas y corteza se pueden preparar en infusión o cocimiento para bajar la tensión, tratar las infecciones urinarias o contra cólicos nefríticos, ya que el arbutósido les confiere propiedades antimicrobianas de tropismo específico sobre el tracto urinario (el arbutósido se hidroliza por la acción de la flora bacteriana intestinal, liberando hidroquinona, que se elimina por vía renal). Los taninos son responsables de su efecto astringente, que se ha utilizado contra la diarrea y como hemostático por vasoconstricción local. En uso tópico se ha empleado frente a heridas y ulceraciones dérmicas, bucales o corneales, blefaritis, conjuntivitis, parodontopatías, faringitis, dermatitis, eritemas, prurito y vulvovaginitis.

OTROS USOS: los frutos se recolectan cuando están maduros y se comen crudos, en mermelada, confitura o se usan para hacer vinos y licores. Además de emplearse como leña, carbón o para tallas, la madera se ha utilizado como curtiente por la gran cantidad de taninos y las raíces como colorante. Se usa como planta ornamental que se presta muy bien en ambientes urbanos, pues resiste bien la contaminación.

CURIOSIDADES: en otoño coincide la floración y maduración de los frutos que se empezaron a formar el año anterior, por lo que, en la misma planta pueden encontrarse flores y frutos. Es una planta melífera. Al madurar los frutos fermentan, por lo que, consumidos en exceso, pueden producir borracheras o dolor de cabeza. El madroño, como el laurel *(Laurus nobilis),* los loros *(Prunus lusitanica)* o los hojaranzos *(Rhododendron baeticum)* todos ellos perennifolios provistos de hojas lustrosas, se consideran reliquias de los antiguos bosques húmedos típicos de las laurisilvas del Terciario.

FAMILIA • Ericáceas
Arbutus unedo L.

DESCRIPCIÓN:

arbusto o arbolillo perennifolio con corteza pardo-rojiza, muy escamosa. Hojas simples, alternas, lanceoladas, de un color verde brillante por el haz y mates por el envés, con margen aserrado. Flores blancas o rosadas dispuestas en racimos colgantes, pentámeras con sépalos pequeños verdosos y una corola urceolada. El fruto es una baya con piel muy granulosa y de color rojo o naranja intenso cuando madura.

Gayuba

 ETIMOLOGÍA: tanto el nombre genérico como el epíteto específico significan "racimo de uvas de oso" y tienen su origen en el griego *arctos* (oso) y *staphyle* (racimo de uvas), que pasados al latín pasan a ser *uva* y *ursi* (oso). El nombre alude a que los osos comen sus frutos, hecho contrastable en los lugares donde sobreviven estos plantígrados omnívoros.

 DISTRIBUCIÓN: holártica, lo que significa que está ampliamente distribuida por el hemisferio norte, desde Alaska hasta la orilla occidental del estrecho de Bering en Kamchatka. En España puede encontrarse sobre todo en la mitad oriental de la península, aunque ausente en Baleares. Suele tapizar laderas de montaña, recubriendo grandes superficies de sotobosque especialmente en quejigares y pinares. Como suele colonizar pedregales inclinados, es muy útil como planta fijadora de taludes.

 COMPOSICIÓN FITOQUÍMICA: contiene arbutósido o arbutina, un heterósido hidroquinónico. Además, contiene taninos, flavonoides y triterpenos pentacíclicos.

 USO MEDICINAL: las partes utilizadas en infusiones son las hojas. Tiene propiedades antimicrobianas y antifúngicas, principalmente indicadas para el sistema urinario, por lo que se utiliza como diurético y para disolver cálculos de riñón. Se usa también como depurativo y despigmentante de la piel, ya que reduce la síntesis de melanina. También como astringente, para ayudar en la dilatación en el parto, para tratar el herpes, para bajar la tensión y contra el dolor de muelas.

 TOXICIDAD: puede resultar tóxica para quienes padecen enfermedades renales. Su consumo no es aconsejable para embarazadas y en la lactancia.

 OTROS USOS: en Rusia se prepara un té caucásico (*Kutai*) con las hojas jóvenes. Los indios de Vancouver fumaban las hojas en pipa como si fuera tabaco. Se ha usado también como curtiente, ya que las hojas son muy ricas en taninos y como planta tintórea, que tiñe de tonos oscuros la lana.

 CURIOSIDADES: en España, la gayuba suele tener las hojas más gruesas y coriáceas que las gayubas europeas. Por este motivo, algunos autores la consideran una subespecie distinta, *A. uva-ursi* subsp. *crassifolia*. Esta planta es de la misma familia botánica que el madroño lo que se deja notar rápidamente en cuanto se observa el parecido de sus flores. Es notable que sea una planta apetecida por los osos habida cuenta de que sus frutitos son ásperos, harinosos y muy astringentes por la abundancia de taninos.

FAMILIA • Ericáceas

Arctostaphylos uva-ursi (L.) Spreng.

DESCRIPCIÓN:

mata rastrera tapizante que no se levanta del suelo más de 30 o 40 cm. Hojas ovaladas, algo espatuladas, con el borde liso y algo coriáceas. Las flores, cuyas corolas tienen forma de orza y son colgantes y de color blanquecino o rosa pálido, se reúnen en racimos plurifloros. Flores pentámeras y péndulas con corolas urceoladas que, como los cálices, recuerdan mucho a las del madroño. Florece en primavera. Los frutos son drupilanios redondeados, brillantes y rojos en la madurez.

Árnica, tabaco de montaña

 ETIMOLOGÍA: el nombre puede ser una deformación latina de la palabra griega *arna* que significa piel de cordero, en referencia a las hojas suaves y peludas. Hay también quien opina que proviene del latín *ptarmica*, que significa "estornudo", quizás por los que provocan sus polvos al consumirse como rapé tal y como se dice que hacían los pastores. *Montana* por sus preferencias en ecosistemas de montaña.

 DISTRIBUCIÓN: originaria de Europa central y meridional, en España prospera en el norte, en la cordillera Cantábrica y en las montañas de Galicia y es frecuente en los Pirineos, siempre en zonas de montaña, preferentemente sobre turberas, zonas pantanosas y prados.

 **COMPOSICIÓN FITOQUÍMICA:** contiene principalmente lactonas sesquiterpénicas, flavonoides, aceite esencial con timol, ácidos fenólicos, cumarinas, poliacetilenos, xantofilas y trazas de algunos alcaloides.

 USO MEDICINAL: se usan las flores en forma de tintura, aunque también se han usado las hojas y el rizoma, todas ellas pulverizadas y utilizadas en cocimientos. Tiene acción antiinflamatoria, analgésica, antiagregante plaquetaria, antihistamínica y antibacteriana, por lo que se aplica sobre heridas cerradas y contusiones. Macerando sus flores en aceite de oliva se obtiene un remedio eficaz y muy reputado contra los golpes con hematomas o torceduras, una práctica tradicional que ha conducido a que el árnica se use actualmente en linimentos y pomadas antiinflamatorias y cicatrizantes. El timol de las raíces es un eficaz vasodilatador subcutáneo.

 TOXICIDAD: no debe usarse sobre heridas abiertas. Contiene la toxina helenalina, que puede ser venenosa si se ingieren grandes cantidades de la planta, por lo que los herbívoros evitan comerla.

 OTROS USOS: se llama también tabaco de montaña porque sus hojas se fumaban en épocas de carestía. Se pueden fumar secas, pero la fermentación ennegrece las hojas y mejora su aroma produciendo un sucedáneo de olor dulce y agradable. Reducidas a polvo, las hojas son estornutatorias y pueden tomarse solas o mezcladas con tabaco a modo de rapé.

 CURIOSIDADES: además de *A. montana,* existen numerosas especies vegetales conocidas como árnica. En un reciente estudio etnobotánico se encontraron treinta y dos especies distintas incluidas en seis familias diferentes denominadas árnica en la península ibérica y Baleares. De la genuina árnica existen dos subespecies usadas en medicina tradicional: *montana* (de alta montaña) y *atlantica* (que crece a menor altura), distinguible de la primera entre otras cosas por tener los capítulos de las flores de menos de cinco centímetros de diámetro. Cada una de ellas tiene una composición algo diferente en cuanto a las lactonas.

FAMILIA • Asteráceas
Arnica montana L.

DESCRIPCIÓN:

herbácea con grandes hojas pubescentes, casi todas en una roseta basal y unas pocas caulinares sésiles o cortamente pecioladas. Hojas y pedicelos florales en disposición opuesta, lo que no es frecuente en su familia. La inflorescencia es un capítulo amarillo, grande con vistosas lígulas y otros muchos flósculos. El fruto es una cipsela con vilano.

La mariposa *Vanessa cardui* obtiene néctar de la escabiosa *Knautia arvensis*.

La polilla esfinge *Macroglossum stellatarum* poliniza las flores de *Centranthus rubens* var. *albus*.

Abrótano macho

 ETIMOLOGÍA: no está claro si el nombre *Artemisia* se debe a la diosa griega de la caza, hermana gemela de Apolo, o a Artemisia II, hermana y esposa de Mausolo, gobernador de Caria, una antigua región del suroeste de la actual Turquía. El epíteto procede del latín medieval *abrotanum*, nombre común de la planta.

 DISTRIBUCIÓN: originaria de Europa, especialmente de España e Italia. Se cree que puede ser la forma cultivada de *A. paniculata*, que habría escapado desde los cultivos a las cunetas y campos abandonados.

 **COMPOSICIÓN FITOQUÍMICA:** aceite esencial con eucaliptol, alcanfor, tuyona y diversos mono- y sesquiterpenos, cumarinas, ácidos fenólicos, flavonoides y lactonas. Los alcaloides incluyen abrotina, con propiedades similares a la quinina.

 **USO MEDICINAL:** la hoja se ha utilizado como antibacteriana, antifúngica, cicatrizante y antiseborreica para frenar la caída del cabello. Tradicionalmente se ha usado como aperitivo, carminativo, emenagoga, colerética y correctora organoléptica (amargo aromático). Las hojas son un buen ingrediente para los fomentos que alivian el dolor y las hinchazones. Hoy día se usa sobre todo contra la rinitis alérgica y los trastornos de las vías respiratorias.

 TOXICIDAD: las dosis elevadas pueden ser tóxicas debido a la tuyona, que es capaz de atravesar la barrera hematoencefálica para actuar sobre el sistema nervioso central. No es aconsejable usarla durante el embarazo o la lactancia.

 OTROS USOS: se dice que su esencia ahuyenta a los insectos y de ahí que en Francia se conozca como *garde robe* ("guardarropa") para ahuyentar las polillas. Las hojas frescas se consumen en ensaladas y, además, se han usado para dar sabor a la cerveza. En Cataluña se utilizan las sumidades floridas y las hojas para elaborar una bebida alcohólica llamada ratafía. También como planta tintórea que tiñe de amarillo los tejidos. Como ornamental luce especialmente en rocallas y macizos.

 **CURIOSIDADES:** tiene un olor parecido al del ajenjo (*A. absinthium)*, aunque para otros recuerda al de la cocacola. Dioscórides dice que su semilla machacada, puesta en agua caliente y bebida, alivia los dolores y convulsiones propias de la ciática.

FAMILIA • Asteráceas

Artemisia abrotanum L.

DESCRIPCIÓN:

planta semileñosa que puede sobrepasar el metro de altura. Hojas compuestas, grisáceo-pubescentes, con pelillo corto por el envés, muy delgadas y divididas en segmentos estrechos. Las inflorescencias son capítulos largamente pedunculados. Flores amarillas, pequeñas, tubulares y poco vistosas. Fruto aquenio sin vilano. Florece de julio a octubre.

Ajenjo

ETIMOLOGÍA: para el nombre genérico *Artemisia*, véase la ficha de *A. abrotanum*. *Absinthium* es palabra latina que proviene del griego, *apsinthion*, imbebible.

DISTRIBUCIÓN: originaria de Europa y Asia, ha ampliado su área de distribución gracias a su fácil naturalización y a crecer junto a caminos, ribazos y terrenos no cultivados.

COMPOSICIÓN FITOQUÍMICA: entre los componentes de su aceite esencial destaca la tuyona. Aparte de la esencia, hay lactonas sesquiterpénicas (absintiína). Ambas son amargas y solubles en alcohol, pero no en agua.

USO MEDICINAL: el ajenjo es un poderoso estimulante que se ha empleado principalmente como aperitivo y para el tratamiento de afecciones estomacales. Además, tiene propiedades antihelmínticas, emenagogas y antisépticas. Por vía tópica se utilizan compresas o pomadas para tratar rozaduras o irritaciones.

TOXICIDAD: la tuyona es la sustancia psicoactiva que actúa como depresora del sistema nervioso central y es la responsable de su neurotoxicidad y de un cuadro clínico, el ajenjismo, con aparición de crisis epileptiformes. La absintiina, aunque no libre de ella, es el principio amargo pero no la responsable principal de la toxicidad, que también pudiera ser debida a los aditivos que se utilizaban para colorear, como el sulfato de cobre y cloruro de antimonio. El consumo prolongado puede originar la muerte por intoxicación. Las hojas y capítulos pueden provocar dermatitis por contacto en personas sensibles.

OTROS USOS: se emplea para la elaboración de vermús; de hecho, la palabra alemana *wermut* significa "ajenjo". También es el componente principal de la absenta, un licor preparado además con anís, cilantro e hisopo, que tiene color verdoso. Ramos de ajenjo se colocaban en los armarios entre la ropa con el fin de repeler a las polillas y los ratones. También para ahuyentar a los mosquitos.

CURIOSIDADES: En el *Tesoro de los Pobres*, una obra de 1655, se la denomina "madre de todas las hierbas". La absenta se llegó a repartir entre la tropa francesa a finales del siglo XIX como medicamento para bajar la fiebre. Posteriormente se hizo muy popular en los ambientes bohemios de París, que la apodaban *Fée Verte*, "El hada verde". Uno de los cuadros más populares de Manet lleva precisamente el nombre de *Los bebedores de absenta*. Se atribuye a su consumo abusivo la aparición de alucinaciones y de demencia. En 1915, Francia prohibió su producción industrial y su comercialización.

FAMILIA • Asteráceas

Artemisia absinthium L.

DESCRIPCIÓN:

herbácea vivaz aromática cubierta de un fieltro grisáceo, con tallos erectos muy ramificados que pueden alcanzar casi medio metro de altura. Hojas basales divididas en segmentos hasta el nervio central, pecioladas, bipinnadas o tripinnadas; las superiores simples y sésiles. Inflorescencia de capítulos dispuestos en panículas, hemisféricos. Flores todas flosculosas, las externas femeninas, las internas hermafroditas. El fruto es un aquenio acanalado sin vilano.

Ajenjo dulce

 ETIMOLOGÍA: para la etimología de *Artemisia*, el nombre genérico, véase la ficha de *A. absinthium*. *Annua* es un epíteto latino que significa anual.

 DISTRIBUCIÓN: originaria de las altas mesetas de China, se encuentra naturalizada por amplias zonas del mundo. Crece espontáneamente preferentemente en yermos y baldíos. En los últimos treinta años se han establecido grandes plantaciones en África.

 **COMPOSICIÓN FITOQUÍMICA:** su principal componente es la artemisinina, una lactona sesquiterpénica, el compuesto madre de las drogas antipalúdicas, que se encuentra en las glándulas de las hojas, tallos e inflorescencias. También flavonoides, aceites esenciales, cumarinas y ácidos fenólicos.

 **USO MEDICINAL:** en medicina tradicional china se ha utilizado como febrífuga. La artemisinina es un potente estimulador del sistema inmunológico al provocar la producción de linfocitos y citoquininas. Se ha producido semisintéticamente como tratamiento antipalúdico basado en sus propiedades antiprotozoarias, ya contrastadas por la eficacia de la artemisinina frente a la leishmaniosis canina. Está en estudio el uso del artesunato, un derivado sintético de la artemisinina, como tratamiento contra el asma alérgica. La artemisinina y sus derivados han demostrado tener una actividad antitumoral de amplio espectro *in vitro e in vivo*, y en un número limitado de ensayos clínicos. Sin embargo, algunos problemas como la escasa solubilidad, la toxicidad y los mecanismos de acción mal conocidos dificultan su uso como agentes antitumorales eficaces en la práctica clínica. Diversos investigadores apuntan a que puede ser utilizada en el tratamiento de los síntomas de la artrosis. Las mujeres embarazadas y pacientes con diabetes deben consumirla bajo prescripción médica.

CURIOSIDADES: en 2015 el premio Nobel de Medicina se otorgó a la china Tu Youyou (n. 1930), una científica, médica y química farmacéutica, por descubrir la artemisinina utilizada para tratar la malaria.

FAMILIA • Asteráceas
Artemisia annua L.

DESCRIPCIÓN:

herbácea anual que puede alcanzar los dos metros de talla, provista de ramas piramidales muy características. Hojas bipinnatífidas con glándulas
aromáticas. Las inflorescencias forman panículos compuestos de pequeñas
flores amarillas que se agrupan en capítulos de 2-3 mm de diámetro. El fruto es un aquenio ovoide y gris de apenas medio milímetro.

Belladona

ETIMOLOGÍA: del griego *Atropos* la "inevitable", la "inmutable", nombre de una de las deidades conocidas como Parcas, cuya misión era cortar el hilo de la vida de los hombres, que ha sido asociada a los mortíferos frutos de esta planta. El nombre específico hace referencia al uso cosmético de esta planta.

DISTRIBUCIÓN: crece en Europa central y meridional, Asia occidental y norte de África. En España en el Pirineo, Prepirineo, montes del sur de Cataluña y de Aragón, hasta la serranía de Cuenca y sierra de Segura.

COMPOSICIÓN FITOQUÍMICA: toda la planta, pero especialmente las hojas y raíces, contienen abundantes alcaloides tropánicos: hiosciamina, atropina, escopolamina y otros.

USO MEDICINAL: sus alcaloides actúan sobre el sistema nervioso vegetativo paralizando su actividad, a veces de manera espectacular, como en la midriasis, la dilatación de la pupila acompañada de la inmovilización del iris. Provoca la paralización de los nervios de la faringe, que determinan el acto reflejo de la deglutición. Por sus virtudes paralizantes, se usa contra la incontinencia nocturna de la orina, la hidropesía, la hipersudoración nocturna, la secreción excesiva de ácido clorhídrico estomacal, la úlcera duodenal, para detener la secreción láctea, etc. Como pomada, calma dolores por poseer cierta capacidad anestésica. Además de sus efectos parasimpáticos, la escopolamina, aun a dosis muy pequeñas, provoca una parálisis generalizada del sistema nervioso central.

TOXICIDAD: en los lugares donde abunda suelen ocurrir intoxicaciones entre los muchachos que comen sus frutos maduros de sabor dulzón. Los usos terapéuticos son históricos y hoy no se emplean por su toxicidad, aunque sí los alcaloides en preparados farmacéuticos.

OTROS USOS: pese a ser una de las plantas más tóxicas conocidas, hasta el punto de que bastaría ingerir diez de sus bayas para matar a un adulto, su nombre proviene de su empleo como producto de belleza. El jugo o el agua destilada de tallos y hojas era empleado por las aristócratas coquetas como colirio dilatador de pupilas destinado a que los ojos parecieran más grandes, brillantes, atractivos y, como leche de belleza, para mantener la tez de la cara tierna, blanca y hermosa; los frutos pulverizados se usaban como coloretes. La práctica está hoy en desuso debido a sus efectos adversos, que pueden producir ceguera.

CURIOSIDADES: Dioscórides señala que beber jugo de belladona provoca alucinaciones. Como la datura, el beleño o la mandrágora, la belladona pertenece a la esotérica farmacopea de las "hierbas brujeriles" y, como tal, ha sido protagonista de muchas leyendas, supersticiones y rituales.

DESCRIPCIÓN:

herbácea vivaz con tallos provistos en su parte superior de un vello corto, denso y fino. Hojas ovaladas, agudas, con bordes enteros. Flores con cáliz pubescente pentámero. Corola pentámera y gamopétala de color violáceo más o menos oscuro. Cinco estambres con largos filamentos desiguales. El fruto es una baya parduzco-violácea en la madurez.

Agracejo

 ETIMOLOGÍA: el nombre del género puede proceder de *berbêrys*, nombre árabe de sus frutos. *Vulgaris* alude a que es una planta común.

 DISTRIBUCIÓN: crece en espinares, zarzales, setos y orlas forestales, con preferencia por los suelos calizos de Europa, norte de África y Asia occidental. Se ha naturalizado en Norteamérica y Australia. Crece en varias provincias de la península ibérica.

 COMPOSICIÓN FITOQUÍMICA: contiene gran cantidad de alcaloides isoquinoleínicos, entre los que destaca la berberina. También flavonoides, taninos, antraquinonas y ácido ascórbico en los frutos.

 USO MEDICINAL: el uso de la corteza y las raíces por sus propiedades antibacterianas, antiinflamatorias, antiarrítmicas y digestivas se debe a la berberina, una sustancia química amarga de color amarillo. También reduce los niveles de triglicéridos, de colesterol y de glucosa en la sangre actuando, por tanto, como hipotensor antidiabético. En medicina tradicional se ha usado para tratar la disentería, problemas renales y de las vías urinarias, curar heridas, gingivitis e infecciones bucales. Los frutos tienen propiedades antisépticas y antianémicas.

 TOXICIDAD: debido a la alta cantidad de alcaloides puede ser tóxico en altas concentraciones. Todos los órganos, incluida la fruta inmadura, y especialmente las raíces, contienen sustancias cuyo consumo puede provocar problemas en la salud humana.

 OTROS USOS: con los frutos se elaboran zumos refrescantes, salsas y mermeladas. Las hojas se han comido en ensaladas y como condimento. La corteza y raíces se usaban como tinte amarillo utilizado para teñir lana y cuero. Se usa en jardinería como planta ornamental, de la que se comercializan diferentes variedades. También se usa la madera por la dureza y el bonito color amarillento que tiene. En Europa, los frutos silvestres ya maduros (agracejos) se utilizan tradicionalmente para hacer salsas y mermeladas. En el suroeste de Asia las bayas maduras se utilizan para cocinar diferentes guisos y mermeladas. Irán es un importante productor y consumidor de bayas de agracejo secas. La madera dura se utiliza para trabajos de incrustación, taracea y torneado.

 CURIOSIDADES: en esta planta se puede desarrollar la fase acídica del peligroso hongo *Puccinia graminis*, que provoca la enfermedad de la roya de los cereales. En la península ibérica hay tres subespecies diferentes: *vulgaris,* que habita zonas de influencia más atlántica; *seroi,* de distribución más mediterráneo-continental, y *australis* en zonas de alta montaña.

FAMILIA • Berberidáceas
Berberis vulgaris L.

DESCRIPCIÓN:

arbusto caducifolio con tallos provistos de espinas simples o trifurcadas con una espina central más grande. Hojas alternas, simples, elípticas a obovadas, de margen dentado o espinoso. Flores agrupadas en racimos, con 6 sépalos petaloideos y 6-7 pétalos amarillos y dos glándulas en la base. Los frutos son bayas rojas.

Borraja

ETIMOLOGÍA: *Borago* deriva del francés antiguo *bourrache*, a su vez del latín medieval *borrago*, rudo, en referencia a las muchas vellosidades ásperas que recubren la planta. La palabra *officinalis* indica que se ha usado en medicina.

DISTRIBUCIÓN: crece en campos de cultivo o zonas muy alteradas por el hombre como escombreras, cunetas, bordes de caminos y herbazales. Originaria de la región mediterránea, suroeste de Asia y Macaronesia, actualmente está naturalizada por casi toda Europa, incluyendo toda la península ibérica.

COMPOSICIÓN FITOQUÍMICA: el aceite de borraja contiene glicéridos ricos en ácidos grasos insaturados, entre los que destacan el linolénico, el linoleico y el oleico. Hojas y tallos contienen mucílagos y alcaloides pirrolizidínicos.

USO MEDICINAL: el aceite extraído de la semilla, rico en ácido linolénico, tiene propiedades preventivas de trastornos cardiovasculares como la hipertensión o el infarto de miocardio. Además, sirve para tratar el síndrome premenstrual y el tratamiento de problemas de la piel como eczemas y psoriasis, y para la artritis reumatoide. Tiene propiedades antiinflamatorias y anticancerígenas. Tradicionalmente se ha usado la parte aérea como diurética, diaforética, febrífuga y para tratar afecciones de las vías respiratorias.

TOXICIDAD: todos los órganos aéreos de las especies de este género contienen el alcaloide insaturado pirrolizidina y sus derivados, por tanto, se aconseja consumir con moderación esta planta y no es recomendable hacerlo en caso de personas con problemas hepáticos.

OTROS USOS: se usa para aromatizar vinos, licores y bebidas no alcohólicas. Las hojas y peciolos tiernos se usan en ensalada o como verdura. Las flores en confitería y como tinte. También ha sido utilizada para preparar té. Usada como ornamental.

CURIOSIDADES: sus cenizas contienen nitrato potásico, útil para fabricar pólvora. Es planta melífera. La variedad cultivada normalmente es de flor blanca. En la cultura popular existe la expresión "acabar en agua de borrajas", que se aplica a aquella circunstancia que, pareciendo que tendrá trascendencia, finaliza sin importancia alguna. El origen de la expresión hace referencia al sutil sabor y escaso poder nutritivo del caldo hecho con borrajas, a pesar de que su limpieza y cocción exigen el mismo cuidado que cualquier otra verdura más sabrosa.

Borago officinalis L.

DESCRIPCIÓN:

herbácea anual cubierta con pelos rígidos. Hojas simples, ovadas u ova-do-lanceoladas, las basales pecioladas, las superiores sésiles. Flores her-mafroditas en panícula escorpioideas, con cinco sépalos hirsutos y otros tantos pétalos patentes azul-violetas, rosados o más raramente blancos (en las variedades de cultivo), y estambres sagitados negros en el centro. Ovario dividido en cuatro partes, que originan cuatro núculas.

Boj

ETIMOLOGÍA: *Buxus*, palabra latina para designar al boj, proviene del griego *buxos*, que significa vaso o cubilete, debido al uso de su madera para fabricar este tipo de objetos. *Sempervirens* hace referencia a la persistencia de sus hojas siempreverdes.

DISTRIBUCIÓN: originario de Europa, donde crece en forma silvestre desde las islas británicas hasta la costa del mar Mediterráneo y del mar Caspio, hasta alcanzar el Himalaya occidental. Crece preferentemente en linderos y claros de bosques, principalmente en montañas calcáreas. Es de crecimiento muy lento, por lo que rara vez se produce de semilla, prefiriéndose la reproducción por esquejes. En ambiente natural y silvestre se reproduce por estolones. Prefiere la media sombra, aunque tolera el sol si cuenta con humedad suficiente. Prefiere suelos bien drenados, ricos, nunca encharcados, ligeramente calizos si no son neutros. Requiere de un invierno fresco, resiste bien las heladas, el viento y la sequía. Puede llegar a vivir siglos. Se da preferentemente sobre terrenos calcáreos de la zona norte y oriental de la península ibérica. Puede brotar de cepa después del fuego.

COMPOSICIÓN FITOQUÍMICA: en el boj se han aislado numerosos alcaloides, entre los que destaca la buxina. También forman parte de su composición taninos, flavonoides y aceite esencial.

USO MEDICINAL: la buxina tiene una importante acción emética y purgante. Tradicionalmente se ha usado para combatir fiebres palúdicas debido a sus propiedades sudoríficas. Tópicamente se ha usado como antiséptico en heridas, psoriasis y dermatitis seborreica del cuero cabelludo.

TOXICIDAD: todos los órganos de *Buxus sempervirens* contienen sustancias cuyo consumo puede provocar problemas en la salud humana según el compendio publicado en 2012 por la Autoridad Europea de Seguridad Alimentaria. En concreto se ha detectado la presencia de alcaloides esteroidales con grupos amina tales como la buxina, la ciclobuxina o la buxamina y alcaloides triterpenos que pueden provocar la paralización de las vías respiratorias, por lo que debe evitarse cualquier uso en medicina doméstica.

OTROS USOS: la madera de boj, extraordinariamente dura, es muy apreciada para la fabricación de mangos de herramientas, utensilios de cocina, boquillas de instrumentos de viento, moldes para las xilografías, creación de tallas y marquetería. Es una planta muy utilizada para la implantación de setos, borduras y elaboración de topiarias en jardinería desde tiempos históricos.

CURIOSIDADES: en las regiones donde por cuestiones climáticas era complicado conseguir palmas, el boj era una de las plantas utilizadas como sustitutas en los rituales del Domingo de Ramos. Si alguna vez necesita algún utensilio flotante, que no sea de boj. Su madera es tan densa que se hunde en el agua.

FAMILIA • Buxáceas

Buxus sempervirens L.

DESCRIPCIÓN:

arbusto perennifolio con hojas opuestas coriáceas, elípticas, lustrosas, de haz verde oscuro y envés verde amarillento. Flores poco vistosas aglomeradas en las axilas foliares apicales. Glomérulos con una sola flor femenina de pistilo ovoide y tres estilos; las restantes masculinas con cuatro estambres. El fruto es una cápsula con tres valvas bicornes.

Maravilla, caléndula

 ETIMOLOGÍA: *Calendula* deriva del latín *kalendae,* de donde ha derivado el término calendario, y significa "a lo largo de los meses", con lo que se quiso subrayar el largo período de floración que tiene esta planta. *Officinalis* significa en latín "medicinal".

 DISTRIBUCIÓN: nadie sabe a ciencia cierta de dónde procede en realidad, aunque se le atribuye nativa de la cuenca mediterránea y con toda probabilidad haber surgido como resultado del cruce de otras especies del género, quizá de *C. arvensis*, la maravilla silvestre, y alguna otra. En cualquier caso, se trata de una vistosa planta ornamental muy cultivada en todo el mundo.

 **COMPOSICIÓN FITOQUÍMICA:** contiene flavonoides, saponinas y alcoholes triterpénicos, carotenoides, polisacáridos, ácidos fenólicos, cumarinas, aceite esencial, taninos y el loliólido, una lactona monoterpénica amarga de aroma característico y de uso en perfumería.

 USO MEDICINAL: la parte que se utiliza es el capítulo, especialmente de las variedades cultivadas de flor doble. Tiene acción antiinflamatoria (debido a los saponósidos y alcoholes triterpénicos), antiséptica (especialmente antibacteriana) y cicatrizante cuando se aplica de forma tópica. Los extractos florales muestran una acción estimulante de la epitelización de las heridas, debida probablemente a la presencia de flavonoides y a la acción inhibidora de la actividad hialuronidasa, la enzima que descompone el ácido hialurónico. La caléndula es una colerética que estimula la actividad hepática, especialmente la secreción biliar. También resulta eficaz en gastritis, gastroenteritis y vómitos por su acción antiulcerosa dado que ayuda a la cicatrización de úlceras gástricas. También posee acción fotoprotectora y antioxidante.

 TOXICIDAD: por sus efectos uterotónicos puede tener efectos tóxicos en embarazadas.

 OTROS USOS: las hojas se pueden consumir como verdura. En Gran Bretaña y Holanda las flores se utilizan en gastronomía como condimento. En España esta planta se ha llamado "azafrán de pobre" porque las lígulas periféricas de las cabezuelas se han usado como sustituto del azafrán, ya que tiñen de amarillo los caldos. Es muy utilizado en cosmética en la elaboración de cremas. Las flores se han utilizado para teñir la ropa, obteniéndose tanto tonos anaranjados como verdes según el resto de los productos que se añadan a la tinción.

 CURIOSIDADES: entre sus usos mágicos destacan: colgar guirnaldas hechas con las flores en las puertas de las casas para espantar el mal y esparcir flores sobre la cama para que los sueños se hagan realidad.

FAMILIA • Asteráceas
Calendula officinalis L.

DESCRIPCIÓN:

herbácea que forma cepellones densos que puede comportarse como anual (climas fríos) o perenne (climas cálidos). Hojas simples, oblongas y algo pubescentes. Flores liguladas que se cierran por la noche, de color amarillo o anaranjado, dispuestas en capítulos. Los frutos son unos característicos aquenios curvados provistos de púas.

Los tilos (género *Tilia*) atraen a sus
polinizadores mediante la emisión
de aromas florales muy penetrantes.

Brecina

 ETIMOLOGÍA: *Calluna* procede de la palabra griega *kallunein* que significa "barrer o limpiar", por el uso que se hacía de esta planta para fabricar escobas. *Vulgaris*, por tratarse de una planta vulgar, en el sentido de abundante, común.

 DISTRIBUCIÓN: originaria de Europa, Norte de África y América. En España tiene una amplia distribución, aunque no crece en las Baleares. Suele crecer en zonas de turberas o en landas (zonas de clima oceánico de suelos pobres), en suelos ácidos. Es más frecuente encontrarla en los claros de los bosques, aunque tampoco es extraño encontrarla en zonas de escasa insolación. Se puede localizar desde el nivel del mar hasta los 2600 m, aunque es más usual encontrarla en zonas montañosas.

 COMPOSICIÓN FITOQUÍMICA: proantocianidinas, flavonoides, hidroquinonas (arbutina).

 USO MEDICINAL: en medicina se usan indistintamente las sumidades floridas de esta planta o del brezo (*Erica cinerea*). Sus efectos son diuréticos, astringentes (antidiarreicos, hemostáticos locales, cicatrizantes), antiespasmódicos, antitusígenos y tranquilizantes. Sobre todo, se usan para tratar problemas de las vías urinarias.

 OTROS USOS: en Escocia y en España se usaba para teñir la lana de tonos amarillos o verdes. Es planta melífera que proporciona la miel monofloral llamada "miel de brezo". No suele ser atacada por plagas y enfermedades, por lo que es muy apreciada en jardinería. Las ramas se han empleado para techumbres de chozas. A veces se ha usado como aditivo en la fabricación de las cervezas tipo "*ale*". Su uso como combustible inicial (para avivar la llama) en los hogares más pobres ha limitado su extensión y crecimiento desde hace mucho tiempo en el sur de Europa. La brecina se utiliza mucho en jardinería como planta ornamental.

 CURIOSIDADES: esta planta está fuertemente asociada a la mitología y el folclore escocés: antiguamente existía la creencia de que los brezos y los helechos, quemados al aire libre, atraían la lluvia. La reina Victoria, que pasaba grandes temporadas en el castillo de Balmoral, en Escocia, donde las brecinas dominan el paisaje brumoso, extendió la idea de que encontrar brezo blanco (mucho menos abundante que el rosa o el púrpura) daba buena suerte.

DESCRIPCIÓN:

arbusto perennifolio con tallos cubiertos con 4 filas de pequeñas hojas imbricadas. Flores en racimos terminales densos, rosadas, tetrámeras, de cáliz petaloideo, corola persistente acampanada y 8 estambres inclusos apendiculados. El fruto es una cápsula con semillas minúsculas.

NOMBRE COMÚN • **Cáñamo, marihuana, maría**

FAMILIA • Cannabáceas • *Cannabis sativa* **L.**

ETIMOLOGÍA: del griego antiguo *kánnabis*, cáñamo. *Sativa* significa que es una planta cultivada.

DISTRIBUCIÓN: originaria de Asia Central donde habita en zonas húmedas y cálidas, debido a su cultivo ancestral actualmente se encuentra asilvestrada en zonas ruderales de Eurasia.

COMPOSICIÓN FITOQUÍMICA: contiene 500 componentes, entre los que destaca el psicoactivo tetrahidrocannabinol (THC), entre ellos al menos 113 cannabinoides, cuya mayoría se produce en pequeñas cantidades. Además del THC, otro cannabinoide producido en altas concentraciones por algunas plantas es el cannabidiol (CBD), que no es psicoactivo y actúa bloqueando el efecto del THC en el sistema nervioso.

USO MEDICINAL: la inflorescencia femenina desecada tiene propiedades analgésicas útiles para aliviar los dolores crónicos derivados de lesiones nerviosas. Tiene propiedades relajantes musculares y antiinflamatorias indicadas para el tratamiento de la ELA. Ayuda a estimular el apetito, por lo que resulta útil para tratar la anorexia y, por sus propiedades antieméticas, para controlar los vómitos y las náuseas propias de los efectos secundarios de la quimioterapia.

TOXICIDAD: el THC, el compuesto psicoactivo o psicotrópico, abunda en los cientos de variedades o cepas seleccionadas para utilizarlas con fines recreativos y medicinales. En cambio, las variedades que se utilizan para producir cáñamo industrial contienen un nivel muy bajo de THC.

OTROS USOS: cultivada desde tiempos prehistóricos por sus numerosos usos: fuente de fibra textil (con usos variados: vestimenta, cuerdas, textiles industriales y pasta de papel), para extraer el aceite de las semillas, como planta medicinal y como psicotrópica. El aceite de los cañamones, carente de cannabinoides, se puede usar como alimento. Los cañamones enteros, o los restos que quedan tras la extracción del aceite, se usan como pienso. Se suelen llamar "cáñamos" a las variedades con bajo contenido en THC usadas para extraer fibras. "Marihuana" es el término con que se denomina a las variedades que contienen THC, especialmente a los cogollos (las inflorescencias femeninas no fecundadas), en cuyos pelos glandulares se acumulan cannabinoides en mayor proporción que en el resto de la planta.

CURIOSIDADES: con fines médicos se suelen usar variedades con un alto contenido en CBD (no es un psicoactivo) y bajo en THC. Toda la planta está cubierta de tricomas glandulosos, más abundantes en las flores femeninas. Estas glándulas producen un aceite o resina que, prensada, constituye el hachís. De acuerdo con la ONU, el cannabis es la sustancia ilícita más utilizada en el mundo.

Cannabis sativa

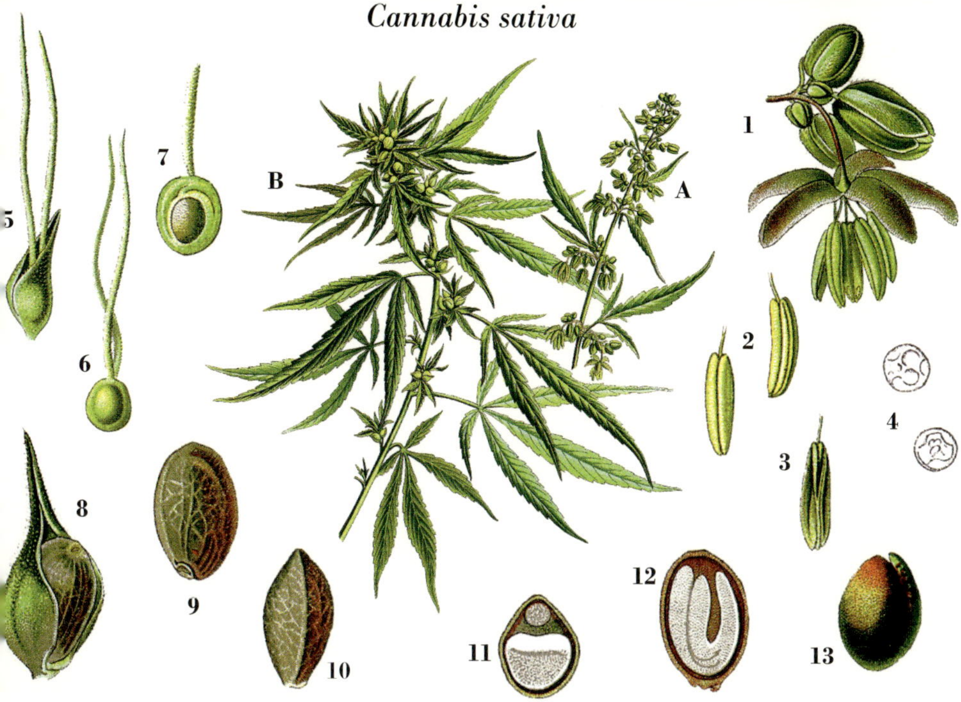

A. Planta masculina con flores y **B.** Planta femenina con semillas, **1.** Flor masculina, detalle ampliado, **2.** Saco polínico lleno, **3.** Saco polínico vacío, **4.** Grano de polen, **5.** Flor femenina con bráctea, **6.** Flor femenina sin bráctea, **7.** Sección longitudinal de la flor femenina y el fruto, **8.** Fruto con una bráctea, **9.** y **10.** Fruto sin bráctea, **11.** Sección transversal del fruto, **12.** Sección longitudinal del fruto, **13.** Semilla.

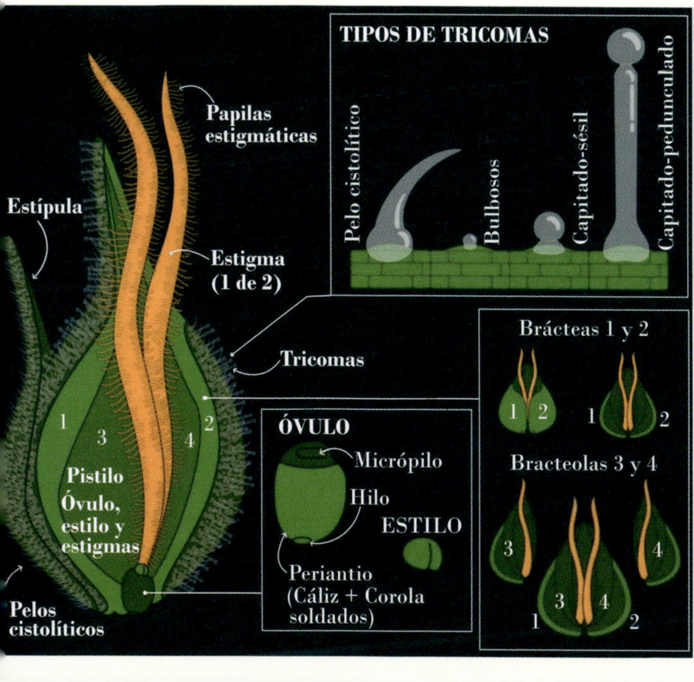

Papilas estigmáticas

Estípula

Estigma (1 de 2)

Tricomas

Pistilo
Óvulo, estilo y estigmas

Pelos cistolíticos

TIPOS DE TRICOMAS

Pelo cistolítico

Bulbosos

Capitado-sésil

Capitado-pedunculado

ÓVULO

Micrópilo

Hilo

ESTILO

Periantio (Cáliz + Corola soldados)

Brácteas 1 y 2

Bracteolas 3 y 4

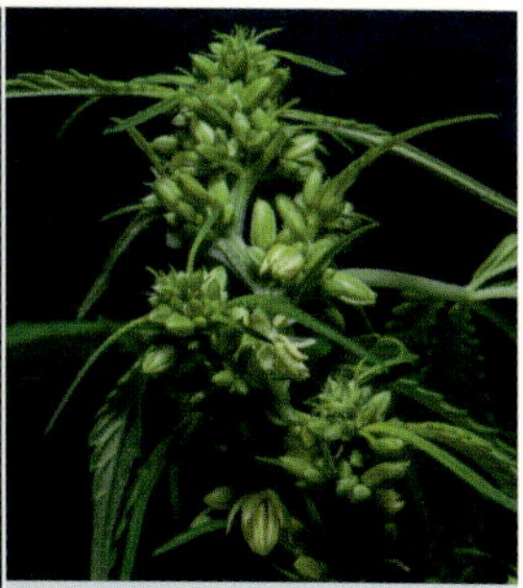

Inflorescencia masculina

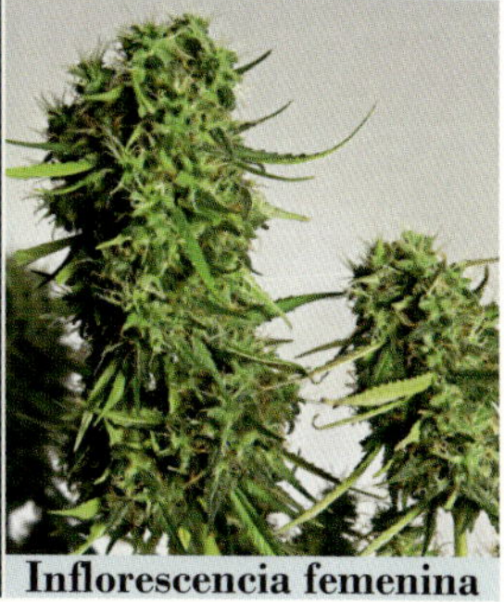

Inflorescencia femenina

Cártamo

ETIMOLOGÍA: la palabra *carthamus* proviene del árabe *kurthum* que, a su vez, proviene del hebreo *kartami* y que significa "teñir". *Tinctorius* es un epíteto redundante pues también significa que tiñe.

DISTRIBUCIÓN: se cree originario del sur de Asia, China, Irán y Egipto, pero muy extendido debido a su cultivo. Los principales países productores son India, México y Estados Unidos. En España se cultiva sobre todo en el centro peninsular y en Canarias.

COMPOSICIÓN FITOQUÍMICA: aceite de las semillas con abundantes ácidos grasos insaturados: linoleico, oleico, linolénico. En las flores hay pigmentos rojos (cartamina) y amarillos (cartamona), flavonoides (glucósidos de quercetina y kaempferol) y aceite esencial.

USO MEDICINAL: se utilizan tanto las flores en infusión como el aceite obtenido de las semillas. El aceite de cártamo tiene usos alimentarios y cosméticos, se usa contra hiperlipidemias, para la prevención de la arteriosclerosis y en uso tópico contra la dermatitis y la dermatomicosis. Las semillas se usan para prevenir la osteoporosis. En la India se utiliza, en forma de fricciones, como analgésico. En la medicina tradicional china se usa para dolencias de hígado, corazón, para el dolor debido a estasis de la sangre, como el menstrual, abdominal, de costado o de pecho.

OTROS USOS: cultivada como planta tintórea, de cuyas flores se obtiene un tinte amarillo o rosado (debido a la cartamina) y como planta alimenticia para obtener aceite a partir de las semillas, que compite en calidad con el aceite de girasol o para utilizarlo como sustituto del azafrán. También como planta forrajera, utilizando su harina. El aceite se usa también en la fabricación de pinturas y barnices. La flor se utiliza como flor seca en adornos florales.

CURIOSIDADES: en la tumba de Tutankamón, entre otros muchos aceites vegetales y semillas, se encontró aceite de cártamo, señal de su extendido uso entre los egipcios en la Antigüedad. El jugo de las flores se usaba para neutralizar las picaduras de serpientes y escorpiones.

FAMILIA • Asteráceas
Carthamus tinctorius L.

DESCRIPCIÓN:

planta anual que recuerda a un cardo, pero con menos espinas o incluso sin ellas. Puede alcanzar un metro y medio de altura. Tiene solo flores tubulosas, amarillas o anaranjadas, en capítulos terminales, sésiles o con un pedúnculo muy corto. Las flores recuerdan a los cardos o a las alcachofas.

Alcaravea

 ETIMOLOGÍA: para algunos autores el nombre deriva de *Carum* (del griego *karon* = comino). Para otros proviene de Caria, antigua provincia de Asia Menor (el sudoeste de la actual Turquía). *Carvi*, del francés antiguo, para el comino.

 DISTRIBUCIÓN: originaria del norte y centro de Europa, pero ampliamente cultivada en muchos países. Es una planta rústica, que soporta el frío y requiere pocos cuidados. Se propaga sola y es bastante invasora. Requiere riego solo si hay sequía. Gusta del sol, aunque también tolera la sombra.

 COMPOSICIÓN FITOQUÍMICA: aceite esencial (con carvona como principal componente), ácidos grasos, proteínas, carbohidratos y flavonoides.

 USO MEDICINAL: el aceite esencial produce un efecto aperitivo, eupéptico, carminativo, espasmolítico, colagogo, antiséptico, fungicida, mucolítico, expectorante y galactogogo, por lo que resulta indicado para la falta de apetito, la flatulencia, los espasmos gastrointestinales, las dispepsias hiposecretoras, las discinesias hepatobiliares, la gastroenteritis, la bronquitis, y el enfisema o el asma. En uso tópico para combatir dermatomicosis y otitis, y para la limpieza de heridas, ulceraciones dérmicas o quemaduras.

 OTROS USOS: es una planta muy utilizada en cocina, donde se consumen tanto raíces, como tallos, hojas y frutos. Se utiliza para perfumar el *chucrut*, el asado de cerdo, de oca o de pato y quesos como el francés *munster*, los *tilsit* y *havarti* daneses y el *milbenkäse* alemán. En Alemania se fabrica una bebida alcohólica que lo contiene llamada *kummel*. En Túnez se utiliza en la pasta *harissa*. En Islandia forma parte de los ingredientes del licor nacional *brennivín*. El aceite esencial se utiliza en perfumería para elaborar jabones, cremas, perfumes y pasta de dientes. En la cocina española del siglo XVII se menciona repetidas veces el uso de la alcaravea con col cocida, a la que se añadía patatas también cocidas.

 CURIOSIDADES: de las variedades cultivadas de alcaravea una de las que tiene más prestigio como condimento es la holandesa, por tener frutos de gran tamaño. Existen otras especies de este género que también se usan en medicina como, por ejemplo, *Carum copticum*, llamado *omum* en la India y utilizado en la medicina tradicional hindú como diurético y carminativo. La farmacopea latinizó la palabra árabe *caravea* (le quitó el artículo "*al-*" como es usual), convirtiéndola en *-carvus*. En medicina y farmacopea se habla de "*semen carvi*", para referirse a la semilla, "*oleum carvi*" para la esencia y de "*aqua et spiritus carvi*" para referirse a su tintura.

Carum carvi L.

DESCRIPCIÓN:

herbácea bianual con raíz gruesa y muy olorosa con aroma a apio, zanahoria o anís. Tallo estriado, muy ramificado, con hojas bipinnadas de color verde brillante, finamente divididas. Al principio de verano, pero solo a partir del segundo año, produce umbelas de flores blancas o rosadas. Los frutos son diaquenios muy aromáticos con cinco surcos longitudinales pálidos.

Aciano, azulejo

 ETIMOLOGÍA: el nombre genérico procede del latín *centaurēus,* a su vez derivado del griego que significa «propio del Centauro», vocablo que designaba a los seres mitológicos mitad hombre y mitad caballo, entre los que sobresalía Quirón, médico y preceptor de muchos héroes mitológicos, pues según cuenta Plinio el Viejo en su *Historia Naturalis*: «Se dice que Quirón se curó con la 'centaura' cuando cayó sobre su pie una flecha [...] por lo cual algunos la llaman "planta de Quirón"». *Cyanus*: epíteto latino que significa de color azul.

 DISTRIBUCIÓN: planta ruderal y arvense, que suele prosperar en campos de cultivo, aunque también en sus bordes y junto a caminos o carreteras. Al parecer nativa del oeste de Asia, llegó a la península ibérica con semillas de plantas cultivadas en tiempos antiguos y le ha ido muy bien, pues se encuentra naturalizada en casi toda ella, sobre todo en la mitad norte.

 COMPOSICIÓN FITOQUÍMICA: la droga vegetal es el capítulo floral, cuyos principales constituyentes son antocianinas (cianidina), lactonas sesquiterpénicas amargas (centaurina), polisacaridos, taninos y flavonoides.

 USO MEDICINAL: los polisacáridos poseen actividad antinflamatoria. Se emplea tradicionalmente por vía tópica en casos de irritación o molestias oculares leves como conjuntivitis y orzuelos, así como en el tratamiento suavizante y antipruriginoso de afecciones dermatológicas. Además, se usa como agente colorante en tisanas y otras preparaciones. Es vasoprotectora, por lo que se toma para mejorar la fragilidad capilar, varices y hemorroides. Diurética adecuada contra las infecciones urinarias y para expulsar las piedras renales. Tiene efecto antimicótico eficaz contra las candidiasis vaginales. Tradicionalmente se ha usado en infusiones de una cucharada de postre por taza, a razón de tres tazas al día o aplicada en forma de lavados oculares. Popularmente se ha usado también como antidispépsica, contra el sarampión, como antiséptica para la boca en enjuagues y como aperitivo.

 OTROS USOS: utilizada como ornamental en jardinería. Las flores proporcionan un tinte azul, mezcladas con agua con alumbre se utilizan para dar color azul en acuarelas y tintas de ese color.

 CURIOSIDADES: contiene el principio amargo cnicina o centaurina, que comparte con otras especies de *Centaurea* añadidas en los licores *Chartreuse* y *Benedictine* y en vermuts. Forma parte de preparados cosméticos usados para quitar los maquillajes. Dado que sus flores parecen ojos azules que miran en dorados campos de cereales, en algunos lugares al azulejo también le denominan ojeras. Según la teoría de las signaturas, las plantas nos dan señas que declaran su virtud y por ello las ojeras se emplean para curar los ojos.

Centaurea cyanus L.

DESCRIPCIÓN:

hierba anual o bienal con tallos flocosos o lanuginosos. Hojas alternas, las basales dentadas o pinnatipartidas, las caulinares lanceoladas o linear-lanceoladas, sentadas. Capítulos solitarios con involucro ovoideo de brácteas rematadas por un apéndice marrón oscuro con numerosos filamentos plateados. Flores todas tubulosas de color azul algo morado, las periféricas estériles y muy llamativas.

Celidonia, hierba de las golondrinas, hierba de las verrugas

 ETIMOLOGÍA: el nombre genérico deriva del griego *chelidon* (golondrina), cuya llegada se asocia a la floración de esta planta. *Majus* significa "el más grande".

 DISTRIBUCIÓN: de origen europeo, aparece en zonas urbanas, en muros y zonas nitrificadas sombrías. Se encuentra en toda la península ibérica excepto en las zonas áridas del sudeste. También es común en América, donde fue introducida en 1672 por colonos europeos, quienes la usaban para curar las verrugas.

 COMPOSICIÓN FITOQUÍMICA: contiene alrededor de treinta alcaloides distintos, concentrados sobre todo en la raíz. Entre ellos destacan: bencilisoquinolínicos (berberina, protoberberina) y benzofenantridinas (coptisina, celidonina, celeritrina, sanguinarina, alocriptoquina). También ácido chelidónico y enzimas proteolíticas en el látex.

 USO MEDICINAL: se recolecta la planta entera cuando está en flor. De forma interna actúa como espasmolítico suave del tracto digestivo (tiene un efecto semejante al de la papaverina de la adormidera), usándose también como hipolipemiante (por el ácido chelidónico), analgésico, sedante suave, antitusivo, antibacteriano, antiviral y antimitótica (por la acción de los alcaloides sanguinarina y chelidonina). Para su uso tópico se aplica el látex fresco o el extracto fluido mezclado con glicerina sobre las verrugas o los callos.

 TOXICIDAD: puede ser tóxica, especialmente en otoño, puesto que puede producir externamente una grave urticaria, e internamente, gastroenteritis.

 OTROS USOS: en algunas zonas españolas alimentaban a las gallinas con hojas de celidonia para obtener huevos de yemas más amarillas (igual que ocurre todavía con *Tanacetum parthenium*). La planta entera seca mezclada con otras plantas, como por ejemplo *Symphytum officinale*, se usaba para baños cosméticos.

 CURIOSIDADES: en la Antigüedad se utilizó como oráculo para predecir si un enfermo grave se iba a curar o no. Si al colocarle la planta en la cabeza al enfermo empezaba a cantar era signo de una muerte inmediata, si lloraba, se curaría. El látex expuesto al aire se vuelve rojo. Según Maurice Mességué las golondrinas frotan partes de la planta en los ojos de las crías porque el látex cáustico abre las trampillas de la piel permitiendo la apertura de los ojos. Cosas más raras se han visto.

Chelidonium majus L.

DESCRIPCIÓN:

herbácea perenne con hojas lobuladas glaucas por el envés. Las flores, que aparecen entre mayo y septiembre, son amarillas, con 2 sépalos verdosos prontamente caedizos, 4 pétalos libres y numerosos estambres. El fruto es una cápsula alargada. La planta produce un látex muy característico de color amarillo intenso.

Achicoria

 ETIMOLOGÍA: *Cichorium* viene del griego *kio* que significa caminar y *chorión*, campo, porque se suele encontrar a lo largo de veredas y caminos. *Intybus* es el nombre latino de la endivia, que son los cogollos carentes de clorofila que se obtienen al cultivar las variedades hortícolas de achicoria en la oscuridad.

 DISTRIBUCIÓN: crece en cultivos abandonados, descampados y bordes de caminos, en general en zonas antropizadas. Originaria desde Europa hasta Asia occidental, se cultiva en todo el mundo. Se encuentra silvestre o asilvestrada en gran parte de la península ibérica.

 COMPOSICIÓN FITOQUÍMICA: la raíz contiene fructanos, entre los que destaca la inulina y los ácidos clorogénico e isoclorogénico. También hay flavonoides, alcaloides y cumarinas. El látex contiene lactonas sesquiterpénicas como la lactucina y la lactupicrina.

 USO MEDICINAL: recolectada en primavera u otoño, se usa la raíz como aperitiva, digestiva y diurética, estimulante de la secreción biliar y contra las flatulencias y digestiones pesadas. La inulina tiene efecto laxante y ayuda a reducir los niveles de glucosa y colesterol, lo que colabora en el tratamiento de la diabetes. Por su acción antiséptica, las hojas se utilizan tradicionalmente en cocimiento como colutorio.

 OTROS USOS: las hojas tiernas se pueden comer en ensaladas. Las raíces torrefactadas se emplean como sucedáneo del café. La raíz se usa como fuente de inulina que tiene usos industriales como edulcorante y potenciador prebiótico en alimentación, y también para la obtención de fructosa comercial.

 CURIOSIDADES: los antiguos egipcios cultivaban la achicoria como planta medicinal sustituta del café, con el que comparte componentes aromáticos y como hortaliza. Una especie próxima es *C. endivia*, conocida, según las variedades, como endibia, endivia o escarola, cultivada por sus hojas amargas utilizadas en ensaladas, como febrífugas y estomacales, en especial la variedad amarga. Su raíz tiene también propiedades aperitivas, febrífugas y estomacales. Siguiendo un cultivo especializado desarrollado en Bélgica a partir de 1830, las endibias blancas se cultivan en una cámara subterránea oscura y climatizada, donde emiten hojas faltas de clorofila completamente blancas.

FAMILIA • Asteráceas
Cichorium intybus L.

DESCRIPCIÓN:

herbácea perenne erecta, con tallos fistulosos cubiertos de pelos cortos y raíces engrosadas. Hojas basales grandes, oblanceoladas, de pinnatífidas a dentadas, las caulinares lanceoladas, poco dentadas o enteras. Del tallo nacen capítulos de flores azules todas liguladas. Los frutos son aquenios.

Estepa, estepa de ládano, estepa del ladán, estepa ladanífera, gallarín, hierba lobera, jara, jara pringosa, jara de ládano

ETIMOLOGÍA: *Cistus*, nombre que deriva del griego *kisthós* latinizado *cisthos* dado a diversas especies del género *Cistus,* aunque algunos autores lo relacionan con la palabra griega *kístē,* "caja, cesta", por la forma de sus frutos. *Ladanifer,* epíteto latino que significa «con ládano», ya que de esta especie se extrae el aceite de ládano.

DISTRIBUCIÓN: originario de la región mediterránea, su área natural se extiende desde la costa septentrional africana por toda la península ibérica hasta el arco mediterráneo francés.

COMPOSICIÓN FITOQUÍMICA: contiene oleorresina o esencia de ládano, aceite esencial, flavonoides, ácidos fenólicos y abundantes taninos.

USO MEDICINAL: popularmente se ha empleado como sedante y en gastralgias. Experimentalmente se han descrito sus actividades antiinflamatorias, antifúngicas, antiprotozoarias, antiagregantes plaquetarias, antidepresivas, antiespasmódicas, hipotensivas, inmunomoduladoras y antitumorales. En infusiones al 5% se ha usado popularmente en algunos tratamientos contra ansiedad, insomnio, gastritis, úlceras gastroduodenales; en uso externo para inflamaciones osteoarticulares, mialgias, contracturas musculares y neuralgias.

TOXICIDAD: no se recomienda la administración oral de la oleorresina, por ser neurotóxica, hepatotóxica y nefrotóxica. La planta fresca puede producir dermatitis de contacto.

OTROS USOS: proporciona un producto resinoso, el ládano, que no hay que confundir con el láudano, una bebida alcohólica hecha con opio. Los perfumistas extraen el ládano tratándolo con benceno o éter de petróleo, hasta obtener un producto concentrado denominado "concreto", una oleorresina utilizada como fijadora en perfumería en sustitución del carísimo ámbar gris. En cosmética se utiliza para fabricar jabones, desodorantes y otros productos de tocador que recrean notas de incienso y cuero. El aceite esencial se usa en perfumería en mezcla con los de lavanda, pino y otros. También se ha utilizado para hacer caramelos, chicles y dulces.

CURIOSIDADES: planta de interés apícola, muy visitada por las abejas, que obtienen de ella polen para la alimentación de las larvas. Con el ládano se elaboraba antiguamente el "emplasto regio" o "contra rotura", mezclándolo con pez negra, cera amarilla, y trementina, muy celebrado en la curación de hernias y fracturas. Su uso está actualmente limitado a la perfumería. En el Jardín de Medicinales está también plantada como ornamental la jara estepa blanca, *C. albidus*, de flores rosas y tallos y hojas cubiertos de un tomento blanquecino, de donde proviene su epíteto específico. Debido a la textura rugosa y a unas finas protuberancias que hacen que la suciedad se adhiera a ellas, sus hojas se usaban antaño para limpiar utensilios. Es también un discreto productor de ládano.

DESCRIPCIÓN:

arbusto de hasta 2,5 m de altura. Hojas, lanceoladas y opuestas, que relu-
cen por estar impregnadas de una sustancia viscosa, el ládano, un aceite
de olor penetrante que se adhiere a manos y ropa. Flores muy grandes,
con una corola de 4-6 pétalos (generalmente cinco), blancos (variedad
ladanifer) o con una mancha de color morado en su base (variedad *maculatus*), y un cáliz de tres sépalos anchos. El fruto es una cápsula globosa
tabicada con diez celdas.

Yerba de los pordioseros

ETIMOLOGÍA: el nombre *Clematis* procede del griego *klɛmətis* (planta que trepa) y *vitalba* procede del latín y significa "vino blanco".

DISTRIBUCIÓN: región mediterránea, oeste y centro de Europa. En España se encuentra dispersa por toda la península, aunque es más frecuente en la mitad norte. Es típica de riberas y humedales.

COMPOSICIÓN FITOQUÍMICA: contiene protoanemoninas tóxicas e irritantes, saponósidos triterpénicos (derivados del ácido oleanólico y de la hederagenina) y flavonoides.

USO MEDICINAL: la parte utilizada es la hoja que, en fresco y triturada, es rubefaciente, vesicante y analgésica. Se usa contra las neuralgias e inflamaciones osteoarticulares en aplicación tópica. Las hojas secas pierden sus propiedades rubefacientes y vesicantes. Uso limitado a la vía tópica.

TOXICIDAD: puede producir dermatitis de contacto. Si se ingiere provoca gastroenteritis graves, náuseas, lesión renal, e incluso, en casos poco frecuentes, la muerte por parálisis respiratoria.

OTROS USOS: se dice que los pordioseros utilizaban sus hojas en fresco para producirse llagas y así inspirar más compasión, una práctica de la que derivaría su nombre común. En tiempos de hambruna, en Albacete y en Valencia, se comían los brotes tiernos de esta planta cocinados en tortilla o en la paella. Con los tallos se fabricaban cestas, cuerdas y otros utensilios usados en el campo.

CURIOSIDADES: si se toma un trocito de tallo sin nudos y seco y se prende, aspirando por un extremo, arde como si fuera tabaco y emite también humo, por lo que a veces los niños lo usaban (sin tragarse el humo) imitando el consumo de tabaco de los adultos. Los tallos deshojados y descortezados se usaban para saltar a la comba.

Clematis vitalba L.

DESCRIPCIÓN:

liana que puede alcanzar varios metros trepando por los árboles gracias a sus tallos leñosos en la base, pero con ramas verdes y volubles. Tiene hojas imparipinnadas, con cinco foliolos peciolados, enteros o dentados caducas en invierno. Flores agrupadas en gran número en panículas terminales, monoclamídeas, provistas de cuatro sépalos que parecen pétalos, múltiples estambres y numerosos carpelos que producen aquenios prolongados en un inconfundible estilo plumoso para favorecer la dispersión por el viento. Florece de junio a agosto.

Azecuta, cicuta

 ETIMOLOGÍA: *Conium,* del griego *konas,* girar, porque al ingerir la planta se sienten mareos. *Maculatum,* del latín *macula,* mancha, alude a los tallos salpicados de manchitas.

 DISTRIBUCIÓN: originaria de Europa, parte de Asia y el norte de África, se ha asilvestrado en todo el mundo. Se considera especie invasora en varios estados norteamericanos. Por lo general, ocupa medios antropizados con humedad en el suelo por lo que es frecuente encontrar poblaciones alineadas en los márgenes de acequias y canales.

 COMPOSICIÓN FITOQUÍMICA: alcaloides volátiles que derivan de la piperidina: coniína o cicutina, γ-coniceína, conhidrina, N-metilconiína y conhidrona.

 USO MEDICINAL: antiespasmódico y analgésico.

TOXICIDAD: el alcaloide piperidínico más abundante es la coniína y el más tóxico la coniceína predominante en los órganos vegetativos; sin embargo, debido a esa abundancia, la primera, de estructura química y propiedades farmacológicas similares a la nicotina, es más influyente en toxicidad porque altera el funcionamiento del sistema nervioso central actuando sobre los receptores nicotínicos de la acetilcolina. La coniína causa la muerte mediante el bloqueo de la unión neuromuscular de manera similar al curare, es decir, provoca rápidamente trastornos digestivos (especialmente cuando se utiliza la raíz), vértigos y cefaleas, parestesias, hipotermia, flacidez muscular, y finalmente una parálisis ascendente. La muerte puede sobrevenir debido a que las convulsiones y la destrucción muscular produzcan una insuficiencia renal o a las alteraciones que produce en la respiración (acelerándola al principio y deprimiéndola luego), que llevarían a la muerte por asfixia. No hay antídotos específicos frente a esa toxina. Para un adulto, la ingestión de alrededor de seis a ocho hojas frescas o una dosis más pequeña de las semillas o raíces puede ser fatal.

 OTROS USOS: formaba parte de las pomadas usadas por las brujas en los aquelarres, por lo que en Galicia se le llamaba *Prixel d´as bruxas* (perejil de las brujas). En la cultura mediterránea era usada de forma legal para matar a los condenados a muerte, aunque es más probable que la planta utilizada fuera otra especie de cicuta *(Cicuta virosa).* En veterinaria ha tenido varias aplicaciones, entre otras como antifúngico vacuno.

 CURIOSIDADES: aunque es mortal para los humanos, parece formar parte de la dieta de los estorninos y otras aves. Tampoco afecta a rumiantes, caballos y burros, pero sí a conejos y carnívoros. Generalmente las intoxicaciones se producen por confusión con otras umbelíferas comestibles (zanahoria, perejil, anís) o por el consumo de animales que se hayan alimentado de ella.

Conium maculatum L.

DESCRIPCIÓN:

herbácea bianual que alcanza un metro o más de altura. Los tallos huecos tienen manchas parduzcas casi negras. De las hojas, muy divididas (tri-pinnadas), emana un olor desagradable parecido a la orina de gato. Las flores pentámeras son pequeñas, blancas y se agrupan en umbelas. Florece en primavera y verano. Los frutos son pequeños, algo globosos y con cin-co costillas iguales a modo de meridianos.

Cilantro

 ETIMOLOGÍA: *Coriandrum* es una palabra latina que procede del griego *koris, corys o korios*, chinche, seguida del sufijo – *ander*, parecido, por el olor semejante a este insecto. Otros autores se inclinan por *andros*, hombre, o *annon*, anís. *Sativum* significa que se cultiva.

 DISTRIBUCIÓN: probablemente originaria del este del Mediterráneo, se extendió su cultivo por Asia meridional y Europa desde muy antiguo. Se da bien en suelos poco compactos y permeables, en climas templados o de montaña en la zona tropical. Aunque es bastante resistente al frío, no sobrevive en terrenos encharcados. Es una hierba de rápido crecimiento y resistente que puede plantarse en jardines o macetas. Florece en verano.

 COMPOSICIÓN FITOQUÍMICA: los frutos contienen aceite esencial en el que cabe destacar la presencia de coriandrol como componente mayoritario y cantidades menores de hidrocarburos monoterpénicos (pineno, limoneno y cimeno) y otros monoterpenos oxigenados (geraniol, alcanfor), todos ellos responsables del característico aroma de la planta.

 USO MEDICINAL: en medicina tradicional se ha utilizado su infusión por su actividad estomacal, antiespasmódica y carminativa. También se le atribuyen cualidades galactagogas, diuréticas, y eficacia frente a problemas respiratorios, urinarios y antihelmínticos. Tópicamente se ha utilizado para aliviar dolores articulares por sus propiedades antiinflamatorias y analgésicas. Estudios científicos han destacado sus cualidades antimicrobianas, neuroprotectoras, ansiolíticas, analgésicas, antiinflamatorias y antidiabéticas. En Latinoamérica se suele utilizar alrededor de cultivos como tomate y papaya como agente protector frente a plagas y enfermedades.

 TOXICIDAD: no se han publicado referencias sobre toxicidad asociada al uso de frutos u hojas de cilantro en humanos, salvo posibles reacciones alérgicas de contacto.

 OTROS USOS: su uso culinario está muy extendido en la cocina de la India y en la de los países latinoamericanos de habla hispana. Las hojas son un ingrediente básico en la elaboración del mojo verde canario. Las semillas, tostadas y molidas, forman parte de la mezcla de especias del curry y del *garam masala*.

 CURIOSIDADES: debido a sus propiedades bactericidas se utiliza para combatir el mal aliento, masticando las hojas. También evita el mal olor de las axilas aplicando el jugo extraído de las partes blandas de la planta sobre ellas. La planta despide un olor desagradable para unos, pero que gusta a muchos otros. Se ha demostrado que aproximadamente una de cada diez personas tiene el gen ORGA2 que hace que rechacen esta hierba. Este gen codifica un tipo de receptor sensible a los aldehídos, responsable del sabor.

FAMILIA • Apiáceas

Coriandrum sativum L.

DESCRIPCIÓN:

hierba anual que puede alcanzar un metro de altura, de tallo enhiesto, y dos clases de hojas, las inferiores divididas en pocos segmentos anchos, semejantes a las del perejil, y las superiores finamente divididas en segmentos lineales y agudos. Las umbelas, de cuatro a ocho radios, sostienen flores blancas, de cinco pétalos desiguales, con el cáliz de otros tantos sépalos también de distinta longitud, persistentes en el fruto maduro. El fruto es redondo, bimilimétrico y con costillas bien marcadas.

Majuelo, espino blanco

 ETIMOLOGÍA: *Crataegus,* del griego *krataios,* fuerte, robusto, en referencia a la dureza y resistencia de su madera. *Monogyna* alude a que sólo tiene un carpelo y, por tanto, una sola semilla.

 DISTRIBUCIÓN: crece en orlas de bosques, claros, setos, zarzales y espinares sobre todo tipo de suelos. Prospera de forma natural en el oeste y centro de Europa, el Cáucaso, Anatolia, Oriente Próximo y noroeste de África. Es frecuente en la península ibérica, donde es más habitual en montañas y vaguadas.

 **COMPOSICIÓN FITOQUÍMICA:** los frutos contienen ácidos triterpénicos pentacíclicos, aminas aromáticas, trazas de aceite esencial, ácidos fenólicos y proantocianidinas (picnogenoles). El constituyente flavonoídico mayoritario en hojas y flores es el hiperósido, un galactósido del quercetol, acompañado de espireósido y rutósido.

 **USO MEDICINAL:** lo consideran en herboristería un "alimento para el corazón" que aumenta el flujo sanguíneo a los músculos cardíacos restableciendo el ritmo normal. Este efecto se produce por la presencia de bioflavonoides en el fruto, que también son potentes antioxidantes y ayudan a prevenir o reducir la degeneración de los vasos sanguíneos. El fruto es antiespasmódico, cardíaco, diurético, sedante, tónico y vasodilatador. Normalmente se utiliza en forma de té o tintura. Se combina con el ginkgo para mejorar la memoria deficiente, ya que actúa mejorando el suministro de sangre al cerebro. La corteza, astringente, se ha utilizado en el tratamiento de la malaria y otras fiebres.

 OTROS USOS: los frutos se pueden comer crudos o en conserva, aunque no son muy apreciados por su textura harinosa y escaso sabor. Las hojas jóvenes se pueden utilizar como sustituto del té y las semillas como sustituto del café. A falta de algo mejor, las hojas se pueden comer frescas en ensalada. Es una buena planta para setos, tolera muy bien los cortes y es capaz de regenerarse si se corta con fuerza. La madera, muy dura y resistente, es difícil de trabajar, pero se usa para mangos de herramientas para tornear. Como leña, es un buen combustible que libera mucho calor.

 CURIOSIDADES: buena planta melífera cuyas flores tienen olor a miel. En diferentes fiestas religiosas ha sido muy utilizado para adornar puertas, ventanas, altares y para perfumar las casas. Se cree que es un árbol protector en días de tormenta, que protege de los rayos a cualquiera cobijado bajo sus ramas.

FAMILIA • Rosáceas
Crataegus monogyna Jacq.

DESCRIPCIÓN:

arbusto o arbolillo caducifolio, muy ramificado y espinoso, con corteza grisácea lisa. Hojas simples, alternas, irregularmente palmatilobuladas. Flores en inflorescencias corimbiformes, con cinco sépalos soldados en hipantio, cinco pétalos blancos o rosados libres y muchos estambres. El fruto es un pomo carnoso, rojo, subcilíndrico, con un hueso dentro.

Ciprés común

ETIMOLOGÍA: hay distintas versiones para explicar el origen del vocablo *Cupressus*. Hay quienes defienden que procede del nombre mitológico de una joven amada por Apolo a quien transformó en ciprés. Otra explicación hace referencia a la palabra griega *kyparissos*, que significa ciprés, y esta a su vez de *kuo*, producir, y *parissos*, parecido, haciendo referencia a sus portes simétricos. Otros dicen que procede de *kupros*, Chipre, debido a la antigua abundancia de bosques de este árbol en la isla. *Sempervirens* significa siempreverde, por tratarse de un árbol perennifolio.

DISTRIBUCIÓN: muy cultivado desde la Antigüedad, se cree que es originario del Mediterráneo oriental.

COMPOSICIÓN FITOQUÍMICA: los estróbilos femeninos maduros contienen taninos y aceite esencial, cuyos principales principios activos son pineno, cafeno, terpineol y cedrol. Las hojas presentan sobre todo flavonoides.

USO MEDICINAL: el contenido en tanino se ha utilizado en medicina popular para detener diarreas y como vasoconstrictor de varices y hemorroides. El cocimiento de las piñas se ha usado para sanar el sangrado de las encías. Los vapores de su esencia mitigan la tos convulsiva.

TOXICIDAD: como ocurre con todos los aceites esenciales, debe emplearse con precaución dada su potencial toxicidad.

OTROS USOS: su madera imputrescible se ha utilizado desde tiempos inmemoriales para la construcción naval. También es muy apreciada en carpintería, escultura, ebanistería y tornería. Plantados en setos se utiliza como cortavientos o pantalla vegetal.

CURIOSIDADES: dado su follaje perenne, su longevidad y su porte columnar, de modo que parece que une la tierra con el cielo, se ha plantado como símbolo funerario en los cementerios. En la Antigua Roma se plantaban dos cipreses en la puerta como símbolo de hospitalidad. En su ambiente natural, restringido a algunas islas del Egeo y a Oriente Medio, los cipreses son árboles ramificados de copas aparasoladas. En jardinería se usa la variedad *stricta*, de ramas fasciculadas y porte columnar.

Cupressus sempervirens L.

DESCRIPCIÓN:

árbol monoico siempre verde en cuyas ramillas las hojas escuamiformes dotadas de glandulitas dorsales, se disponen imbricadas en cuatro carreras. Órganos reproductores dispuestos en conos o estróbilos; los masculinos son ovoideos, de apenas un centímetro, se producen en gran número en la terminación de las ramillas; los femeninos son elipsoidales o subglobosos, al principio de color verde, luego pardo-grisáceos y lustrosos, muy leñosos cuando maduros. Las semillas son aplanadas y aladas.

Alcachofera

 ETIMOLOGÍA: *Cynara* deriva del nombre griego *cion-cinos* que significa "perro" por las brácteas involucrales que, por su forma, se asemejan a los dientes de dicho animal. Pasó al latín como *cinara*, que se usaba también para designar al cardo. *Scolymus* es un término latino derivado del griego y evocado por Plinio el Viejo en su *Naturalis Historia* como una especie de cardo, refiriéndose probablemente al *Scolymus hispanicus* o *maculatus*.

 DISTRIBUCIÓN: aunque originaria del Mediterráneo occidental, hoy día se cultiva en todo el mundo.

 COMPOSICIÓN FITOQUÍMICA: ácidos fenólicos (destacan los ácidos cafeilquínicos y la cinarina), flavonoides, lactonas sesquiterpénicas, ácidos orgánicos, sales potásicas y magnésicas, mucílagos, aceite esencial, fitoesteroles, alcoholes triterpénicos y vitaminas (A, B2 y C).

 USO MEDICINAL: la parte usada en medicina es la hoja. Está indicada para para el tratamiento de trastornos digestivos como la dispepsia con sensación de plenitud, hinchazón y flatulencia, náuseas, dolor de estómago y vómitos. Se ha demostrado que el extracto de alcachofa es un excelente antiinflamatorio y antioxidante, lo que la faculta como coadyuvante para el tratamiento de la obesidad, diabetes y de otras enfermedades que cursen con inflamación. En medicina tradicional se ha utilizado en el tratamiento de la anemia, diabetes, fiebre, gota, reumatismo y piedras en vías urinarias. Por sus cualidades depurativas, y su alta cantidad de fibra, el consumo de alcachofa beneficia la pérdida de peso.

 TOXICIDAD: no se recomienda en personas que presenten afecciones de las vías biliares o padezcan hepatitis.

 OTROS USOS: es una importante planta alimenticia. La parte que nos comemos de la alcachofa es una inflorescencia (antes de abrirse) formada por un grupo de flores tubulares que están rodeadas por unas brácteas blandas en su juventud y duras cuando maduran (haciéndose entonces la alcachofa incomestible). Las inflorescencias, al igual que las del cardo, contienen tres enzimas: pepsina, quimosina y paraquimosina, que sirven como cuajo de la leche para la elaboración de quesos. Dichos quesos reciben generalmente el calificativo de queso de flor.

 CURIOSIDADES: la empresa italiana Pezziol creó en 1952 una bebida a base de tallos y hojas de alcachofa llamada Cynar, que alcanzó gran popularidad como aperitivo, no solo en Italia sino en otros países europeos. La alcachofa se ha considerado clásicamente como *Cynara scolymus* L., aunque actualmente, se cita como una variedad cultivada del cardo silvestre (*Cynara cardunculus* L.), pasando a denominarse *C. cardunculus* var. *scolymus* (L.) Fiori. La alcachofa se diferencia del cardo silvestre en que sus hojas son mucho menos divididas y sin espinas y las inflorescencias no tienen unas brácteas tan pinchudas. Los colonos españoles y franceses en América la introdujeron en este continente. Con el tiempo, en California, cardos y alcachofas han llegado a ser hoy en día una auténtica plaga invasora.

Cynara scolymus L.

DESCRIPCIÓN:

herbácea perenne de buena talla (llega a alcanzar los dos metros) que pue-de permanecer todo el año verde o perder su parte aérea si el invierno es muy frío, para rebrotar la primavera siguiente. Tiene grandes hojas basa-les enteras o divididas, de color azulado debido al pelo que las recubre, mientras que las hojas superiores son más pequeñas y menos divididas. Las flores azules son pequeñas, todas tubulares y se agrupan en gran-des capítulos provistos de brácteas coriáceas. En la base interna de estas brácteas está el cogollo tierno y comestible. Al florecer, dichas brácteas se endurecen mucho y no se pueden aprovechar para comer, aunque no rematen en espinas como las de los cardos.

Estramonio, higuera del diablo

ETIMOLOGÍA: el nombre viene de la raíz indoeuropea *tat*, picar, que en persa dio *tatula* y en árabe *datura*. *Stramonium,* es un vocablo latino de etimología incierta, aunque lo más probable es que derive del antiguo *estremonia*, que significa "magia" o "brujería".

DISTRIBUCIÓN: su origen es discutido; unos lo sitúan cerca del mar Caspio y otros defienden que es oriunda de Sudamérica e introducida en Europa por los españoles en el siglo XVI. Vive en caminos, cunetas, huertas abandonadas, zonas alteradas por el paso del hombre, barbechos secos, escombreras, corrales y estercoleros.

COMPOSICIÓN FITOQUÍMICA: sus propiedades, como las de muchas otras solanáceas, se deben a varios alcaloides de acción anticolinérgica. En general, las especies de *Datura* contienen numerosos alcaloides tropánicos similares a los que se encuentran en la belladona, el beleño o la mandrágora, que tienen una bien reputada fama en ritos brujeriles. Las tropinas son unos alucinógenos químicos delirantes, capaces de causar la muerte a los que han sido lo bastante locos como para probarlas. Entre estos, el más importante es una hiosciamina, que se distribuye por raíces, hojas y semillas. Parte de este alcaloide puede transformarse en atropina y, a menudo, también pueden encontrarse cantidades apreciables de escopolamina.

USO MEDICINAL: limitado al ámbito médico y con una dosificación controlada. Reduce la tos espasmódica e irritante característica del asma. Se utiliza también como sedante y analgésico local. Actúa sobre el sistema digestivo por lo que está indicada en casos de dolores abdominales, cólicos hepáticos y renales. La escopolamina posee acción sedante sobre el sistema nervioso central, y se ha recomendado para tratar el Parkinson.

TOXICIDAD: toda la planta es tóxica, por lo que debe evitarse su uso en medicina doméstica. Los alcaloides que contiene bloquean el sistema nervioso parasimpático y actúan como depresores cerebrales y alucinógenos, dependiendo de la dosis.

OTROS USOS: el cocimiento de las hojas y tallos se usa para proteger a los animales de las moscas y los tábanos. Los llamados "adormecedores" de la Francia revolucionaria del siglo XVIII utilizaban el estramonio para adormecer a los condenados antes de guillotinarlos: o bien les daban a fumar tabaco a base de hojas de estramonio o les daban a beber una decocción mortal de la planta en vino. Una vez anestesiados, la muerte les llegaba dulcemente.

CURIOSIDADES: el estramonio ha recibido también nombres alusivos a su uso ancestral: "hierba del infierno", "hierba de las brujas", "hierba de los magos", "hierba del diablo" o "higuera infernal", consecuencia de haber sido relacionado desde tiempos inmemoriales con lo esotérico. Asilvestradas en el campus universitario hay al menos otras dos especies de estramonio: D. *inoxia*, de cápsula péndula, y D. *ferox*, con cápsulas erectas pubescentes de acúleos muy desiguales (en D. *stramonium* son erectas, pero glabras y con acúleos subiguales).

Datura stramonium L.

DESCRIPCIÓN:

herbácea que puede alcanzar el metro de altura. Hojas de gran tamaño, delgadas y con los bordes sinuosos, lampiñas o casi. Flores grandes, blancas; cáliz tubuloso con cinco pliegues rematados en otros tantos lóbulos agudos. Corola embudada de 6 a 10 cm de longitud. El fruto es una cápsula erecta cubierta de acúleos que se abre por cuatro valvas y dividida interiormente en cuatro cavidades rellenas de semillas negruzcas. Toda la planta despide un olor desagradable.

NOMBRE COMÚN • **Dedalera, digital**
FAMILIA • Escrofulariáceas • *Digitalis purpurea* L.

 ETIMOLOGÍA: el nombre viene del latín *digitus*, dedo; o *digitale*, dedal, por la forma de la corola. *Purpurea* alude al color de sus flores.

 DISTRIBUCIÓN: se distribuye por el occidente de Europa y Marruecos. Se encuentra en taludes, bordes de caminos, en márgenes y claros de bosques de encinas, alcornoques y robles. Tiene querencia por los suelos ácidos y nitrogenados, en lugares a la sombra o semisombra.

 COMPOSICIÓN FITOQUÍMICA: contiene una treintena de heterósidos cardiotónicos derivados de la digitoxigenina, de la gitoxigenina y de la gitaloxigenina, todos los cuales actúan sobre el corazón regulando su ritmo y mejorando su rendimiento. También esteroides cardiacos menores, flavonoides y saponósidos.

 USO MEDICINAL: tonifica el corazón enfermo. En caso de taquicardia, normaliza el ritmo de los latidos acabando con las peligrosas arritmias, aunque en dosis superiores a las terapéuticas los heterósidos cardiotónicos pueden provocar la muerte. También corrige problemas derivados de la insuficiencia cardiaca como el déficit en la excreción de orina y la dificultad al respirar. Tiene un uso potencial para tratar la fibrilación auricular.

 TOXICIDAD: debido a su elevada toxicidad, sólo debe administrarse con atención médica.

 OTROS USOS: entre otros nombres, en Galicia se la conoce como *herba da cobra* por la supuesta y nunca acreditada facultad que tiene contra la mordedura de las víboras. En algunas zonas de Francia se conoce como *poison*, veneno, por la particularidad de matar a los piojos de las aves de corral.

CURIOSIDADES: la cantidad de digitoxina contenida en las hojas varía a lo largo del día. La exposición a mayores cantidades de horas de sol o el tipo de terreno en el que crezca pueden incrementar o descender el nivel de digitoxina foliar; además, si las hojas son jóvenes o viejas, la cantidad es muy diferente. Dependiendo de las condiciones en que crezca la planta o de la hora en la que se recolecte, unas tres hojas resultan suficientes para resultar letales. La dedalera se sigue cultivando, pero se recoge a unas horas determinadas (generalmente al inicio de la tarde) y escogiendo las hojas que en teoría tendrían la cantidad óptima de digitoxina. Posteriormente se realiza un tratamiento especial de secado y conservación para evitar tanto la pérdida del principio activo como de su intensificación, así como diferentes controles en todo el proceso para mantener en todo momento las concentraciones adecuadas.

Digitalis purpurea

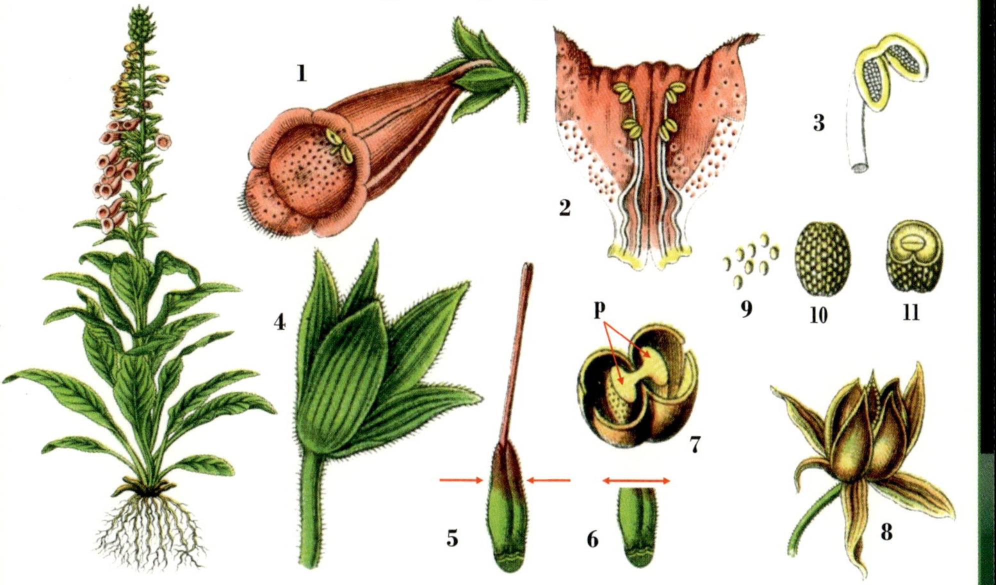

1. **Corola gamopétala** pentalobulada con **cinco costillas** marcadas y **guías de polen** (punteaduras) en la garganta, **2. Corola abierta** y desplegada que muestra la **corona de cilios** en los márgenes y cuatro **estambres soldados** a su base, **3.** Extremo de un **estambre** con **dos anteras**, **4. Cáliz** pentámero dialisépalo, los **sépalos** y el **pedúnculo floral** con pelos glandulosos, **5. Pistilo** con un **ovario bicarpelar** que culmina en un largo **estilo bífido**. El corte transversal marcado por el plano de las flechas (**6**) permite ver el interior del **ovario bilocular** y (**7**) las **dos** grandes **placentas** (**p**) en el eje central. La **cápsula** abre por **dehiscencia longitudinal** en 4 **valvas** (**8**). En su interior están las **minúsculas semillas** (**9**) muy aumentadas en las dos figuras de la derecha (**10** y **11**). La **11** con un corte transversal que permite ver el **embrión central** y el **endospermo** que lo rodea.

Equinácea

ETIMOLOGÍA: *Echinacea* deriva del griego *echinos* que significa "erizo" por la forma del disco floral espinoso. *Purpurea* hace referencia al color de la flor.

DISTRIBUCIÓN: originaria de Norteamérica donde es un componente habitual de las praderas secas. Se introdujo en Alemania en 1930, desde donde pasó al resto de Europa. Actualmente está muy extendida como planta ornamental.

COMPOSICIÓN FITOQUÍMICA: polisacáridos heteroglicanos, derivados del ácido cafeico (ácido achicórico y ácido caftárico), alcamidas, polisacáridos y glicoproteínas. También contiene flavonoides como quercetina y kaempferol, aceite esencial, poliacetilenos y p-hidroxicinamato de metilo. Tiene alto contenido en hierro, zinc, manganeso, selenio y vitamina C.

USO MEDICINAL: la raíz y la sumidad florida se usan para reducir los síntomas de resfriados, gripes, otras enfermedades respiratorias e infecciones del tracto urogenital. También actúa incrementando las defensas del organismo dada su potente actividad inmunomoduladora. Es antiinflamatoria y, en administración por vía tópica, es cicatrizante, antibacteriana y antifúngica. Tradicionalmente se ha usado para tratar la sífilis y para el tratamiento de infecciones bacterianas y virales.

OTROS USOS: el extracto de la raíz se utiliza en cosmética como tónico. Planta muy usada como ornamental en jardines.

CURIOSIDADES: también se usan en medicina otras especies como *E. pallida* y *E. angustifolia*. Los indios americanos las utilizaban como tratamiento para las heridas, picaduras de serpiente, cefaleas, dolores estomacales o para la tos. En jardines se cultivan diferentes variedades de *E. purpurea*, con flores blancas, amarillas, rojas e incluso naranjas.

FAMILIA • Asteráceas

Echinacea purpurea (L.) Moench

DESCRIPCIÓN:

herbácea vivaz rizomatosa, de tallo erecto con hojas lanceoladas alternas. Flores en capítulos muy llamativos, con receptáculos espinosos, cuyas flores liguladas purpúreas se disponen en la periferia, con el centro ocupado por una espiral de flores tubulares amarillas. Los frutos son aquenios tetragonales amarillentos, sin vilano, con una corona de dientes más o menos agudos y unas muescas longitudinales.

Efedra fina

 ETIMOLOGÍA: *Ephedra*, es el nombre que utilizaban los griegos para la cola de caballo (*Equisetum sp.*), planta herbácea de tallos articulados propia de suelos húmedos y a ello alude *ephedra*, que se cree derivado de *epi*, sobre, y *udor*, agua. El epíteto *nebrodensis* alude a los montes Madonios en Sicilia, que antiguamente se llamaban Nebrodes; hoy en día el nombre Nebrodi se refiere a otra cadena montañosa situada más al este, en el norte de Sicilia.

 DISTRIBUCIÓN: tiene amplia distribución por la región mediterránea, oeste de Asia y Macaronesia. En la península ibérica se extiende por la mitad oriental y la base de los Picos de Europa. No es rara en la mayoría de los municipios madrileños del Parque Regional del Sureste, aunque suele estar bastante localizada en los matorrales xerofíticos calcáreos o yesíferos.

 COMPOSICIÓN FITOQUÍMICA: como las demás especies del género, contiene efedrina, cuya fórmula estructural es muy semejante a la adrenalina, y otros alcaloides derivados de la feniletilamina.

USO MEDICINAL: la efedrina está indicada contra el asma, como alivio de la congestión nasal, para la fiebre del heno y contra la urticaria, ciertos edemas y eczemas. Ejerce una acción estimulante sobre el sistema nervioso central por lo que se emplea para combatir los estados depresivos y la narcolepsia. Ha servido como modelo para la síntesis de las anfetaminas, un grupo de drogas sintéticas que estimulan el sistema nervioso central, reducen la fatiga, el apetito y el sueño, y aumentan la sensación de bienestar. De hecho, al igual que esta, facilita la pérdida de peso y mejora el rendimiento físico, aunque con efectos secundarios.

 TOXICIDAD: la efedrina, en dosis elevadas, provoca estado de excitación nerviosa, dolores de cabeza, vértigo, palpitaciones, sudores, náuseas y vómitos. Puede provocar accidentes cerebrovasculares y ataques cardíacos mortales.

 OTROS USOS: tiene interés para la formación de setos en las regiones cálidas y próximas al litoral.

 CURIOSIDADES: la efedrina es utilizada contra el asma por los chinos desde hace al menos cinco mil años. Fue aislada a finales del siglo XIX y en 1919 se sintetizó en Japón la metanfetamina. En los años veinte se desarrolló el uso experimental de las anfetaminas orientado a combatir la fatiga de los militares, especialmente a los pertenecientes a las fuerzas aéreas.

Ephedra nebrodensis Tineo.

DESCRIPCIÓN:

arbusto dioico de hasta dos metros de altura, muy ramificado en ramillas delgadas de un verde glauco. Las hojas escuamiformes, opuestas y membranosas, se encuentran en los nudillos del tallo, un par en cada uno. En los nudillos de la planta macho se forman unos grupitos de flores globosos, generalmente con seis estambres en cada flor. En los de las hembras aparecen las flores femeninas reducidas al rudimento de la semilla rodeado en la base por tres parejas de hojitas opuestas y soldadas, de las cuales las superiores se hinchan y enrojecen en la madurez.

Alhelí

ETIMOLOGÍA: el nombre del género fue dado por Dioscórides derivándolo de la palabra griega *eryomai,* que significa "para ayudar o salvar", porque algunas de las especies tenían, supuestamente, valor medicinal. El epíteto *cheiri* proviene del nombre medieval que se le daba en Persia al alhelí.

DISTRIBUCIÓN: vive en zonas próximas a muros y rocas. Procede de la región del Egeo, pero debido a su cultivo como planta ornamental para cubrir rocallas, taludes y muros, se ha naturalizado en otras partes del mundo. Muy extendida por la península ibérica.

COMPOSICIÓN FITOQUÍMICA: contiene glucósidos cardiacos, (cheirantina), flavonoides (quercetina y kaempferol), compuestos fenólicos y aceite esencial. En las semillas ácidos grasos (palmítico, linolénico y oleico).

USO MEDICINAL: mezcladas con otras plantas, las hojas secas se suelen utilizar en infusión cardiotónica, antiinflamatoria, depurativa y diurética suave. También tiene propiedades antibacterianas y antifúngicas. El cerato de alhelí se ha usado tradicionalmente como antifisuras y reparador de la piel. En algunos lugares se usa como planta abortiva y las semillas como estomacales, diuréticas y expectorantes.

TOXICIDAD: puede ser tóxica consumida en gran cantidad, lo que no es probable dada su escasa palatabilidad. Además, no es aconsejable para personas con problemas de corazón por contener queirantina. Posee compuestos irritantes.

OTROS USOS: se usa como planta ornamental en jardines, en los que existen numerosas variedades y cultivares de varios colores y con corolas dobles. Las flores se han utilizado para hacer perfumes y las hojas como tinte.

CURIOSIDADES: esta planta era conocida como planta medicinal en Persia. Aparece en manuscritos médicos árabes de la época medieval. Es la única planta con flores que aparece en el célebre tríptico de la Adoración de los Magos, conocido como el «tríptico del Prado» de Hans Memling. El pintor la colocó en su hábitat preferido: las fisuras de una muralla medieval.

FAMILIA • Brassicáceas

Erysimum cheiri Crantz.

DESCRIPCIÓN:

herbácea perenne de hasta 80 cm de altura. Hojas alternas, delgadas y punteadas. Flores hermafroditas tetrámeras, muy aromáticas, con cuatro sépalos purpúreos prontamente caducos y cuatro pétalos cruciformes de color amarillo, que se disponen en inflorescencias racemosas situadas en la parte superior de los tallos. Estambres tetradínamos. Los frutos son silicuas peludas de varios cm de longitud.

Amapola de California

ETIMOLOGÍA: el nombre genérico de esta planta está dedicado al botánico alemán J. F. von Eschscholtz (1743–1831), porque así lo decidió su compatriota el botánico Adelbert von Chamisso (1781-1838), quien la describió por primera vez. El epíteto *californica* hace referencia a que fue descubierta en California.

DISTRIBUCIÓN: crece como ruderal nativa en la costa oeste de Norteamérica, principalmente en California, aunque actualmente se puede encontrar naturalizada en varias partes del mundo. En España fue introducida como planta ornamental en el siglo XIX. Es tolerante a la sequía, se autosiembra y es fácil de cultivar. Se cultiva mejor como anual, a pleno sol y en suelos arenosos o francos con buen drenaje.

COMPOSICIÓN FITOQUÍMICA: contiene alcaloides isoquinoleínicos entre los que destacan la californidina, californina, eschscholtzina y laurascolcina. También otros en menor proporción como protopina, sanguinarina, celeritina y alocriptopina. Otros componentes son flavonoides como la quercetina, el colorante carotenoide escolciaxantina y heterósidos cianogénicos.

USO MEDICINAL: se usa la sumidad florida. Tiene efectos espasmolíticos, ansiolíticos y sedantes, aliviando la ansiedad, ayudando a conciliar el sueño y a calmar los síntomas de origen nervioso como palpitaciones, taquicardia o dolores torácicos. Los nativos americanos creían que la amapola de California tenía propiedades curativas y la utilizaban para aliviar el dolor, calmar la mente y favorecer la relajación. La flor se usaba a menudo en rituales y ceremonias para lograr curación física y espiritual.

OTROS USOS: se usa como planta ornamental por las flores naranjas tan llamativas que tiene en primavera. También se usan las semillas en repostería y la planta como alimento para el ganado.

CURIOSIDADES: para las tribus nativas americanas, la amapola de California tenía un profundo simbolismo y significado espiritual. A menudo se asociaba con sueños, visiones y viajes interiores profundos. El vibrante color naranja de la flor representaba el calor del sol y la energía de la vida. Los delicados pétalos eran vistos como un símbolo de belleza y gracia. Cuando los colonizadores españoles llegaron a California, quedaron cautivados por su belleza. Vieron la flor como un símbolo de riqueza y prosperidad y asociaron el vibrante color naranja con el oro, que buscaban en el Nuevo Mundo. Es la flor oficial del estado de California y el Sistema Estatal de Carreteras Escénicas californianas usa su imagen en la señalización. En España está catalogada como invasora.

DESCRIPCIÓN:

herbácea perenne erecta y con hojas de color verde azulado, muy divididas, pinnatipartidas a pinnatisectas. Flores grandes que crecen solitarias
en posición terminal. La corola posee cuatro pétalos amarillo-anaranja-
dos y los dos sépalos glaucos se encuentran soldados. El fruto es una cápsula estrecha y alargada con gran número de semillas en su interior.

Eucalipto

ETIMOLOGÍA: procede del griego *eu*, perfección, y *caliptos*, oculto, en referencia a los estambres en formación que están encerrados. *E. globulus*, cuyo nombre alude a la forma globosa de sus frutos, es la especie más utilizada como medicinal. Otra especie muy cultivada en España es *E. camaldulensis*, nombre que proviene de *Hortus Camaldulensis*, el jardín napolitano en el que se describió taxonómicamente por primera vez".

DISTRIBUCIÓN: árbol originario de Australia y Tasmania, ampliamente cultivado para su aprovechamiento forestal.

COMPOSICIÓN FITOQUÍMICA: contiene aceite esencial cuyo componente principal es el eucaliptol. Además, contiene resinas, ácidos fenólicos (cafeico y gálico), taninos y flavonoides.

USO MEDICINAL: por su acción antiséptica y expectorante, el eucaliptol está indicado para tratar enfermedades del aparato respiratorio como resfriados, sinusitis, inflamaciones de la garganta o bronquitis. Se le atribuyen efectos hipoglucemiantes debidos a los flavonoides y ácidos fenólicos. Tópicamente se utiliza por sus propiedades antisépticas, antiinflamatorias y cicatrizantes para tratar enfermedades de la piel causadas por hongos o infecciones bacterianas.

TOXICIDAD: el aceite esencial puede desencadenar reacciones alérgicas; a dosis altas actúa como depresor del sistema nervioso.

OTROS USOS: su madera es pesada, fuerte y duradera, empleándose en construcción naval, bateas para el cultivo de mejillones, aperos de labranza y pasta de papel.

CURIOSIDADES: las más de seiscientas especies de eucaliptos son casi exclusivas de Australia (hay unas pocas en Malasia) donde son los árboles dominantes en la mayoría de los ecosistemas forestales. Antaño se plantaron eucaliptos para desecar zonas pantanosas con el fin de eliminar el hábitat de los mosquitos que transmitían el paludismo. Hoy, las plantaciones obedecen al empleo de su madera en la industria del papel y el cartón. Además de *E. globulus,* en España se cultiva también *E. camaldulensis*, fácilmente distinguible por sus flores y sus frutos más pequeños.

Eucalyptus camaldulensis Dehnh.

DESCRIPCIÓN:

árbol perennifolio que puede alcanzar los 40 m de altura, con dimorfismo foliar. Las hojas redondeadas de los vástagos jóvenes, verdes por el haz y glaucas en el envés, se disponen opuestas. En las ramas del árbol maduro, las hojas son largas y estrechas, ligeramente curvadas, puntiagudas y de bordes enteros, lampiñas, endurecidas y coriáceas. Las flores están constituidas por una especie de urna durísima con tapadera, que se abre cuando lo hace la flor. Las hojas, los tallos y las flores emiten esencias mentoladas.

ETIMOLOGÍA: el nombre puede venir del latín *foenum*, heno, por su fragancia, o de *foeniculum*, hilillo, por el aspecto de sus hojas. *Vulgare*, por tratarse de una planta muy común.

 DISTRIBUCIÓN: originaria de la cuenca mediterránea. Crece con vigor en terrenos incultos o en las cunetas de los caminos.

 COMPOSICIÓN FITOQUÍMICA: todas las partes de la planta, especialmente los frutos, son muy ricas en aceites volátiles, que incluyen el anetol, el estragol (parecido al regaliz), la fenchona (alcanforada) y el limoneno. Además de flavonoides y cumarinas, otras sustancias que se encuentran en los frutos son polifenoles como el ácido rosmarínico y flavonoides como la luteolina.

 USO MEDICINAL: excelente carminativo indicado para el tratamiento de dispepsias, cólicos, trastornos espásticos del tracto gastrointestinal, porque favorece la digestión y contribuye a expulsar los gases, reduciendo el vientre hinchado. También tiene actividad expectorante. Se usa su infusión por vía tópica para hacer lavados de ojos en casos de conjuntivitis. Ensayos de laboratorio muestran actividad insecticida, antifúngica, digestiva, carminativa y espasmolítica. Sus efectos digestivos se potencian combinándola con plantas carminativas: anís, comino, alcaravea, manzanilla, poleo, menta, alcachofera, cardo mariano, hierbabuena, hierbaluisa y melisa.

 OTROS USOS: se cultiva para extraer la parte inferior que tiene un «bulbo» comestible muy aromático, conocido como «Hinojo de Florencia», que es en realidad una especie de cogollo que se usa en cocina como hortaliza cruda o cocida. Los frutos se utilizan para aromatizar licores y como condimento en numerosos platos de nuestra cocina. Cultivado también por las semillas, con variedades de altura humana y con umbelas grandes, densas, bastante aplanadas y en número reducido que facilitan mucho su recolección en cantidades ingentes, que se usan para la extracción a escala industrial de anetol, el compuesto que le da su típico olor anisado, utilizado ampliamente en la confección de licores y otras bebidas muy difundidas en el sur de Europa.

 CURIOSIDADES: el hinojo aparece en el papiro de Eber, una colección egipcia de escritos sobre medicina del año 1.500 a.C., para aliviar la flatulencia. Algunos botánicos distinguen en la península ibérica dos subespecies. Entre otros caracteres, la subespecie *vulgare*, que procedería de antiguos cultivos, tiene frutos dulces, anisados. Por el contrario, los frutos de la subespecie *piperitum*, que correspondería a las poblaciones silvestres originales, tienen frutos amargos. La razón de esta diferencia es que en la primera subespecie predomina el anetol, mientras que en la segunda abunda la fenchona, un compuesto alcanforado y picante, al que alude el nombre "*piperitum*".

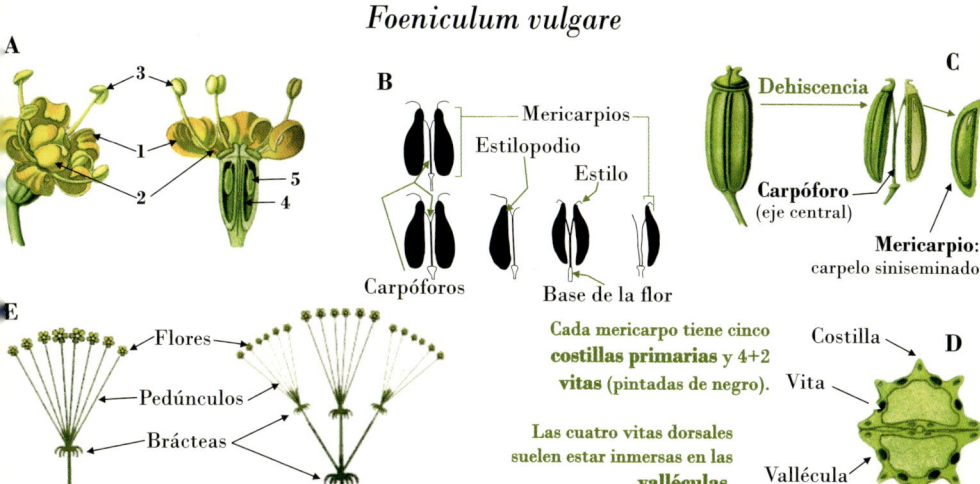

Foeniculum vulgare

A — 3, 1, 2, 5, 4

B — Mericarpios, Estilopodio, Estilo, Carpóforos, Base de la flor

C — Dehiscencia, **Carpóforo** (eje central), **Mericarpio:** carpelo siniseminado

E — Flores, Pedúnculos, Brácteas

Cada mericarpo tiene cinco **costillas primarias** y 4+2 **vitas** (pintadas de negro).

Las cuatro vitas dorsales suelen estar inmersas en las **valléculas**.

D — Costilla, Vita, Vallécula

A: Flor [**1**, **pétalo** (1 de 5); **2**, **estilopodio** (1 de 2), **3**, **estambre** (1 de 5); **4**, **ovario infero bicarpelar**, cada carpelo lleva una única semilla (5)]. **B**: Cada uno de los frutos (**esquizocarpo**) está formado por dos piezas (**mericarpios**), unidos a la base de la flor por sendos **filamentos** o **carpóforos** que al separarse (**dehiscencia**) distanciarán un mericarpio del otro, (**C**). Cada mericarpo está rematado en la parte superior por un **engrosamiento nectarífero, el estilopodio,** en cuyo ápice está el estilo. **D**: En **corte transversal**, los frutos presentan costillas que resaltan, entre las cuales están las **valléculas**. Las **vitas** son los conductos por los que **circulan las sustancias aromáticas que dan olor y sabor. E: Umbela simple**, a la izquierda, y **compuesta**, a la derecha.

A — Base nectarífera, Estilopodio

C

D

E

A. Flores, las flechas señalan la **base nectarífera del estilopodio**, **B**: **Tallo** con hojas finamente divididas en **filamentos** muy delgados y con **vainas basales** (flechas) que abrazan los tallos, **C**: A ras de suelo o algo semienterradas las bases de las hojas basales forman un **cogollo bulboso blanquecino**, **D**. **Umbelas**, **E**. **Frutos**.

Buche de paloma, conejillos, hierba de conejo, sangre de Cristo

 ETIMOLOGÍA: *Fumaria* proviene del latín *fumus,* humo, parece que haciendo referencia al olor que desprende la planta cuando se arranca o bien a que los campos en los que abunda la planta parecen cubiertos de humo o que su jugo hace llorar los ojos como provoca el humo. *Officinalis* en latín significa "medicinal".

 DISTRIBUCIÓN: aunque originaria de Europa, hoy día es cosmopolita. En España solo es rara en Galicia y no está en el litoral Cantábrico. En el resto es bastante abundante.

 COMPOSICIÓN FITOQUÍMICA: contiene alcaloides isoquinoleínicos (el más importante es la protopina o fumarina), junto con otros alcaloides, (fumaricina, fumarilina), protoberberinas e indeno-benzacepinas). Otros componentes son flavonoides (rutina u kaenpferol), fitosteroles y ácidos fenólicos (cafeico, cumárico y ferúlico).

 USO MEDICINAL: se utiliza la planta entera recogida cuando está en flor. Desde la Antigüedad se ha usado como depurativa, teniendo fama de "rebajar la sangre". La infusión ligera estimula la secreción biliar, es antiespasmódica, diurética, depurativa, digestiva, colerética, colagoga y laxante. Tópicamente se ha usado para las afecciones del cuero cabelludo. Es una planta medicinal que ha jugado un amplio papel en la medicina empírica en numerosos países. No obstante, una revisión bibliográfica revela muy pocos estudios que apoyen su uso para indicaciones dermatológicas o como diurético o laxante. Esto contrasta con su uso para tratar enfermedades funcionales del sistema biliar. Aunque no se han hecho estudios placebo-controlados, se han publicado informes empíricos, informes de casos clínicos y estudios experimentales en animales, los cuales, por ejemplo, han servido para que en Alemania esté aprobada para la indicación "dolor de cólico que afecta a la vesícula y al sistema biliar, junto con el tracto gastrointestinal."

 TOXICIDAD: no se debe usar si se padecen enfermedades biliares o hepatitis. Según el Ministerio de Salud chileno, no debe usarse si se sufre glaucoma o se tienen problemas de arritmia o hipertensión. Debe evitarse la sobredosificación, pues los alcaloides que contiene resultan cardiotóxicos en dosis elevadas.

 OTROS USOS: con las flores se elabora un tinte amarillo para la ropa.

 CURIOSIDADES: si se depilan las cejas y luego se aplica el zumo de esta planta mezclado con goma, dicen que no renacen. El zumo de esta planta provoca un lloriqueo mayor que el picado de las cebollas.

FAMILIA • Papaveráceas

Fumaria officinalis L.

DESCRIPCIÓN:

herbácea que no suele superar los 50 cm de altura. Tiene hojas pinnati-compuestas, con los últimos foliolos casi lineares. Las flores se agrupan en racimos terminales y presentan dos sépalos blanquecinos acorazonados y opuestos, situados rodeando los cuatro pétalos de color rosado, prolongándose el pétalo superior en un espolón basal. El fruto es pequeño, seco y estriado y contiene una sola semilla.

Ginkgo, árbol de la eternidad, árbol de los cuarenta escudos

 ETIMOLOGÍA: *ginkgo* reproduce fonéticamente los nombres vernáculos chinos *gink-go* o *gin-ki-go*, que significan árbol sin hojas en invierno. En 1771, el naturalista sueco Linneo le añadió el epíteto *biloba* que alude a los dos lóbulos que muestran muchas de sus hojas.

 DISTRIBUCIÓN: originaria de unas remotas montañas de China ha sido cultivada en jardines de todo el mundo desde hace al menos 3.000 años. Muy resistente a la contaminación, crece con facilidad en zonas urbanas. Florecen a principios de la primavera.

 **COMPOSICIÓN FITOQUÍMICA:** compuestos flavónicos: flavonoles libres como quercetina, kempferol, isorramnetol, apigenina: amentoflavona, bilobetina, ginkgetina, isoginkgetina. Lactonas terpénicas: ginkgólidos con una estructura diterpénica hexacíclica, y el sesquiterpeno bilobálido.

 **USO MEDICINAL:** la hoja presenta actividad vasodilatadora arterial, venotónica. Reforzadora de la resistencia capilar y antiagregante plaquetaria; aumenta la tolerancia a la anoxia y tiene efecto antioxidante y neuroprotector. En la fitoterapia oficial, la utilización de su extracto seco refinado se recomienda para mejorar el deterioro cognitivo asociado a la edad, incluidas la demencia degenerativa primaria, la demencia vascular y formas intermedias de ambas, que producen déficit de memoria, trastornos en la concentración y humor depresivo.

 OTROS USOS: el uso tradicional ha sido para aliviar la pesadez de las piernas y la sensación de las manos y pies fríos asociados a trastornos circulatorios menores, después de haber sido excluida por un médico la presencia de enfermedades graves. La parte interior de su semilla, el hueso, se puede comer y es apreciada en China y Japón.

 **CURIOSIDADES:** a veces se les denomina fósiles vivientes, pues fósiles directamente emparentados con ellos se conocen desde hace más de 250 millones de años. En Europa se habló de estos árboles por primera vez en 1690, después de que el botánico alemán Kaempfer regresara de una visita a Japón. En 1730 se plantó la primera planta europea, en Utrecht, y en 1754 se plantó un ejemplar en Kew, cerca de Londres, donde sigue tan campante. En 1808 ya se cita en los Jardines de Aranjuez. Se dice que el primer ejemplar se adquirió por cuarenta escudos y de ahí su denominación común. La bomba atómica que fue lanzada en agosto de 1945 sobre Hiroshima y destruyó toda la ciudad y a sus habitantes, no fue capaz de matar a un gran ginkgo que, después de una muerte aparente, rebrotó y aún vive. La semilla, cubierta de una pulpa carnosa parece una pequeña ciruela de color marrón que, cuando se desprende y se pudre sobre el suelo, desprende un desagradable olor a mantequilla rancia por el ácido butírico que contiene.

FAMILIA • Ginkgoáceas
Ginkgo biloba L.

DESCRIPCIÓN:

se reconocen por el inconfundible porte de troncos rectos con ramas casi horizontales, las cuales, vistas de cerca, están cubiertas de ramillas cortas marcadas con las cicatrices dejadas por las hojas desprendidas cada año, en cuyo extremo surgen en primavera las hojas nuevas en forma de abanico, más o menos hendidas en el centro, que son caducas tras producir una coloración otoñal amarilla. Los ejemplares femeninos producen unas semillas con cubierta carnosa maloliente con una almendra dentro, que germinan fácilmente.

Regaliz

 ETIMOLOGÍA: el nombre viene del griego *glukus,* dulce y *rhiza*, raíz, por el rizoma o raíz azucarada. *Glabra* viene del latín *glaber,* que significa lampiño.

 DISTRIBUCIÓN: crece en suelos profundos, principalmente ribereños. Se distribuye por todo el sur de Europa, el norte de África, la región Macaronésica y Asia central y occidental. En la península ibérica se dispersa por toda la mitad meridional y es especialmente frecuente en las vegas del Ebro y Tajo. Cultivada en algunas zonas del cuadrante SE. Florece de junio a octubre.

 COMPOSICIÓN FITOQUÍMICA: el aroma de la raíz procede de una combinación compleja y variable de compuestos, de los cuales el anetol es hasta un 3% del total de volátiles. Gran parte del dulzor procede de la glicirricina, una saponina con un sabor dulce, hasta 50 veces superior al del azúcar, pero muy diferente al de este, porque es menos instantáneo, más agrio y dura más tiempo. También contiene flavonoides e isoflavonoides con acción estrogénica.

 USO MEDICINAL: elimina gases, corrige la hiperacidez gástrica y quita el dolor de estómago; en la boca actúa como antiséptico, es eficaz contra la halitosis, fortalece y reduce la inflamación de las encías; también se ha empleado para remediar los resfriados, la tos seca y el asma bronquial, porque favorece la expectoración. El jugo de las raíces picadas o pulverizadas tiene dos aplicaciones oficialmente reconocidas: expectorante y antitusígeno en afecciones de las vías respiratorias altas (bronquitis), y como coadyuvante en el tratamiento de los trastornos espasmódicos de la gastritis crónica.

 TOXICIDAD: la glicirricina está contraindicada para embarazadas y personas hipertensas con cardiopatías o afecciones renales, ya que puede provocar un incremento de la presión arterial y edemas por retención de sodio. La administración de la infusión o del jugo extraído de la planta no debe prolongarse más de cuatro a seis semanas, ya que puede provocar una retención de agua en el organismo con hinchazones en la cara y articulaciones de los pies. No debe administrarse nunca en casos de enfermedades hepáticas o en estados carenciales de potasio en la sangre.

 OTROS USOS: dado su poder edulcorante, se utiliza habitualmente en la elaboración de bebidas y golosinas comercializadas como caramelo de regaliz u orozuz en forma de barritas flexibles y gomosas de color negro o rojo. También en forma de pastillitas de regaliz mezclado con mentol y otros aceites de intenso sabor, las más populares de las cuales son las pastillas Juanola.

 CURIOSIDADES: se dice que llevar una cruz hecha con dos trozos de rizoma de regaliz atados con hilo rojo protege de las malas influencias. Hay referencias que señalan su uso para dejar de fumar: se descorteza la "raíz" y se chupa, ya que así "no se echa de menos el cigarro". Dado su hábito rizomatoso, puede convertirse en planta invasora de cultivos de vega.

FAMILIA • Fabáceas

Glycyrrhiza glabra L.

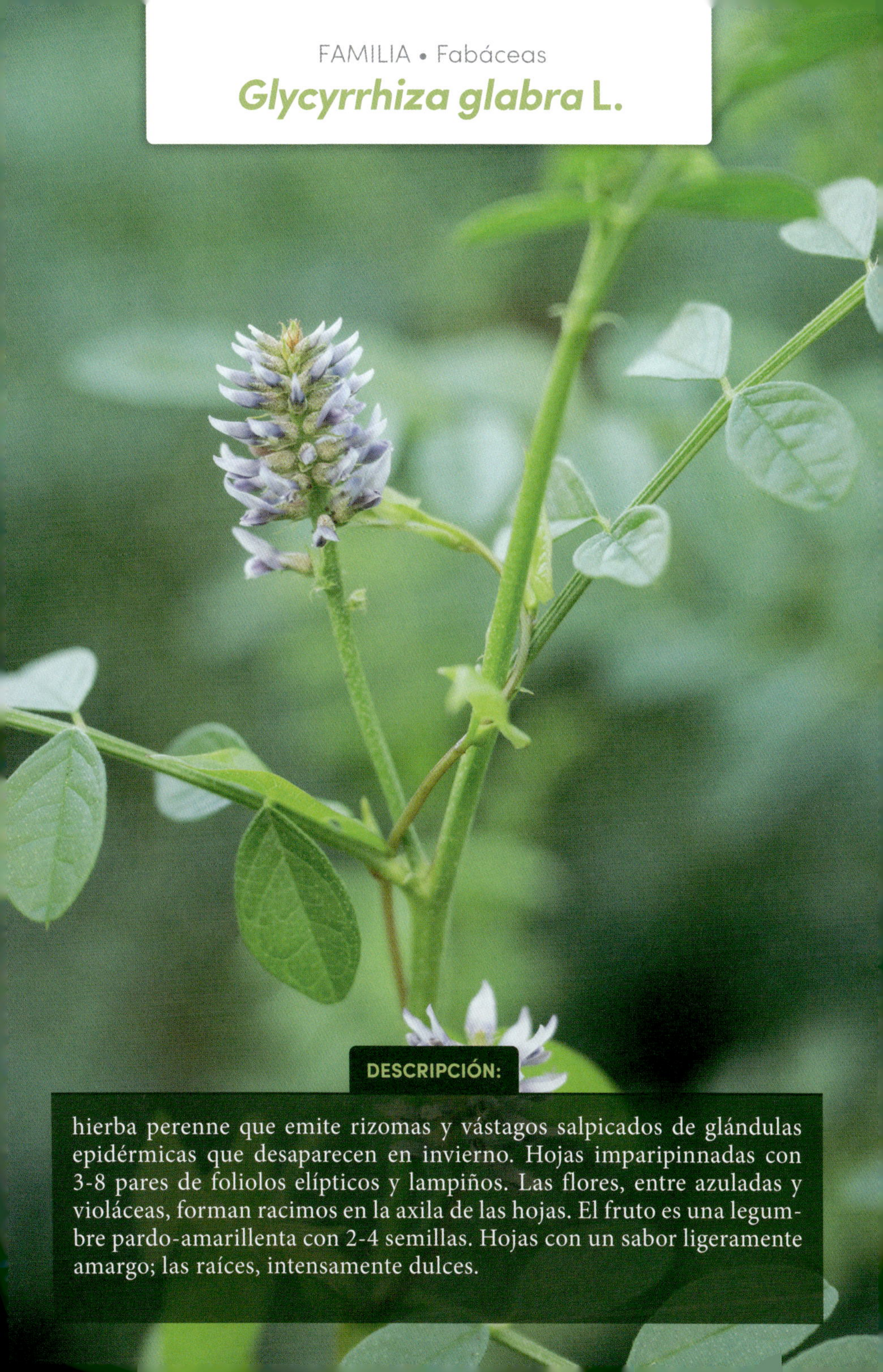

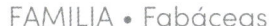

DESCRIPCIÓN:

hierba perenne que emite rizomas y vástagos salpicados de glándulas epidérmicas que desaparecen en invierno. Hojas imparipinnadas con 3-8 pares de foliolos elípticos y lampiños. Las flores, entre azuladas y violáceas, forman racimos en la axila de las hojas. El fruto es una legumbre pardo-amarillenta con 2-4 semillas. Hojas con un sabor ligeramente amargo; las raíces, intensamente dulces.

Inflorescencias en umbelas péndulas de una suculenta, la oreja de cerdo *Cotyledon orbiculata*.

Hiedra común

 ETIMOLOGÍA: *Hedera*, literalmente hiedra en latín, y *helix*, epíteto tomado del griego antiguo que significa "torsión, vuelta", en alusión a sus troncos retorcidos.

 DISTRIBUCIÓN: originaria de los bosques húmedos del oeste, el centro y el sur de Europa, norte de África y Asia, desde la India hasta Japón. Es una de las escasas supervivientes de la flora de las laurisilvas que, como los madroños o los laureles, dominó en Europa durante el Terciario. De hecho, aunque la hiedra nos resulte familiar por su abundancia en los bosques de nuestras latitudes, pertenece a una familia, las araliáceas, casi exclusivamente tropical. Se piensa que su fácil dispersión por las aves ayudó a que colonizara de nuevo amplias zonas de donde había desaparecido durante las glaciaciones cuaternarias. Muy esparcida por todo el mundo como ornamental.

 COMPOSICIÓN FITOQUÍMICA: según la Farmacopea Europea, la droga vegetal consiste en la hoja desecada, entera o cortada, recolectada en primavera y verano. Los principios activos de la hoja de hiedra son saponósidos triterpénicos pentacíclicos. Contiene también heterósidos de flavonoles, ácidos (cafeico y clorogénico), fitosteroles, poliacetilenos y aceite esencial.

 USO MEDICINAL: los extractos foliares han mostrado experimentalmente actividad espasmolítica, broncodilatadora, antiinflamatoria, antioxidante y antimicrobiana, entre otras. El mecanismo de acción broncodilatadora se debe a que los saponósidos actúan como tensioactivos sobre la mucosa bronquial, lo que disminuye la viscosidad de la secreción. La mayoría de los preparados son extractos secos hidroetanólicos incorporados a un excipiente sólido (comprimidos) o un medio líquido alcohólico (gotas) o no alcohólico (jarabe) para administración oral. Ocasionalmente, pueden encontrarse también supositorios.

 OTROS USOS: se trata de una planta de uso muy común como ornamental para cubrir paredes y muros.

 CURIOSIDADES: la hiedra tiene que aferrarse a algo para sostenerse a medida que crece. Puestos a creer, se dice que eso nos recuerda que debemos aferrarnos a Dios como guía y sustento de nuestras vidas. El uso ornamental de la hiedra se remonta a la noche de los tiempos. El hecho de que permanezca verde durante todo el año llevó a creer que tenía propiedades mágicas y condujo a su uso como decoración hogareña invernal. En la antigua Roma, la hiedra se asociaba con Baco, dios del vino y la juerga y se usaba en los antiguos fastos grecorromanos. Durante algún tiempo, los cristianos prohibieron la hiedra como decoración debido a su capacidad de crecer en la sombra, lo que llevó a asociarla con el secretismo y el libertinaje, pero finalmente se aceptó la costumbre de decorar con acebo y hiedra las fiestas cristianas.

Hedera helix L.

DESCRIPCIÓN:

planta perennifolia que se arrastra o trepa fijándose gracias a unas pequeñas raíces adventicias. Hojas, verde oscuras, a veces veteadas de blanco, lobuladas, coriáceas y lustrosas. En una misma planta hay dos tipos de hojas: las de las ramas no floríferas, acusadamente lobuladas; y las de las ramas floríferas, carentes de lóbulos y mucho más claras. Flores otoñales, pequeñas, fragantes, verdosas, en umbelas globulares. Producen un néctar abundante que atrae a los insectos. Los frutos invernales son pequeñas bayas negruzcas. Son muy nutritivas porque son ricas en lípidos, aunque son tóxicas para los humanos.

Cambrón, espino amarillo

ETIMOLOGÍA: *Hippophae* deriva del griego *hipos*, 'caballo', por haberse usado en veterinaria, y de *phaínein*, "brillar", por la refulgencia de las escamitas que cubren la planta. *Rhamnoides* alude a su parecido con algunas plantas del género *Rhamnus* conocidas como espinos o cambrones.

DISTRIBUCIÓN: arbusto originario de Europa, Asia Menor y el Cáucaso, donde crece en terrenos arenosos, dunas y orillas del mar donde a menudo constituye espesuras muy densas. En la península ibérica es bastante escaso en estado silvestre. Se cultiva en grandes áreas de Rusia, China y Canadá.

COMPOSICIÓN FITOQUÍMICA: es rico en vitamina C (también tiene A y B), carotenoides, fitosteroles, ácidos málico y quínico, azúcares ciclitoles, flavonoides (bioflavonoides o vitamina P) y procianidoles. ácidos grasos omega-7 (palmitoléico y vaccénico). La semilla contiene aceites con ácidos grasos, vitamina E y fitosteroles.

USO MEDICINAL: la parte que se usa en medicina es el fruto recomendado contra la astenia, ayuda en la convalecencia, previene resfriados, es coadyuvante en tratamientos antianémicos, úlceras, esofagitis, colitis ulcerosas y cervicitis. El aceite favorece la cicatrización de heridas y quemaduras.

TOXICIDAD: evitar la ingestión de frutos durante el embarazo.

OTROS USOS: en Europa y Asia se usa como planta forrajera. Se utiliza cada vez más en la industria alimentaria, sobre todo como fuente de conservantes en zumos, mermeladas y yogures. En cosmética se elaboran cremas protectoras de la piel frente a los rayos UV, la sequedad y el eczema. La madera se usa en China como combustible. Las hojas se pueden utilizar como pienso, especialmente para la alimentación de rumiantes. Debido a su tolerancia contra suelos fuertemente erosionados, pobres en nutrientes y en ocasiones salados, se utiliza para la recuperación de tierras y para fijar suelos arenosos y salinos.

CURIOSIDADES: el botánico Ginés López contaba que en algunas piscifactorías se alimentaba a los salmones con frutos de este arbusto para dar más color naranja a su carne. Las raíces establecen simbiosis con ascomicetes que fijan el nitrógeno atmosférico. Con la dirección del geobotánico Reinhold Tüxen, los alemanes lo utilizaron en plantaciones para ocultar sus instalaciones militares defensivas en las costas francesas durante la II Guerra Mundial.

FAMILIA • Eleagnáceas

Hippophae rhamnoides L.

DESCRIPCIÓN:

arbusto dioico, muy ramificado, espinoso, que puede llegar a 2 m de altura y con la corteza del tronco y ramas de color marrón claro. Es de hoja caduca, de color verde más oscuro por el haz y más clara por el envés, estrecha y lanceolada. Las flores son amarillentas y pequeñas. Los frutos son pequeños aquenios de color anaranjado rodeados de un cáliz carnoso que les confiere el aspecto de una drupa, aunque no lo sean en estricta aplicación botánica. Son amarillos o naranjas y comestibles. Este arbusto florece y fructifica de forma muy abundante.

Lúpulo

ETIMOLOGÍA: el nombre *Humulus,* datado en el Medioevo, provendría del eslavo *chmele* (lúpulo) o del antiguo término germánico *humel* o *humela* (portador de frutas). La versión según la cual el nombre deriva del latín *humus,* tierra, parece errónea. *Lupulus,* es el diminutivo de *lupus,* lobo, en alusión al hecho de que sus tallos flexibles trepan enroscándose a los árboles como estrangulando las plantas.

DISTRIBUCIÓN: originaria de Europa, Asia occidental, norte de África y Norteamérica. Vive en zonas templadas y frías del hemisferio norte. En España es más frecuente en el norte y falta en casi toda Andalucía y en las provincias de Murcia y Alicante. Habita en sotos, ribazos, riberas y en general en ambientes húmedos y frescos, entre los 100 y 1000 m.

COMPOSICIÓN FITOQUÍMICA: resina amarga (humulona, lupulona), flavonoides y proantocianidinas, aceite esencial (humuleno, mirceno y α-cariofileno) y taninos.

USO MEDICINAL: la parte usada en medicina son las inflorescencias femeninas desecadas. Tienen efectos estimuladores del apetito y bactericidas gracias a los principios amargos y un efecto sedante o tranquilizante. Se utiliza para combatir el estrés e inducir el sueño.

TOXICIDAD: no presenta toxicidad, aunque por su carácter estrogénico no debe consumirse durante el embarazo y la lactancia.

OTROS USOS: las hojas jóvenes y los brotes son comestibles en ensaladas. Los brotes tiernos se preparan generalmente cocidos, aunque también pueden tomarse crudos en el campo. Se pican bien, se cuecen y luego se suelen preparar tradicionalmente de diversas maneras. Una de las formas más frecuentes es en tortilla o rehogados en revueltos o en ajo-huevo. Las flores femeninas secas se usan para aromatizar la cerveza porque, además de proporcionar aroma, evitan el desarrollo de bacterias gram negativas en los fermentadores. Con hojas y flores se puede hacer té de efecto calmante, afrodisíaco e hipnótico. También se ha usado para fabricar papel, cestas, lienzos y, en cosmética, para teñir el cabello.

CURIOSIDADES: Paracelso alababa sus efectos para conciliar el sueño, y los monjes de los monasterios medievales calificaron el lúpulo como "el alma de la cerveza cristiana" y apreciaban sus propiedades para reprimir sus instintos sexuales. El doctor Bohn, que ejercía a principios del siglo pasado, escribió: «El lúpulo posee un potente efecto diurético y es aconsejable para luchar contra las constituciones uricémicas».

Humulus lupulus L.

DESCRIPCIÓN:

trepadora vivaz, rizomatosa y dioica. La parte aérea desaparece en invierno, y rebrota en primavera para producir unos tallos delgados sarmentosos y volubles recubiertos de pelos cortos y ganchudos. Hojas opuestas con varios lóbulos ovales y dentados de color verde oscuro, ásperas en el haz y con glándulas resinosas en el envés. Flores femeninas reunidas en amentos apretados con bractéolas resinosas, mientras las masculinas lo hacen en panículas. El fruto es un aquenio. Floración estival.

NOMBRE COMÚN • **Hierba de San Juan**

FAMILIA • Hypericáceas • *Hypericum perforatum* **L.**

 ETIMOLOGÍA: en 1753 Linneo le puso el nombre del dios sol Helios Hyperion. Basta observar la flor de la hierba de San Juan en su apogeo solsticial con la forma radiada de sus pétalos y su deslumbrante color amarillo para percibir su semejanza con un sol radiante. La palabra *perforatum* hace referencia a que las hojas parecen estar perforadas por sus numerosas glándulas oleosas.

 DISTRIBUCIÓN: crece en campos abandonados, escombreras, bordes de caminos y lugares con suelos ricos en nitrógeno de toda Europa hasta Rusia. Cultivado como ornamental, se ha naturalizado en numerosas partes del mundo. Se encuentra en toda la península ibérica.

 **COMPOSICIÓN FITOQUÍMICA:** contiene naftodiantronas como la hipericina y pseudohipericina. También floroglucinoles (hiperforina), flavonoides (quercetina, kaempferol, hiperósido), taninos, xantonas y un aceite esencial rico en pineno, cineol y cariofileno.

 USO MEDICINAL: la sumidad florida recogida en primavera o principios de verano se deja secar. Se usa en maceración para tratar la piel como cicatrizante, especialmente sobre quemaduras y en el tratamiento de heridas gracias a sus propiedades antisépticas y antiinflamatorias. También se puede tomar en infusión para mejorar la digestión, activar el hígado, como vasodilatadora, vasoprotectora, depurativa y diurética. Destaca su acción antidepresiva.

 TOXICIDAD: el pigmento hipericina es tóxico y al ser ingerido provoca reacciones de fotosensibilización.

 **OTROS USOS:** se ha usado como aromatizante y colorante de bebidas alcohólicas. Hojas y frutos se han usado como té. Se cultiva en jardines como ornamental al menos desde la Edad Media.

CURIOSIDADES: las flores se colocaban en ramilletes encima de las imágenes religiosas el día de San Juan, porque además de considerarse como planta medicinal desde hace más de dos mil años, los antiguos creían, además, que la planta tenía cualidades místicas y la recolectaban para protegerse de los demonios y ahuyentar los malos espíritus. Según una leyenda protocristiana, el mayor efecto se obtenía cuando la planta se cosechaba el día de San Juan, que suele coincidir con el momento de máxima floración. Por las propiedades atribuidas a su humo, cuyo olor recuerda al del incienso, tuvo un uso continuado en los remedios a base de hierbas durante el Medioevo, cuando se conocía como "*espantadaemonum*" ("ahuyenta demonios"), porque a las personas con trastornos del comportamiento, cualquiera que fuese su causa, se les consideraba endemoniados, una idea que todavía pervive en el francés *chasse-diable* y en el italiano *scacciadiavoli*. Si los "endemoniados" ingerían aceite de hipérico, su estado de ánimo mejoraba y se consideraba que el diablo los había abandonado.

Hipericum perforatum

Tallo vegetativo

Capullo floral

Flor completa

Fruto

Tallo florido

Flor con pétalos eliminados

Estambre

Sección longitudinal de la flor

Semilla

Corte transversal del ovario tricarpelar y trilocular

Sección longitudinal de la flor

Estilo

Estigma

Estambre

Filamento

Antera

Pétalo

Ovario súpero tricarpelar, placenta axial

Pedúnculo

Pétalo con manchas glandulares

Las partes diseccionadas se muestran en negro

Inflorescencia

Cima compuesta foliosa

Fruto

Capullo

Flor

Bráctea

Pedúnculo

Hisopo

 ETIMOLOGÍA: del latín medieval *hysopus* (latín *ysopus*), del griego *hyssopos*, una planta de Palestina, utilizada en los ritos de purificación judíos. *Officinalis*, epíteto usado para todas las plantas que han tenido un uso terapéutico, sobre todo en las oficinas de farmacia.

 DISTRIBUCIÓN: originario de la región mediterránea, su área natural se extiende por toda la península ibérica hasta el Ponto. En África, en la costa septentrional marroquí. Es una especie rústica, que resiste bien las sequías y tolera suelos tanto arcillo-arenosos, como francos y calcáreos, siempre que cuente con buen drenaje. Requiere mucho sol y clima cálido.

 COMPOSICIÓN FITOQUÍMICA: aceite esencial (0,3-1%), cuyos principales componentes son: pinocanfona y β-pineno, responsables principales del aroma de la planta. Contiene también una buena concentración de taninos.

 USO MEDICINAL: popularmente se emplea en casos de gripe, resfriados, bronquitis, rinitis, sinusitis, asma, inapetencia, dispepsias, flatulencia e hipertensión arterial. En uso tópico para la limpieza y desinfección de heridas, quemaduras y ulceraciones dérmicas. También se utiliza para regular la transpiración y en dolores reumáticos. Se ha usado como colirio y colutorio.

 TOXICIDAD: el contenido en pinocanfona, un estimulante del sistema nervioso central, puede provocar reacciones epileptizantes en dosis elevadas.

 OTROS USOS: las hojas se usan como condimento; tienen un sabor ligeramente amargo por los taninos que contienen y un intenso aroma mentolado. Son el ingrediente básico del *za'atar* una mezcla de especias utilizada en la cocina árabe de Oriente Próximo. Como el *curry* y otras mezclas culinarias, el *za'atar* suele estar compuesto de hisopo, zumaque, semillas de sésamo tostadas o no tostadas y sal. También suele llevar hierbas aromáticas tales como: ajedrea, mejorana, tomillo, comino o hinojo. Se suele emplear como condimento en carnes a la parrilla y vegetales, y mezclado con aceite de oliva forma una pasta que se emplea como una salsa para mojar. Las hojas se emplean también para elaborar licores como el *Chartreuse*. La planta se utiliza como melífera en apicultura, produciendo una miel excelente y muy aromática.

 CURIOSIDADES: su uso es conocido desde la Antigüedad preclásica. Aparece nombrada como una planta aromática en el *Tanaj* hebraico y en el *Evangelio* de san Juan es la planta con la que los legionarios que custodian la cruz de Jesús de Nazaret ensartan la esponja embebida en el vinagre que le dan de beber.

Hyssopus officinalis L.

DESCRIPCIÓN:

mata de pequeña talla 20–45 cm, con tallos erectos, ramificados cubiertos de hojas opuestas, enteras, verde oscuras, sésiles o apenas pecioladas, glandulosas, a veces pubescentes por ambas caras. Inflorescencia espiciforme, terminal formada por verticilastros densos. Cáliz tubuloso acampanado con quince nervios, rematado por cinco dientes agudos o aristados. Corola azulada, bilabiada, con el labio superior recto, más o menos plano y el inferior con el lóbulo central más ancho. Cuatro estambres extrorsos y cuatro clusas.

Acebo

 ETIMOLOGÍA: *Ilex* recibe su nombre por la semejanza de sus hojas con las de la encina *(Quercus ilex)*. *Aquifolium* es la denominación latina del acebo, que en latín tardío era *acifolium*, quizás procedente de la unión de *acies*, punta o filo, y *folium*, hoja.

 DISTRIBUCIÓN: nativa de Europa, norte de África y oeste de Asia, ha sido muy cultivada desde tiempos remotos. Vive disperso en bosques de coníferas o de caducifolias, incluso en matorrales, en lugares umbríos y sobre sustratos con cierta humedad, preferentemente ácidos. En la península ibérica es más frecuente en la mitad norte y, en el sur, en las serranías a cierta altitud.

 **COMPOSICIÓN FITOQUÍMICA:** contiene ilicina (principio amargo), ilixantina (colorante amarillo), trazas de cafeína y teobromina, menisdaurina (glucósido cianogénico), rutósido, taninos, ácidos cítrico, málico, iléxico y ursólico, furfural, ergosterol, saponósidos y resina.

 **USO MEDICINAL:** usado popularmente en infusiones elaboradas con sus hojas como espasmolítico, laxante suave, aperitivo, diurético, diaforético, analgésico, antigotoso y antipirético. Los frutos, muy buscados por los animales, son tóxicos para el hombre. El envenenamiento por su consumo se manifiesta en un malestar general, acompañado de vómitos, gastroenteritis con diarreas y trastornos cardíacos.

 OTROS USOS: la madera dura, pesada, compacta y de gran resistencia es estimada en tornería y ebanistería para la elaboración de diferentes utensilios. Sus hojas han sido tradicionalmente muy apreciadas para alimentar al ganado en invierno en zonas de montaña, cuando los pastos carecen de alimento y otros árboles ya han perdido la hoja. De su corteza se extraía la liga para cazar pájaros y contiene entre otros componentes la ilicina, semejante a la quinina. Es una planta muy apreciada como ornamental, de la que existen múltiples cultivares que soportan muy bien la poda topiaria, por lo que se utiliza como seto o para hacer figuras de adorno.

 **CURIOSIDADES:** se dice que el acebo fue muy importante en la decoración para los romanos, que lo usaban en honor a Saturno durante las Saturnalias en el solsticio de invierno y de ahí la heredada costumbre cristiana de emplearlo como adorno navideño. Los druidas pensaban que el Sol no desaparecía ante el acebo, por lo que le tenían por una planta sagrada y representación del invierno. Para los antiguos, las hojas persistentes del acebo simbolizaban eternidad. En los países nórdicos es un símbolo tradicional de Navidad. El acebo, la hiedra y el boj han sido largamente asociados a fiestas religiosas, pero ni la Biblia ni los antiguos griegos hacían mención a este árbol, ya que la palabra *ilex* la empleaban para designar a la encina. Con las hojas y ramillas troceadas de la especie próxima *I. paraguariensis* se elabora el mate, una infusión muy utilizada en Suramérica septentrional.

FAMILIA • Aquifoliáceas
Ilex aquifolium L.

DESCRIPCIÓN:

arbolillo perennifolio de 8 a 10 m de altura, de tronco recto; hojas simples, alternas coriáceas, de bordes más o menos ondulados y espinosos sobre todo en las hojas de las ramas inferiores, (una adaptación frente a los mamíferos herbívoros) y ápice acabado siempre en espina recia. Florece de marzo a finales de junio. Hay ejemplares masculinos, y otros femeninos en los que crecen los frutitos globosos, unos drupilanios de color rojo. Maduran en otoño y suelen permanecer sobre la planta hasta la primavera.

ETIMOLOGÍA: *Juniperus* es el nombre que los romanos usaban para denominar al enebro, y se cree que deriva del celta *jeneprus*, rudo. El epíteto *communis* alude a la abundancia de la planta.

DISTRIBUCIÓN: especie típicamente holártica, que, separada en varias subespecies, habita en las montañas de gran parte del hemisferio Norte, desde el Cabo Norte a Terranova.

COMPOSICIÓN FITOQUÍMICA: contiene aceite esencial de composición muy compleja, entre cuyos principales componentes destacan monoterpenos, sobre todo α-pineno, alcoholes terpénicos y sesquiterpenos. También flavonoides, taninos, resinas y terpenos.

USO MEDICINAL: los gálbulos del enebro tienen una potente acción diurética y antiséptica urinaria. Sin embargo, debido a su efecto irritante no deben prolongarse los tratamientos durante demasiado tiempo. Además, en medicina popular se han utilizado para estimular el apetito, contra la tos, contra las flatulencias, para tratar la gota y las enfermedades reumáticas. Se han descrito otras acciones del aceite esencial, tales como antiinflamatoria, hipoglucemiante, analgésica, antibacteriana, antifúngica, hipolipemiante y neuroprotectora.

TOXICIDAD: se trata de una planta ligeramente tóxica. Contiene aceite de enebro, derivados terpénicos y una sustancia amarga, concretamente el terpeno juniperina. Sin embargo, no se han descrito efectos tóxicos derivados del uso terapéutico de los gálbulos.

OTROS USOS: los gálbulos aportan el aroma y sabor característico de las buenas ginebras. También son fundamentales para aderezar el chucrut alsaciano. Cuando están secos, se usan para dar sabor a escabeches y salsas. Se quemaban para purificar el aire; macerados en vinagre servían a modo de antiséptico para limpiar ropas y objetos contaminados. La resina se ha quemado como incienso, y con ella se elaboraba la sandáraca, un barniz usado en los siglos XVI y XVII para aplicarlo en el papel con el fin de evitar que se corriera la tinta.

CURIOSIDADES: fue Sebastian Kneipp quien recomendó el enebro para el tratamiento del reúma y la gota, y desde entonces se utiliza la cura de bayas de gota en la medicina popular. En la península ibérica puede convivir con una especie muy próxima, *J. oxycedrus*, de la que se distingue fácilmente porque las hojas de esta última presentan dos bandas estomáticas muy nítidas. En España, *J. communis* está representado por tres subespecies: la subespecie *communis* corresponde a los ejemplares arbóreos o arbustivos (de jóvenes) con tronco bien definido. En zonas de montaña hay dos subespecies: *alpina*, de hábito prostrado y hojas curvadas, y *hemisphaerica*, erguida, de hojas rectas.

Juniperus communis

Extremo de una rama en cuyo ápice se está formando un gálbulo

Gálbulo

Hoja escuamiforme

Corte longitudinal de la rama anterior en cuyo ápice se observan dos primordios seminales (Ps)

Ps

Hoja escuamiforme

Gálbulo maduro

Corte transversal de un gálbulo maduro mostrando tres semillas y varias glándulas aromáticas

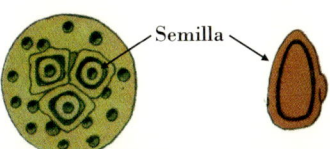

Semilla

Cono masculino

Bráctea

Sacos polínicos abiertos

Cono masculino

Bráctea

Sacos polínicos

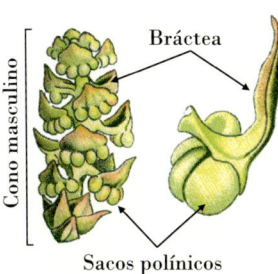

Rama con conos masculinos

Cono masculino

Gálbulos inmaduros en cuyo ápice se observan las **tres brácteas (br)** y sendos **primordios seminales (ov)**. Las hojas muestran la **única banda estomática blanca**.

Ps

Br

En el ápice de los **gálbulos maduros** se observan las **tres cicatrices** dejadas por las **tres brácteas al soldarse**.

Lamio blanco, ortiga blanca, ortiga muerta

 ETIMOLOGÍA: *Lamium,* del latín *lamia,* procedente de la misma palabra griega para designar a *Lamia*, una criatura mitológica monstruosa, que viene de *laimos*, garganta, gaznate. La corola bilabiada de las plantas de la familia Lamiaceae puede, en efecto, evocar, para una mente imaginativa, una boca abierta. *Album*: blanco en latín, por el color de su corola.

 DISTRIBUCIÓN: hayedos, junto a corrientes de agua, prados, herbazales y pedregales húmedos, siempre en substratos calizos de media montaña. Florece entre mayo y septiembre. Distribuida por casi toda Europa hasta el centro de Asia. Fue introducida en América durante el proceso de colonización hispano.

 COMPOSICIÓN FITOQUÍMICA: se ha descrito la presencia de ácido clorogénico, flavonoides (rutósido, quercetina), fenilpropanoides e iridoides (lamálbido, desoxilamálbido, albósidos A y B, lamiridósidos A y B).

 USO MEDICINAL: la droga está constituida por la sumidad florida desecada, de propiedades tónicas, astringentes, depurativas, expectorantes, diuréticas, antihipertensivas y antiinflamatorias. Su tintura se utiliza contra los catarros de las vías respiratorias, bronquitis, tuberculosis y para detener las hemorragias menstruales. Los lamiridósidos A y B, presentes en el extracto acuoso, son capaces de inhibir significativamente el virus de la hepatitis C en ensayos realizados *in vitro*.

 OTROS USOS: popularmente, se han atribuido a la planta propiedades depurativas, hipoglucemiantes y antirreumáticas. Externamente se ha utilizado en inflamaciones vaginales, hemorroides, faringitis, estomatitis y quemaduras. Otra característica de esta planta, que tiene también que ver con su popularidad, es su total inocuidad; en épocas de mucha hambre se utilizaron sus hojas, hervidas y sazonadas con determinados condimentos, como alimento. Aunque sirvan las hojas, para aplicaciones medicinales se recolectan preferiblemente las flores, que hay que recoger antes de que abran, ya que pierden sus propiedades, y hay que hacerlo siempre a mano y con tiempo seco, esperando a que el rocío se haya evaporado. Las flores secas tienen sabor amargo y despiden un olor meloso. Se conservan en sobres o tarros cerrados, en un lugar oscuro alejado de la humedad. Después de haber dejado secar la planta alrededor de una semana se procede a hacer el macerado, para lo que se toman diez gramos de hojas, flores, tallo y raíz y se colocan en un envase de vidrio ámbar junto con 100 ml de alcohol etílico de 96° y se dejan macerar alrededor de diez días.

 CURIOSIDADES: uno de los primeros autores que menciona el origen del nombre *Lamium* es Plinio el Viejo que en su *Historia Natural* se refiere a él como una "ortiga muerta", es decir, una ortiga falsa porque ha perdido su poder urticante.

FAMILIA • Lamiáceas
Lamium album L.

DESCRIPCIÓN:

herbácea perenne, rizomatosa, con tallos angulosos poco foliados, ho-
mogéneamente pelosos, con verticilos de grandes flores blancas sosteni-
dos por brácteas de bordes dentados como los de las hojas cordiformes
entremezcladas con bractéolas lineares. Cáliz con diez nervios cubierto de pelos largos y rígidos y otros glandulares. Corola blanca con un
tubo provisto de un anillo interior de pelos; labio superior, mayor que
el inferior, arqueado, ápice redondeado peloso por fuera; labio inferior
inclinado hacia abajo, glabro. Los frutos son cuatro clusas situadas en el
fondo de los cálices.

Laurel

ETIMOLOGÍA: *Laurus* era el nombre que le daban los romanos al laurel. La palabra *nobilis* significa noble, en referencia a las coronas de laurel utilizadas en la época romana.

DISTRIBUCIÓN: vive en zonas húmedas como barrancos y vaguadas umbrosas, sobre todo tipo de suelos. Nativo de Europa, se distribuye ampliamente en la península ibérica donde se ha cultivado en huertos y jardines, desde los cuales se ha naturalizado en gran parte del territorio español.

COMPOSICIÓN FITOQUÍMICA: contiene un aceite esencial, de composición variable según el origen geográfico, aunque está compuesto principalmente por cineol, sabineno y eugenol entre otros componentes. Las hojas contienen lactonas sesquiterpénicas, flavonoides, taninos, ácidos fenólicos y trazas de alcaloides isoquinoleínicos. Los frutos contienen ácidos grasos, entre los que destacan el láurico, palmítico, oleico y linoleico.

USO MEDICINAL: se utilizan las hojas como tónico digestivo gracias a sus propiedades estimulantes del apetito, digestivas, colagogas y carminativas. Como antiséptico, expectorante y espasmolítico se usa contra gripes, bronquitis crónica y asma. El aceite esencial se emplea tópicamente como pediculicida y también como analgésico y antiinflamatorio para tratar el reuma, la artritis y los dolores musculares. Para uso interno se suele tomar como condimento, en infusión o en aceite esencial. La decocción se usa tópicamente como colutorio, gargarismo o compresas sobre la frente.

TOXICIDAD: puede causar trastornos intestinales si se consume en gran cantidad.

OTROS USOS: las hojas sirven para condimentar arroces, guisos, legumbres o escabeches, y como aromatizantes en alcoholes. El aceite esencial se usa como insecticida. Se usa como planta ornamental ya que da muy buena sombra y buen olor.

CURIOSIDADES: en la antigua Grecia era consagrado al dios Apolo y servía como símbolo de victoria y para coronar con sus hojas a los triunfadores. También era considerado un árbol protector contra los rayos. Actualmente, se corta el Domingo de Ramos como símbolo de purificación. Durante la Edad Media se coronaba a los graduados universitarios con laurel, llamado *baccae lauri* (bayas de laurel) de donde proviene el nombre usado actualmente "bachiller". Junto con el roble, acostumbra a orlar banderas, enseñas y escudos heráldicos.

Laurus nobilis L.

DESCRIPCIÓN:

árbol perenne, dioico, de hasta diez metros de altura y aromático, con corteza lisa y grisácea. Hojas simples, alternas, coriáceas, lanceoladas y con margen entero. Flores en inflorescencias umbeliformes de 4-6 flores, todas ellas con cuatro pétalos amarillos y envueltas antes de abrirse en un involucro subgloboso. Las masculinas tienen 8-12 estambres, dos nectarios y un gineceo rudimentario. Las femeninas con 2-4 estaminodios y un ovario subsésil. Los frutos son bayas carnosas de algo más de 1 cm y ennegrecen al madurar.

Espliego, lavanda, lavandín

 ETIMOLOGÍA: para algunos, el nombre *Lavandula* se derivaría del latín *lavare*, lavar, limpiar, bañarse, refiriéndose al uso de infusiones de las plantas para perfumar el baño; otros sugieren que el nombre podría derivarse del latín *līvěo, -ēre* "ser azulado", en alusión al color habitual de las flores de las plantas de este género y, además, no consta que en la Antigüedad se lavase con lavanda. *Angustifolia*: epíteto latino que significa "con hojas estrechas".

 DISTRIBUCIÓN: la subespecie autóctona en España es *L. angustifolia* subsp. *pyrenaica*, distribuida por el centro y el norte peninsular en todo tipo de matorrales. De la subespecie *angustifolia,* que de forma natural se extiende por el sur de Francia y el norte de Italia, se cultivan diversas variedades, la más extendida de las cuales son los llamados "lavandines" de origen híbrido y, por tanto, estériles, pero que se reproducen fácilmente por estaquillado, son más vigorosos y producen inflorescencias más alargadas y multifloras.

 COMPOSICIÓN FITOQUÍMICA: se han extraído unos cien componentes fitoquímicos individuales del aceite de lavanda, incluyendo contenidos importantes de acetato de linalilo, linalol, taninos y cariofileno, con cantidades menores de sesquiterpenoides, alcohol perílico, éster, óxido, cetona, cineol, alcanfor, limoneno, ácido caproico y óxido de cariofileno.

 USO MEDICINAL: el aceite esencial de lavanda muestra actividad espasmolítica, sedante y ansiolítica, se ha empleado tradicionalmente para aliviar síntomas leves de estrés mental, alteraciones del humor tales como inquietud, agitación y agotamiento y para ayudar a dormir. Existen varios estudios clínicos que valoran la eficacia ansiolítica en pacientes sometidos a situaciones ansiogénicas posoperatorias en los que la aplicación de masajes con esencia de lavanda mejoró significativamente su humor y su ansiedad. En emplasto se utiliza para aliviar los esguinces.

 OTROS USOS: además de la cosecha masiva para la obtención industrial del aceite esencial usado en cosmética y perfumería, se recolectan las inflorescencias jóvenes que, una vez secas, pueden utilizarse artesanalmente entre otras cosas para meterlas en bolsitas para ponerlas en armarios ya que son excelentes antipolillas. Se utiliza la flor de lavanda en preparaciones que sirven como desinfectante ecológico, loción suavizante para las manos y contra picaduras de insectos, para hacer infusiones para el insomnio y como febrífuga.

 CURIOSIDADES: la especie emparentada, *Lavandula dentata*, llamada popularmente alhucema rizada, cuya área general se extiende por la región mediterránea occidental, Madeira, Canarias y el sudoeste de Asia, donde crece en lugares secos soleados, en terrenos calizos, en los matorrales y monte bajo, y se cultiva como planta ornamental o para la obtención de perfume, se diferencia por sus hojas con márgenes dentados.

Lavandula angustifolia Mill.

DESCRIPCIÓN:

perenne, de hasta de 1 m, leñosa en la base; tallos ramificados de sección cuadrangular, con dos caras pelosas y las otras casi glabras. Hojas opuestas, de elípticas a ovadas, enteras o con algunos dientes. Inflorescencias en verticilastros en espigas situadas en tallos desnudos ramificados. Corola azulada o púrpura, pubescente y glandulosa. Cuatro estambres exertos. Los frutos son cuatro clusas situadas en el fondo de los cálices.

Hoja de fraile, lepidio, mastuerzo silvestre, rompepiedras

 ETIMOLOGÍA: *Lepidium* deriva del griego y significa "pequeña escama" por la apariencia de los frutos y *latifolium* significa en latín "hoja ancha".

 DISTRIBUCIÓN: originaria de la región mediterránea y de zonas áridas de Asia. Introducida en Norteamérica y Centroamérica, donde se está asilvestrando. En España crece sobre todo en el cuadrante nororiental de la península, pero también en las islas Baleares y Canarias. Suele encontrarse en el borde de los ríos o en las huertas irrigadas, sin que falte en barbechos y márgenes de caminos.

 **COMPOSICIÓN FITOQUÍMICA:** toda la planta tiene una esencia sulfurada que contiene bencilglucosinolato, epitionitrilo, mirosina y glucosinolatos que convierte en picantes las semillas.

 **USO MEDICINAL:** se utiliza la planta entera florida y en fresco. Aunque siempre ha tenido mucha reputación como eficiente para disolver las piedras del riñón, como indica su nombre común, esta capacidad no está demostrada científicamente. Sí se sabe que tiene un efecto como tónico estomacal, aperitivo y diurético, probablemente debido a su esencia sulfurada. En uso tópico, su acción es rubefaciente (semejante a la de la mostaza) por lo que popularmente se ha usado para aliviar dolores osteoarticulares. Las hojas frescas y machacadas se han usado contra el dolor de muelas.

 TOXICIDAD: se recomienda su uso de forma discontinua.

 OTROS USOS: las hojas tiernas se pueden partir y comer en ensaladas, pero sin abusar de ellas. Las raíces y las semillas se han utilizado como condimento para añadir un toque picante al plato. En Inglaterra las semillas se conocían como "pimienta de los pobres".

 CURIOSIDADES: en varias zonas de Estados Unidos (dónde se conoce como "perennial pepperwed") y en México esta planta se comporta como invasora, extendiéndose entre uno y dos metros al año, desplazando a la flora autóctona, por lo que está sometida a programas de control.

Lepidium latifolium L.

DESCRIPCIÓN:

herbácea provista de un sistema radicular muy fuerte, lo que unido a los tallos leñosos en la base después del segundo año de crecimiento le permite alcanzar hasta dos metros de altura y sostener abundantes ramas. Hojas lanceoladas que crecen alternas en los tallos. Las flores blancas forman racimos numerosos y llamativos al final de los tallos. Produce frutos pequeños, cada uno con dos semillas, pero la planta en conjunto puede llegar a producir hasta tres mil en una estación. Toda la planta emite un característico y potente olor.

Lino

ETIMOLOGÍA: el nombre viene del griego, *linon*, hilo, porque de esta planta se obtiene una fibra textil. *Usitatissimum* es un nombre latino que significa de mucha utilidad o de múltiples usos.

DISTRIBUCIÓN: originaria de Oriente Próximo, se cultiva en todo el mundo desde tiempos inmemoriales.

COMPOSICIÓN FITOQUÍMICA: destaca su aceite compuesto por triglicéridos de los ácidos grasos omega 3 (ácido alfa-linolénico), omega 6 (ácido linoleico) y ácido oleico. Además, contiene mucílagos, proteínas, heterósidos cianogénicos y lignanos.

USO MEDICINAL: las semillas se utilizan como laxante debido al contenido en mucílagos y fibra insoluble, además, tienen una acción protectora de la mucosa gastrointestinal. Las semillas escaldadas se utilizan contra las inflamaciones de las vías respiratorias, digestivas y urinarias. El aceite obtenido de las semillas es rico en ácidos omega 3 y 6 que intervienen en la reducción de los niveles de colesterol malo.

OTROS USOS: de la fibra se obtiene el lino textil con el que se fabrican prendas muy frescas gracias a que, al ser un tejido higroscópico, absorbe muy bien el sudor sin adherirse al cuerpo y evapora el agua rápidamente. También se utiliza para construir lienzos para pintura.

CURIOSIDADES: no se conoce en estado silvestre; se supone que el lino cultivado procede de la especie *Linum bienne* por domesticación en Oriente Medio como planta oleaginosa y textil. Esta última especie, que crece silvestre en el área mediterránea, tiene el mismo número cromosómico y produce híbridos interfértiles con el lino cultivado. El lino ya se utilizaba como planta medicinal en los siglos V y IV antes de nuestra Era, en tiempos de Hipócrates y Teofrasto. En la actualidad, se cultiva tanto para la producción de fibra (lino) como por su semilla (linaza), principalmente para la extracción de su aceite.

Linum usitatissimum L.

DESCRIPCIÓN:

herbácea anual, lampiña, que emite escasos tallos. Hojas estrechas, lanceoladas, alternas sobre unos tallos erectos y glabros que se ramifican en la parte superior. Las flores están formadas por cinco sépalos verdes y puntiagudos, cinco pétalos azules, y otros tantos estambres y estilos. El fruto es una pequeña cápsula globosa dividida en cinco cámaras, en cada una de las cuales se alojan dos semillas, conocidas popularmente como linazas.

Cambronera, goji

 ETIMOLOGÍA: el nombre viene del griego, *Lycia*, provincia de Asia Menor donde abundan estas plantas. *Barbarum* significa en latín "extraño, extranjero", aplicado a esta planta por su origen en los confines de Asia.

 DISTRIBUCIÓN: originaria de valles del Himalaya y el Tíbet, se cultiva en China y se ha naturalizado en gran parte de Europa. En nuestro entorno crece preferentemente en suelos alterados y nitrificados como las cunetas de los caminos y las lindes de los cultivos.

 COMPOSICIÓN FITOQUÍMICA: los frutos son la parte que se utiliza en medicina naturopática. Principalmente son una fuente de carotenoides, polifenoles y vitamina C. Además, en su composición se encuentran vitaminas B1, B2 y B3, y diversos minerales como magnesio, manganeso y selenio. Entre otros componentes también es destacable el ß-sistosterol.

 USO MEDICINAL: en China se utilizan las bayas desde hace más de dos milenios como alimento y en medicina tradicional. Pueden consumirse frescas, deshidratadas o en forma de cápsulas. Tienen un elevado potencial antioxidante y fortalecen el sistema inmune gracias a su riqueza en compuestos carotenoides, selenio y vitamina C. Debido a la presencia de ß-sistosterol, los frutos se han utilizado para tratar la hiperplasia benigna de próstata.

 TOXICIDAD: las bayas de goji pueden tener interacción con la warfarina, un medicamento anticoagulante. El consumo de frutos inmaduros puede provocar problemas digestivos serios, seguidos de algunas complicaciones neurovegetativas; posiblemente debidos a la presencia de sustancias tóxicas como las solaninas y los saponósidos similares a los del tomatillo del diablo, una planta tóxica.

 OTROS USOS: en China, las bayas de goji son utilizadas para preparar sopas y té.

 CURIOSIDADES: junto con *L. chinense*, es una de las dos especies de espino de la familia solanáceas de la que se cosechan las bayas de goji. En Reino Unido *L. barbarum* también se conoce como árbol del té del duque de Argyll en honor a Archibald Campbell, tercer duque de Argyll, quien lo introdujo en el país en la década de 1730. Se cree que los habitantes de los territorios que han consumido sus frutos desde tiempos remotos prolongan su vida sin enfermedades, por lo que las bayas de goji están consideradas como "fuente de juventud". En 2013 la OCU (Organización de Consumidores y Usuarios) analizó varias muestras de goji adquiridas en distintos comercios y comprobó la presencia de peligrosos pesticidas y restos de metales pesados; por lo tanto, se recomienda el consumo de frutos ecológicos.

Lycium barbarum L.

DESCRIPCIÓN:

arbusto muy ramificado que alcanza de 2 a 3 m de altura; las ramas, rígidas y espinosas, pierden las hojas en invierno. Estas, algo carnosas, tienen forma lanceolada o espatulada. Las flores nacen solitarias o agrupadas en pequeños racimos; la corola tiene forma de embudo con cinco lóbulos estrellados; es de una sola pieza y de color entre violáceo y rosado. El fruto, de cáliz persistente, es una baya ovoide alargada de color rojo.

Malva común, hierba quesera

ETIMOLOGÍA: *Malva*, del latín *malva, -ae*, vocablo empleado en la Antigua Roma para diversos tipos de malvas, ampliamente descritas, con sus numerosas virtudes y propiedades, por Plinio el Viejo en su *Historia Naturalis*. El epíteto *sylvestris* alude a que es una planta nativa, silvestre o salvaje, como se prefiera.

DISTRIBUCIÓN: Europa, Asia occidental y Norte de África. Se ha introducido en Centroamérica y Norteamérica, donde está considerada como invasora. Es muy abundante en terrenos baldíos, huertos, cultivos, márgenes de caminos, escombreras y jardines cuando están descuidados.

COMPOSICIÓN FITOQUÍMICA: la flor contiene mucílagos constituidos por monosacáridos ácidos y neutros, principalmente ramnosa, galactosa y arabinosa, y los ácidos galactourónico y glucurónico.

USO MEDICINAL: por su contenido en mucílagos, la flor y la hoja presentan propiedades demulcentes con efecto antiinflamatorio local, que ejercen un efecto protector sobre la mucosa orofaríngea, la tos seca asociada a ella y el alivio sintomático de las molestias gastrointestinales leves. En aplicación tópica como antipruriginoso y antiinflamatorio en afecciones de la piel y de la mucosa bucofaríngea, irritación ocular (por esfuerzo visual prolongado, ambientes cargados, baños de mar o piscina, etc.), heridas, abscesos y forúnculos.

TOXICIDAD: las malvas contienen nitratos, que en ciertas condiciones se convierten en nitritos en el aparato digestivo, los cuales, al combinarse con la hemoglobina forman metahemoglobina que bloquea el transporte de oxígeno a los tejidos. Contienen también el ácido graso malválico con actividad carcinogénica. El ganado ovino se puede intoxicar con pérdida de coordinación, temblores, arqueado de la espalda y respiración pesada, llegando incluso a provocar la muerte; en las aves su ingestión conduce a una puesta de huevos rosados.

OTROS USOS: por su contenido en antocianos, la flor se utiliza para mejorar las características organolépticas de las tisanas y como colorante alimentario. Los frutillos se llaman panecillos o quesitos, por su aspecto de panecillo redondo que, estando aún verdes, se recolectaban como golosina infantil, un uso alimenticio conocido desde la antigüedad, que, llevado por los árabes, se conserva todavía en el Marruecos rural.

CURIOSIDADES: como verdura cocida es insípida, lo que se corrige añadiendo al hervido una fritada de cebolla, ajo, pimienta u otras especias. Las virtudes atribuidas a las malvas se resumen en el refrán: «Con un pozo y un malvar, boticario en cualquier lugar». La expresión «irse a criar malvas» se debe a la abundancia de estas hierbas en los camposantos, lugares muy ricos en compuestos nitrogenados. Con frecuencia, las flores aparecen salpicadas de pústulas anaranjadas producidas por el ataque del hongo *Puccinia malvacearum*.

Malva sylvestris L.

DESCRIPCIÓN:

hierba anual o bienal, con hojas alternas algo serradas y de 3-7 lóbulos festoneados. Flores en fascículos axilares, hermafroditas, actinomorfas; cáliz con 5 sépalos soldados sobre un calículo de 3 pequeñas brácteas; corola de 5 pétalos triangulares, escotados, rosados y rayados; filamentos estaminales unidos en una columnita atravesada por el estilo y sobrepasada por numerosos estigmas. Fruto esquizocarpo, dividido en mericarpios aplanados dispuestos alrededor de un eje central.

El arrebol azul, *Echium webbii*, una planta endémica de la isla de La Palma, es de la misma familia (Boraginaceae) que la borraja *Borago officinalis*.

Marrubio, hierba del sapo o toronjil, cuyano, malvarrubia, malva de sapo

ETIMOLOGÍA: *Marrubium,* del hebreo antiguo *mar,* amargo, y *rob,* jugo. El epíteto *vulgare* obedece a lo fácil que se encuentra esta planta y todos los usos que se hacen de ella.

DISTRIBUCIÓN: nativa de Eurasia y norte de África, pero debido a la fácil dispersión de sus semillas —gracias a los ganchos de los sépalos del cáliz al cual se quedan fijadas las núculas—, su distribución geográfica actual es prácticamente cosmopolita. Vive por lo general en herbazales junto a caminos o en campos abandonados. Florece sobre todo en primavera y verano.

COMPOSICIÓN FITOQUÍMICA: el principio activo está constituido por la marrubiína, un diterpeno amargo. Otros diterpenos son marrubiol, peregrinol y vulgarol, unidos a varios flavonoides y ácidos fenólicos. El aroma se debe a un aceite esencial formado principalmente por sesquiterpenos. Otros componentes son taninos, saponósidos, esteroides mucílagos, pectinas, sales minerales (hierro y potasio) y vitamina C.

USO MEDICINAL: la droga vegetal consiste en la parte aérea florida, desecada, entera o fragmentada, cuyos principios amargos le confieren propiedades aperitivas, digestivas y coleréticas. Además, se han descrito actividades antiespasmódicas (con efecto sedante en la musculatura lisa cardiaca, que resulta útil frente a taquicardias), antiulcerosas, antinociceptivas, antibacterianas, cicatrizantes, hepatoprotectoras, ligeramente hipotensoras, hipoglucemiantes e hipolipemiantes. La Agencia Europea del Medicamento aprueba su uso tradicional en tisanas para mayores de 12 años como expectorante en caso de tos asociada a resfriados; para alivio de la hinchazón y flatulencia asociadas a la dispepsia y en la pérdida temporal de apetito.

TOXICIDAD: no se han descrito a las dosis recomendadas, pero como se trata de una droga de carácter amargo-salino, puede no ser bien tolerada en caso de existir gastroenteritis o síndromes que cursen con náuseas o vómitos. En tisanas, es recomendable emplear correctores organolépticos como corteza de naranja amarga o menta.

OTROS USOS: popularmente se ha usado infundadamente contra la diabetes, para aliviar las menstruaciones dolorosas, las infecciones de vías urinarias y la inflamación de próstata. Años ha se elaboraba un vino de marrubio macerándolo en vino.

CURIOSIDADES: según una creencia popular, una manera de curar la ictericia era orinar por la mañana temprano sobre una mata de marrubio y, cuando se secaba la mata, el enfermo sanaba gracias a una curación mágica por traspaso de la enfermedad. En su **Dioscórides Renovado**, Font Quer cita al Doctor Cree Leclerc, quien alude a las virtudes del "vino de marrubio", un producto para cuya preparación recomienda emplear un vino generoso y dejar en maceración sus inflorescencias durante una semana, hecho lo cual se cuela, se embotella y se toma una copita después de las comidas.

Marrubium vulgare L.

DESCRIPCIÓN:

herbácea perenne; tallo frecuentemente ramificado, leñoso en la base, con sección redondeada o cuadrangular, cubierto con un indumento grisáceo. Hojas pecioladas, irregularmente dentadas, pilosas y profundamente nervudas. Flores en verticilastros densos con dos hojas pegadas que sobresalen en su base. Cáliz con diez dientes de puntas recurvadas. Corola tubular, bilabiada blanquecina o cremosa con cuatro estambres inclusos y soldados a la garganta corolina; pistilo remata en un estigma bífido. Los frutos son cuatro núculas de color oscuro.

ETIMOLOGÍA: *Matricaria* procede del latín *matrix*, en referencia a la creencia de que regula la menstruación. El epíteto *chamomilla* deriva de *chamaemelum,* que significa pequeña manzana en griego, por el aroma afrutado que emite.

DISTRIBUCIÓN: vive en bordes de caminos, campos, sembrados y zonas antropizadas. Crece de forma espontánea en Europa, zonas templadas de Asia y norte de África. En la península ibérica es bastante frecuente.

COMPOSICIÓN FITOQUÍMICA: contiene aceite esencial constituido por sesquiterpenos, principalmente por bisabolol, camazuleno y farneseno. También contiene compuestos fenólicos que incluyen ácidos fenólicos (ácido cafeico y clorogénico, entre otros), flavonoides (apigenina) y cumarinas (umbeliferona y herniarina). Así mismo, mucílagos y lactonas sesquiterpénicas.

USO MEDICINAL: el capítulo floral se cosecha en la época de floración y se deja secar. Se toma en infusión para tratar problemas gastrointestinales como náuseas, flatulencias o inflamación. Es antioxidante, antiespasmódica, antiulcerosa, carminativa y ayuda a la producción de líquido biliar. Al poseer ciertas capacidades bactericidas y fungicidas, se puede aplicar también externamente para infecciones o inflamación. Tradicionalmente se ha usado para tratar irritaciones oculares, fortalecer el sistema inmunológico, contra el resfriado y el dolor de garganta. Es útil para el tratamiento de ansiedad, insomnio y depresión leve.

TOXICIDAD: la infusión puede provocar reacciones alérgicas.

OTROS USOS: se ha usado como repelente de insectos, tintes y aromatizante de tabacos y alcoholes. También se emplea mucho en champús para dar brillo y aclarar el cabello.

CURIOSIDADES: el aceite esencial de esta manzanilla es azul debido al camazuleno derivado de la matricina. El receptáculo es hueco y carece de escamas, lo que permite distinguirla fácilmente de la manzanilla bastarda, *Anthemis arvensis,* y de la manzanilla común, *Chamaemelum nobile*, también llamada *Anthemis nobilis*.

Caracteres generales de dos especies de **manzanilla**

Anthemis nobilis | *Matricaria chamomilla*

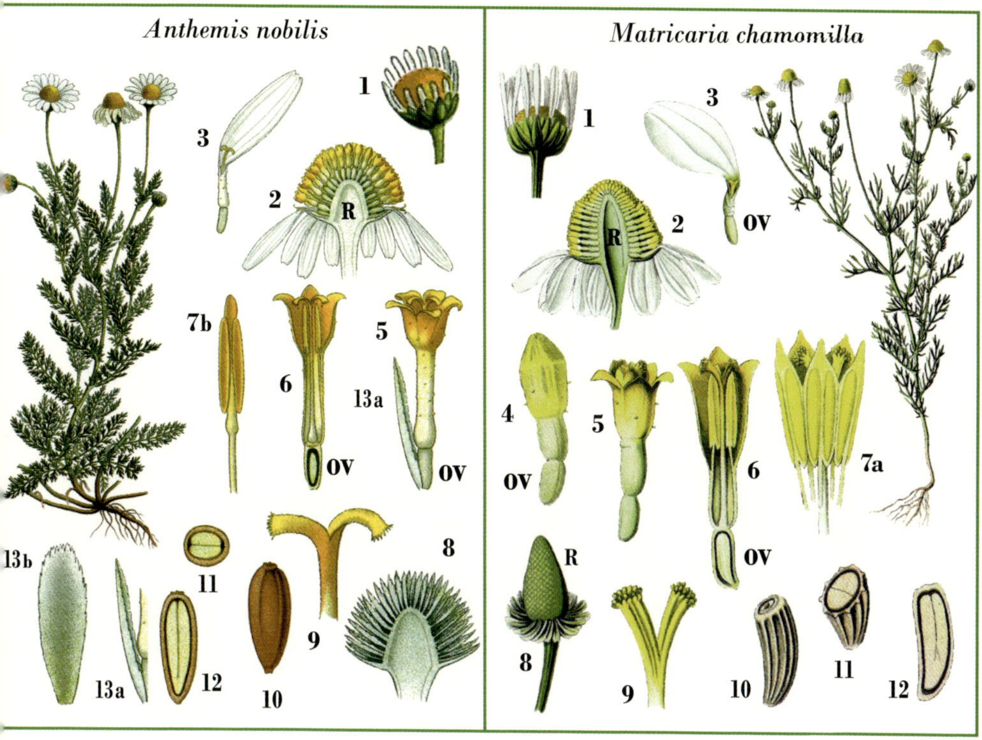

Diferencia entre dos especies de manzanilla

1. Capítulo cerrado, 2. Sección longitudinal de un **capítulo** (R. Receptáculo), **3. Flor radial** (OV. Ovario ínfero). **4. Flor tubular cerrada, 5. Flor tubular abierta, 6. Sección longitudinal** de una **flor tubulosa, 7a. Estambres soldados** por las **anteras, 7b. Estambre** aislado, **8. Receptáculo** desnudo, en ***M. chamomilla* sin brácteas** interflorales, en ***A. nobilis* con brácteas** interflorales, **9. Estilo** con dos **estigmas, 10. Fruto** (cipsela), **11. Corte transversal** de un **fruto, 12. Corte longitudinal** de un **fruto, 13a. Bráctea interfloral** en visión **dorsal, 13b. Bráctea interfloral** en visión **lateral.** Las flores muestran las **glándulas** ricas en **esencias aromáticas.**

Anthemis nobilis

Matricaria chamomilla

Abejera, toronjil

 ETIMOLOGÍA: *Melissa* proviene del griego *mèli*, que significa miel, por tratarse de una planta melífera. En la antigua Grecia, Melisa era también la denominación de las sacerdotisas. La hipótesis más extendida sobre el origen de su nombre es el que se refiere a Melisa, una oréade de la mitología griega. El nombre *officinalis* hace referencia a que se ha usado en medicina.

 DISTRIBUCIÓN: crece en lugares sombríos de castañares, encinares, alisedas y choperas. Es originaria de la región mediterránea, probablemente de Turquía, y actualmente crece de forma espontánea en toda Europa incluyendo gran parte de la península ibérica, Baleares y Canarias.

 COMPOSICIÓN FITOQUÍMICA: contiene aceites esenciales con más de una veintena de componentes volátiles, sobre todo citral, citronelal, β-cariofileno y germacreno, que son la causa de su fuerte aroma a limón; además, contiene ácidos fenólicos (cafeico, rosmarínico, clorogénico), flavonoides, triterpenos (ácidos ursólico y oleanolico), taninos y mucílagos.

 USO MEDICINAL: las flores se recogen en verano y las hojas, preferiblemente, en el mismo momento. Se usa la sumidad florida y las hojas en infusión o en extracto hidroalcohólico como sedante y calmante que ayuda a combatir el estrés mental, la ansiedad y facilita el sueño. Alivia trastornos digestivos del tipo inflamación intestinal, gastritis, flatulencia o diarrea. El aceite esencial tiene propiedades antimicrobianas, antibacterianas y antifúngicas. Se ha encontrado actividad antitiroidea, antioxidante, neuroprotectora y espasmolítica. Resaltan sus propiedades antivirales contra el herpes, aplicándolo por vía tópica. Se ha usado tradicionalmente como antídoto para las intoxicaciones por hongos y potenciador de la memoria.

 OTROS USOS: la parte aérea se ha utilizado para aromatizar licores y tés y como condimento en asados, guisos o salsas. Se utiliza para elaborar aguas aromáticas para la industria cosmética y como repelente de insectos. Se cultiva como planta ornamental en jardines y es usada para aromatizar armarios roperos y vestidores.

 CURIOSIDADES: emite una fragancia alimonada. Con ella se elaboraba el agua del Carmen, famosa como calmante frente a ataques de ansiedad. Los apicultores la usaban para atraer a los enjambres errantes restregándola contra las paredes de sus colmenas; de esa práctica proviene el nombre de "abejera".

DESCRIPCIÓN:

herbácea perenne de tallo erecto y ramificado que puede rondar el metro de altura. Hojas ovadas y dentadas, con nervios marcados y superficie pilosa. Flores en verticilastros. Cáliz con tres dientes curvados hacia arriba y dos algo más cortos abajo. Corola blanquecina cortamente tubular como el cáliz, pero con dos labios superiores cortos y el inferior central más ancho. Estambres didínamos, fusionados a la corola. El ovario madura en tetranúcula.

Menta de agua, hierbabuena morisca

ETIMOLOGÍA: *Mentha* deriva del nombre griego de una ninfa (*Minthe* o *Myntha*) que fue convertida en hierba por Perséfone por ser amante de Dite. El epíteto *aquatica* obedece al hábitat natural de esta especie, que suele prosperar junto a lugares muy húmedos.

DISTRIBUCIÓN: originaria de la región mediterránea, pero distribuida por todo el mundo en huertas y jardines. Como su nombre sugiere, vive en las márgenes de canales y arroyos, ríos, embalses y diques. Cuando se cultivan plantas con un aroma particular, es mejor propagarlas por división. La división se puede realizar fácilmente en casi cualquier época del año, aunque probablemente sea mejor hacerlo en primavera u otoño para permitir que la planta se establezca más rápidamente. Se puede propagar fácilmente por cortes de raíces, como otras especies de menta. Prácticamente cualquier parte de la raíz es capaz de convertirse en una nueva planta. Sin embargo, para un crecimiento máximo, es posible dividir las raíces en secciones de no más de 3 cm de largo y colocarlas en macetas a la sombra en un ambiente fresco. Se establecerán rápidamente y se pueden plantar en verano.

COMPOSICIÓN FITOQUÍMICA: muy rica en aceites esenciales aromáticos como la pulegona y el mentol y otras sustancias terpénicas como la mentona y la piperitona.

USO MEDICINAL: hojas antisépticas, antiespasmódicas, astringentes, carminativas, colagogas, diaforéticas, eméticas, refrigerantes, estimulantes, estomacales, tónicas y vasodilatadoras. Con esta hierba, de fuerte aroma, se hacen infusiones tónicas y estimulantes y se utiliza también para aromatizar ciertos licores y aderezar algunos guisos. La infusión hecha con las hojas se ha utilizado tradicionalmente en el tratamiento de fiebres, dolores de cabeza, trastornos digestivos y diversas dolencias menores. También se utiliza como enjuague bucal y gárgaras para tratar dolores de garganta, úlceras, mal aliento, etc. Las hojas se recolectan cuando la planta florece y se pueden secar para su uso posterior.

OTROS USOS: el aceite esencial tiene un aroma agradable y fresco que repele moscas, ratones y ratas, por lo que antiguamente se utilizaba como hierba que se esparcía para mantener a los roedores alejados del grano. La planta, cosechada antes de la floración, produce alrededor de un 0,8% de aceite esencial. Fresca o seca es muy buena usada en baños de hierbas y también se puede usar en almohadas. Las hojas crudas o cocidas tienen una fragancia fuerte y distintiva como el de otras mentas. Se utilizan como condimento en ensaladas o comidas cocidas, pero son demasiado picantes para que la mayoría de la gente las acepte como condimento.

CURIOSIDADES: el uso medicinal de la menta es ancestral, como lo demuestra su presencia en la *Capitulare de villis vel curtis imperii*, una orden emitida por Carlomagno que reclama a sus campos para que cultiven una serie de hierbas y condimentos incluyendo "*sisymbrium*", identificada actualmente como *Mentha aquatica*. Se cruza fácilmente con *Mentha spicata* para producir *Mentha × piperita*, un híbrido estéril.

FAMILIA • Lamiáceas

Mentha aquatica L.

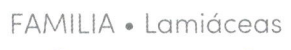

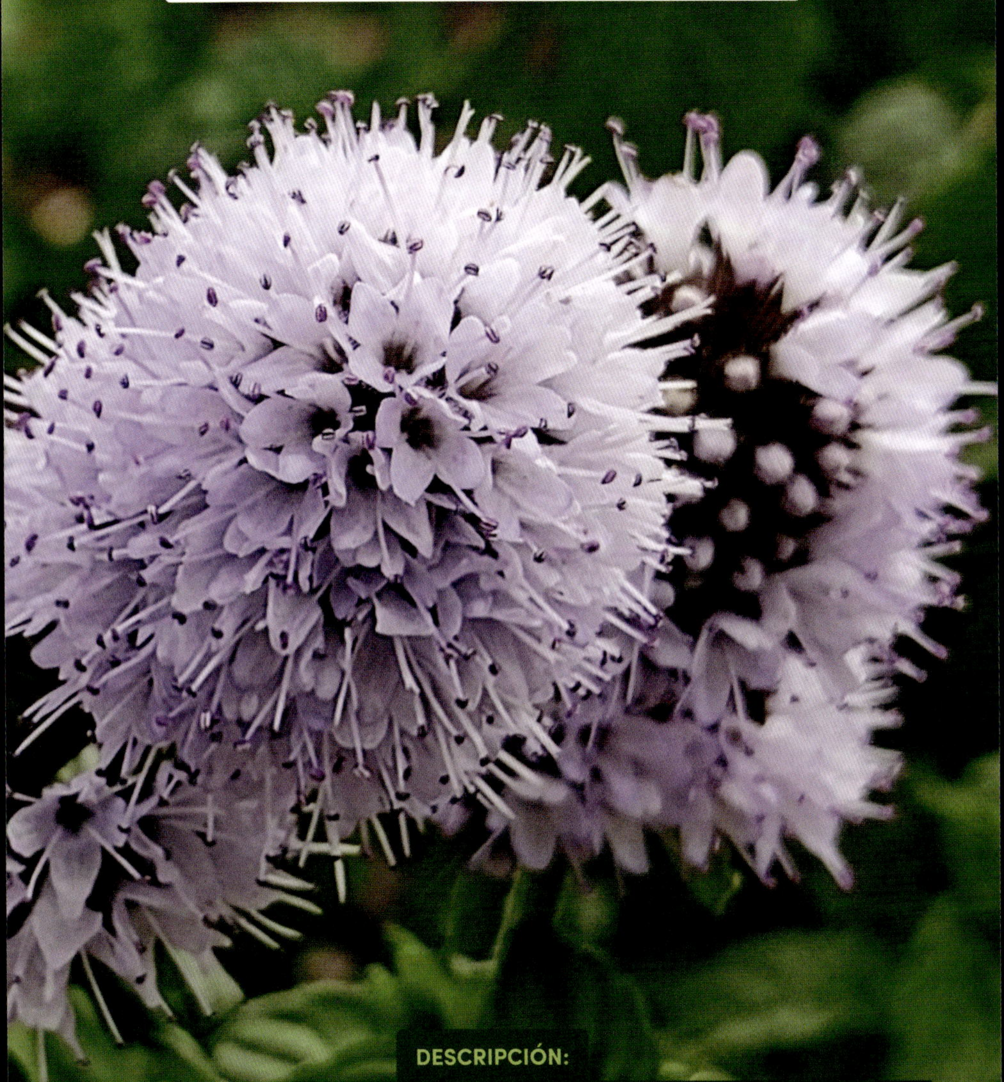

DESCRIPCIÓN:

crece alrededor de un metro de altura, con tallos cuadrangulares, con frecuencia purpúreos, siempre densamente cubiertos por hojas ovadas a ovado-lanceoladas, verdes (a veces purpúreas), opuestas, profundamente venadas que pueden ser pilosas o glabras. Toda la planta emite un característico aroma a menta. Las flores son pequeñas, densas, tubulares, de color rosado a lila. Florece de julio a septiembre.

Poleo, menta poleo

 ETIMOLOGÍA: *Mentha,* nombre griego de una ninfa (*Minthe* o *Myntha*) que fue convertida en hierba por Perséfone por ser amante de Dite. El epíteto *pulegium* deriva del latín *pulex,* "pulga", se debe a la antigua costumbre de quemar poleo en las casas para repeler a estos insectos.

 DISTRIBUCIÓN: originaria de la región mediterránea, pero distribuida por todo el mundo en huertas y jardines. Florece de mayo a noviembre y se recoge cuando está en flor, que suele ser en verano. Crece en praderas, matorrales o claros de bosques, en suelos con marcada humedad, por lo que suele aparecer cerca de arroyos, ríos o charcas.

 COMPOSICIÓN FITOQUÍMICA: muy rica en aceites esenciales aromáticos como la pulegona y el mentol y otras sustancias terpénicas como la mentona y la piperitona.

 USO MEDICINAL: se usa la hoja (aunque puede usarse toda la planta) por sus efectos carminativo, digestivo y emenagogo. En afecciones bronquiales leves muestra cierta capacidad tópica expectorante y antitusiva. Se usa en infusiones como relajante. No es aconsejable para quienes padecen afecciones del hígado, ya que la pulegona, el principio activo de mayor concentración, tiene efecto hepatotóxico.

 OTROS USOS: por sus aceites esenciales es utilizada como condimento y para aromatizar bebidas o infusiones como el té o los mojitos. En cosmética y perfumería es utilizada por sus aceites esenciales, que se obtienen por destilación al vapor de ramas floridas. El extracto de la hoja se utiliza en cosmética como enmascarante y el cuidado oral.

 OTROS USOS: se usa para la higiene bucal y combatir el mal aliento debido al mentol, que muestra algún efecto adormecedor, ligeramente anestésico. Su aceite esencial se usa como repelente de insectos. Introducida en bolsitas metidas en los armarios para ahuyentar polillas. Su esencia se usa para la fabricación de licores, colutorios y dentífricos.

 CURIOSIDADES: hay una especie próxima a esta planta, el poleo cervuno (*M. cervina*), que precisamente vive en prados montanos encharcados, en los llamados cervunales, que tiene las hojas alargadas y flores blancas, y que se encuentra casi exclusivamente en la península ibérica. Además, es de sabor más fino que el poleo debido a que su esencia contiene más pulegona. Lo mismo ocurre con el poleo blanco o ajedrea de hojas blancas (*Micromeria fruticosa*), un arbusto enano de hoja perenne endémico del Mediterráneo oriental, que alcanza el cuadrante nororiental de España y presenta las mismas propiedades.

Mentha pulegium L.

DESCRIPCIÓN:

hierba perenne, con tallos que surgen de rizomas reptantes. Hojas, glabras, opuestas, cortamente pecioladas o sésiles, elípticas, de margen entero o con seis pequeños dientes en cada lado. Flores muy menudas, rosas o moradas, que nacen agrupadas a lo largo de los nudos del tallo en estructuras globosas. Cáliz piloso, tubuloso rematado en 5 dientes triangulares. Corola abierta al exterior con 4 lóbulos pilosos por fuera. Estambres exertos didínamos; el fruto son cuatro clusas aplanadas, rugosas, pardas o pajizas.

Batán, hierbabuena, mastranzo, menta de jardín, menta hortense, menta romana, yerbabuena, yerba santa, yerba del tiñoso

 ETIMOLOGÍA: el nombre "menta" para una planta fue utilizado por primera vez por Cayo Plinio Segundo, escritor, almirante y naturalista romano del siglo I, y derivaría del nombre griego de una ninfa (*Minthe* o *Myntha*) que fue convertida en hierba por Perséfone por ser amante de Dite. El epíteto *spicata* (en latín espiga) por sus flores dispuestas en espigas.

 DISTRIBUCIÓN: originaria de la región mediterránea. Distribuida por todo el mundo en huertas y jardines.

 COMPOSICIÓN FITOQUÍMICA: muy rica en aceites esenciales aromáticos de nombres evocadores con sus penetrantes olores: limoneno, mentona, mentol, pulegona.

 USO MEDICINAL: sus propiedades principales son antiespasmódicas y antisépticas. En infusiones calma la pared interna del estómago, ayuda a acelerar la digestión y estimula la secreción de la bilis. Es también una buena vermífuga y estimula el sistema nervioso. El aceite esencial es utilizado en los dentífricos y baños de boca y también en inhalaciones o pomadas refrescantes. En uso externo, es repelente de los mosquitos, y mejora el dolor de cabeza en las migrañas y neuralgias de origen dental. Recientes investigaciones han descubierto que tomar dos tazas de té de *M. spicata* al día disminuye los niveles de andrógenos en sangre, lo que beneficia a mujeres con hirsutismo leve (exceso de vellos en cara, pecho, abdomen y pubis).

 OTROS USOS: por sus aceites esenciales es utilizada como condimento y para aromatizar bebidas o infusiones como el té o los mojitos. En cosmética y perfumería es utilizada por sus aceites esenciales, que se obtienen por destilación al vapor de ramas floridas. El extracto de la hoja se utiliza en cosmética como enmascarante y el cuidado oral.

 CURIOSIDADES: se colocaba en las tumbas de los faraones. Los griegos advertían a los soldados del consumo de menta, por sus efectos afrodisíacos. Finalmente, la prohibieron en tiempos de guerra. Su refrescante aroma hizo que la usasen en perfume. Los romanos también la usaban como hierba de cocina. Los árabes bebían té de menta para aumentar sus defensas contra los insectos transmisores de enfermedades y como afrodisíaco. Mezclándola con miel, endulzaban su aliento después de ingerir vino, práctica prohibida entre ellos. El uso medicinal de la hierbabuena entre los europeos es viejo, como lo demuestra su presencia en la *Capitulare de villis vel curtis imperii*, una orden emitida por Carlomagno que reclama a sus campesinos para que cultiven una serie de hierbas y condimentos incluyendo «*mentam*», identificada actualmente como *Mentha spicata*.

Mentha spicata L.

DESCRIPCIÓN:

herbáceas perennes y aromáticas con numerosos estolones subterráneos y superficiales que a menudo las convierten en invasoras. Las hojas, frecuentemente dentadas, se disponen en pares opuestos. Las flores, blancas o rosadas, que se producen en largas espigas situadas unas veces en las axilas de las hojas y otras terminales, son bilabiadas con cuatro lóbulos desiguales, cuyo lóbulo superior suele ser el más grande. Los frutos son cuatro clusas situadas en el fondo de los cálices.

Polinización entomófila de la jara blanca *Cistus albidus*.

Bergamota silvestre

 ETIMOLOGÍA: el nombre del género hace referencia a Nicolás Monardes, médico y botánico del siglo XVI, que describió propiedades farmacológicas de las plantas del Nuevo Mundo. El epíteto específico proviene del griego *didymos* haciendo alusión a las flores de dos labios o los dos estambres que presenta la planta.

 DISTRIBUCIÓN: crece en bordes de arroyos, praderas húmedas y bosques abiertos. Es nativa del este de Norteamérica, aunque se ha naturalizado en otras zonas.

 COMPOSICIÓN FITOQUÍMICA: aceite esencial con timol y carvacrol, ácidos fenólicos (rosmarínico, cafeico y clorogénico), triterpenos (ácidos ursólico y oleanólico), flavonoides (monardina), taninos y mucílagos.

 USO MEDICINAL: el aceite esencial de esta planta tiene propiedades antioxidantes, antiinflamatorias, antimicrobianas y antimicóticas. También es diurético, sudorífico y carminativo. Se ha tomado tradicionalmente en infusión para tratar la fiebre, el dolor de cabeza y la tos producida por resfriado y enfermedades del corazón. Tópicamente se ha usado para la piel seca, las picaduras de abeja y las quemaduras solares.

 OTROS USOS: debido a su aroma a menta, las hojas y las flores frescas se utilizan para dar sabor a las ensaladas. También se prepara el té de Oswego y se utiliza como aromatizante en el té inglés. Recientemente, las flores se están utilizando mucho como comestibles. Se cultiva mucho como planta ornamental.

CURIOSIDADES: es conocida con diferentes nombres vulgares como bálsamo de abeja, porque se usaba para tratar picaduras de abejas, bergamota silvestre, por el parecido olor entre el aroma de estas flores con el fruto de la bergamota (*Citrus × bergamia*), y té de Oswego, en referencia a una tribu de nativos americanos que lo usaban como digestivo y expectorante. Después del Motín del Té de Boston, sus hojas fueron usadas como sustituto del té. Algunas especies de *Monarda* son consideradas buenas plantas acompañantes para los tomates, porque se dice que mejoran la salud de estos. En general, son buenas acompañantes de cultivos porque atraen polinizadores y también a ciertos insectos predadores y parásitos o parasitoides que contribuyen al control biológico de plagas.

FAMILIA • Lamiáceas

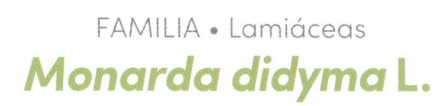

Monarda didyma L.

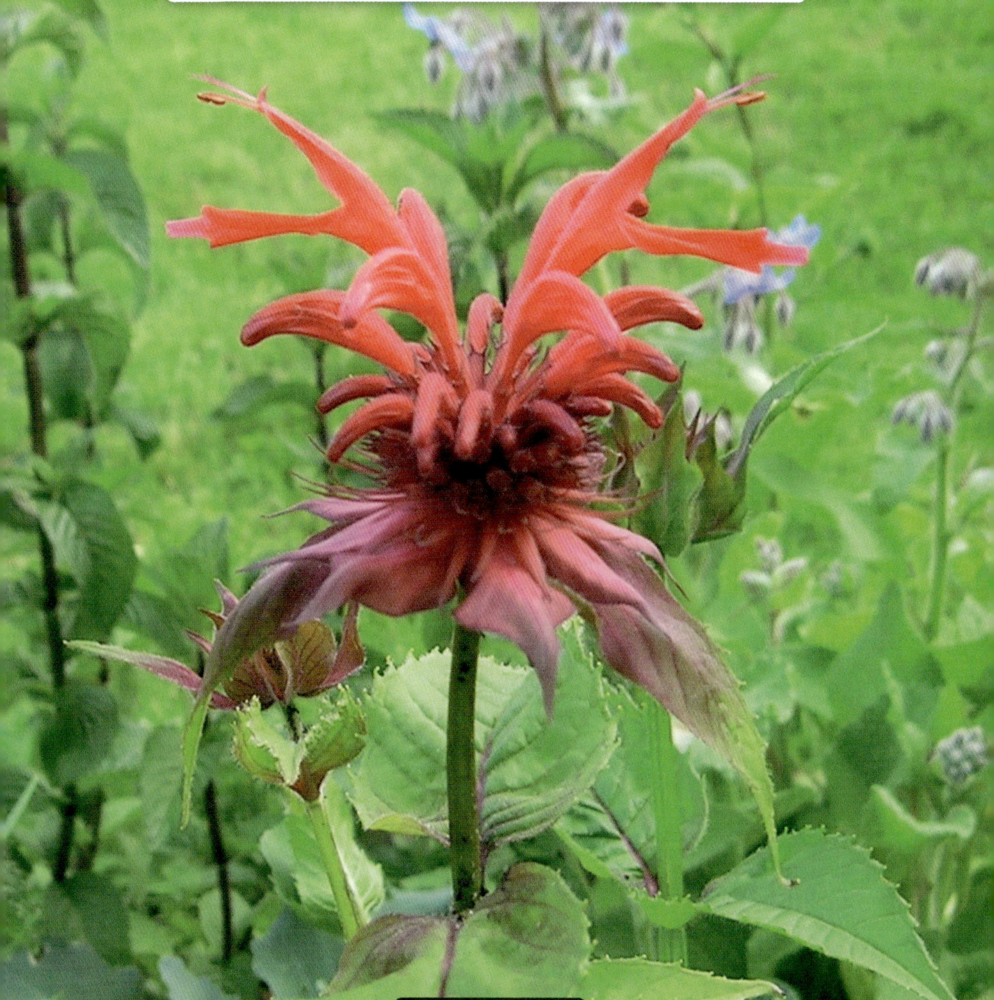

DESCRIPCIÓN:

herbácea perenne que supera el metro de altura con tallos cuadrangulares. Hojas opuestas, pecioladas, elíptico-lanceoladas, acuminadas, margen serrado. Inflorescencia verticilastro capituliforme terminal. Flores hermafroditas, zigomorfas, pentámeras. Cáliz gamosépalo, tubuloso con dientes cortos. Corola bilabiada, rojo escarlata a anaranjada, labio superior arqueado, inferior trilobulado. Androceo con dos estambres fértiles. Fruto tetranúcula. Planta muy aromática con hojas con un potente aroma a menta.

Arrayán, mirto, murta

ETIMOLOGÍA: *Myrtus* procede del griego *myrtos,* que significa "perfume" por lo aromática que es la planta y *communis* significa "común".

DISTRIBUCIÓN: nativo de sudeste de Europa y norte de África, pero cultivado en toda la cuenca mediterránea y en otras zonas del mundo.

COMPOSICIÓN FITOQUÍMICA: aceite esencial (que contiene α-pineno, acetato de mirtileno, cineol, mirtenol y metil eugenol), taninos y floroglucinoles.

USO MEDICINAL: se utilizan las hojas secas que tienen efectos antitusivos, expectorantes, hemostáticos, digestivos, sedantes, antidiarreicos y cicatrizantes, se usan contra problemas respiratorios e infecciones urinarias. En uso tópico se utiliza en las otitis, en heridas y hemorroides. El mirto, junto con la corteza del sauce, ocupa un lugar prominente en los escritos de Hipócrates, Plinio el Viejo, Dioscórides, Galeno y los autores árabes, quienes dicen que lo prescribían para la fiebre y el dolor al menos desde 2.500 a. C. en Sumeria. Sus efectos se deben a los altos niveles de ácido salicílico, un compuesto relacionado con la aspirina y la base de la clase moderna de fármacos conocidos como antiinflamatorios no esteroideos.

TOXICIDAD: se recomienda usarla con moderación porque puede producir trastornos gástricos o, en uso tópico, alergias. No se recomienda su uso ni en el embarazo, ni en la lactancia, ni con niños.

OTROS USOS: muy cultivada en los jardines como planta ornamental. El famoso patio de los Arrayanes de la Alhambra granadina debe su nombre a esta planta, por lo demás muy utilizada en todo el recinto de la Alhambra, el Generalife y en otros recintos históricos andalusíes. Es el ingrediente principal del licor de Murta, bebida alcohólica típica de las islas de Córcega y Cerdeña. También se usa en la cocina mediterránea como aderezo de carnes y salchichas o para aromatizar los higos. El aceite esencial, así como la infusión de sus hojas, se han usado para fortalecer y oscurecer el cabello, tanto en España como en el norte de África.

CURIOSIDADES: cuando en 1840, la enamorada reina Victoria de Inglaterra se casó con Alberto de Sajonia-Coburgo y Gotha, eligió para adornar su cabeza una sencilla diadema formada por hojas de mirto y flores de azahar, en vez de una tiara o una corona cargadas de joyas, como se esperaba, lo que causó un gran escándalo en la corte. Tanto el municipio de Murtas (Granada), como los topónimos Murcia y Motril, proceden probablemente del nombre de la planta.

DESCRIPCIÓN:

mata de hojas perenne, pequeñas, brillantes y ricas en aceite esencial aromático. Las flores, especialmente fragantes al atardecer, son blancas, pentámeras con sépalos soldados en hipantio, pétalos libres, numerosos estambres y ovario pentacarpelar ínfero. Fruto baya pluriseminada ornitócora, azul oscura en la madurez.

Adelfa

 ETIMOLOGÍA: el nombre viene del griego *nerion* o *neros*, húmedo, haciendo referencia a que crece de modo natural en las ramblas mediterráneas. Para otros autores el nombre proviene de Nereus, dios del mar. *Oleander*: epíteto derivado del vocablo griego *rhododéndron*, que significa "árbol de rosas". El nombre aparece en el siglo I, cuando Dioscórides lo mencionó como uno de los términos utilizados por los romanos para la planta, el cual, es una corrupción del latín medieval de los nombres en latín tardío pasó a ser *arodandrum* o *lorandrum*. La adición de *Olea* es porque se refiere a la semejanza superficial de sus hojas con el olivo *(Olea europea)*.

 DISTRIBUCIÓN: crece próxima a ríos y arroyos, y en el lecho de las ramblas en la región mediterránea. Su cultivo como planta ornamental está muy extendido, particularmente en plantaciones viales donde resiste la contaminación y la falta de riego.

 COMPOSICIÓN FITOQUÍMICA: las hojas contienen sustancias digitálicas, entre las que destaca la folineriina, además de un gran número de heterósidos cardiotónicos, principalmente digitoxigenina y oleandrina.

 USO MEDICINAL: a bajas dosis, la oleandrina presenta actividad cardiotónica. Un extracto acuoso, patentado con el nombre de Anvirzel, ha mostrado actividad antitumoral *in vitro*. Tradicionalmente se ha usado tópicamente para tratar enfermedades cutáneas como la sarna.

 TOXICIDAD: la adelfa es una de las plantas más tóxicas del mundo. La ingestión de cualquier parte de la planta, pero especialmente las hojas, provoca taquicardias debidas a que la planta es rica en heterósidos cardiotónicos, en especial digitoxigenina y oleandrina. Como consecuencia, se producen arritmias: al principio la frecuencia cardíaca se acelera y luego desciende hacia una frecuencia muy inferior a la normal, hasta que el corazón deja de latir por completo y el intoxicado muere por parada cardíaca. Otros síntomas previos son náuseas, vómitos, vértigo, deposiciones diarreicas, excitación, depresión y convulsiones. La flor es tan peligrosa que incluso la miel hecha por las abejas que liban en ellas para obtener néctar es tóxica.

 OTROS USOS: se cultiva como ornamental en las regiones cálidas de todo el mundo. En plantaciones viales evita el deslumbramiento del tráfico en sentido opuesto, disminuye la velocidad de vehículos que se salen de la calzada y marca el trazado de las curvas. También se ha utilizado como raticida.

 CURIOSIDADES: durante la Guerra de la Independencia, se cuenta que los habitantes de Ronda ofrecieron conejos asados en varas de adelfa a un batallón francés con el fin de provocar una intoxicación a los soldados gabachos.

FAMILIA • Apocynáceas
Nerium oleander L.

DESCRIPCIÓN:

arbusto (o arbolillo en algunas variedades y cultivares) que puede alcanzar varios metros de altura. Las hojas siempreverdes son lanceoladas, duras, que nacen una enfrente de la otra o de tres en tres en
cada nudo. Las flores son grandes y forman ramilletes en el extremo
de las ramas; generalmente son rosas, excepcionalmente blancas, y en
variedades comerciales fucsia, rojo, carmín o salmón. El fruto es un
doble folículo, que se abre por un costado, liberando numerosas semillas plumosas.

Tabaco

 ETIMOLOGÍA: el nombre le fue dado en homenaje al diplomático francés Jean Nicot de Villamain (1530-1600), quien abrió las puertas de Europa al tabaco. La palabra castellana tabaco tiene un origen discutido, pero generalmente se cree que deriva, al menos en parte, del taíno, el idioma de los caribes. Sin embargo, tal vez por coincidencia, palabras similares en castellano, portugués e italiano se usaban desde el año 1410 para ciertas hierbas medicinales. Estas probablemente derivan del árabe *tabbaq* o *ṭubāq*, palabras que supuestamente datan del siglo IX y se refieren a varias hierbas, entre las que se encuentran la olivarda y el eupatorio, entre otras.

 DISTRIBUCIÓN: originaria de Suramérica y ampliamente cultivada y asilvestrada en todo el mundo.

 COMPOSICIÓN FITOQUÍMICA: glúcidos (40%), sales minerales (15-20%) y ácidos fenoles (cafeico, clorogénico). Los principios activos son varios alcaloides piridínicos (2-15%). El principal es la nicotina, líquido oleoso, volátil, soluble en agua y en solventes orgánicos.

 USO MEDICINAL: tiene un efecto estimulador complejo del sistema simpático y parasimpático, que provoca estados ligeramente exultantes, seguidos de depresión, por lo que actúa primero como estimulante ganglionar y después como gangliopléjico. Estimula el sistema nervioso central, produciendo taquicardia y aumento de la presión arterial. En el sistema digestivo produce diarrea, aumento de secreción gástrica y quemazón esofágica. Es un inductor enzimático, ya que afecta a las concentraciones plasmáticas de otros fármacos. Aunque las hojas son la parte de la planta que se destinan a la acción terapéutica, su modo de empleo cambia para cada tratamiento.

 TOXICIDAD: la nicotina es tóxica en grado sumo y se absorbe con gran facilidad a través de la piel y todavía más por las mucosas y, por eso, el jugo del tabaco era uno de tantos tóxicos empleados por los indios americanos para envenenar las flechas. Los entomólogos, cuando es menester dar muerte instantánea a un insecto para sus colecciones, untan con nicotina las agujas con que lo atraviesan. Un perro sucumbe con una o dos gotas de nicotina.

 CURIOSIDADES: una de las plantas más famosas y queridas (al menos entre los fumadores) que, además de ser adictiva, es también una de las más tóxicas. El tabaco es la planta comercial no alimenticia más cultivada en el mundo: en 2020 fue consumida aproximadamente por el 22,3% de la población mundial. A pesar de su popularidad, todas las partes de la planta, especialmente las hojas, contienen los alcaloides tóxicos nicotina y anabasina. El tabaco está considerado un veneno cardíaco y, si se ingiere directamente, puede incluso provocar la muerte. Indirectamente, el tabaco sigue siendo notablemente peligroso y es responsable de la muerte de ocho millones de personas al año según la OMS, principalmente como consecuencia del tabaquismo.

FAMILIA • Solanáceas

Nicotiana tabacum L.

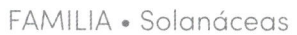

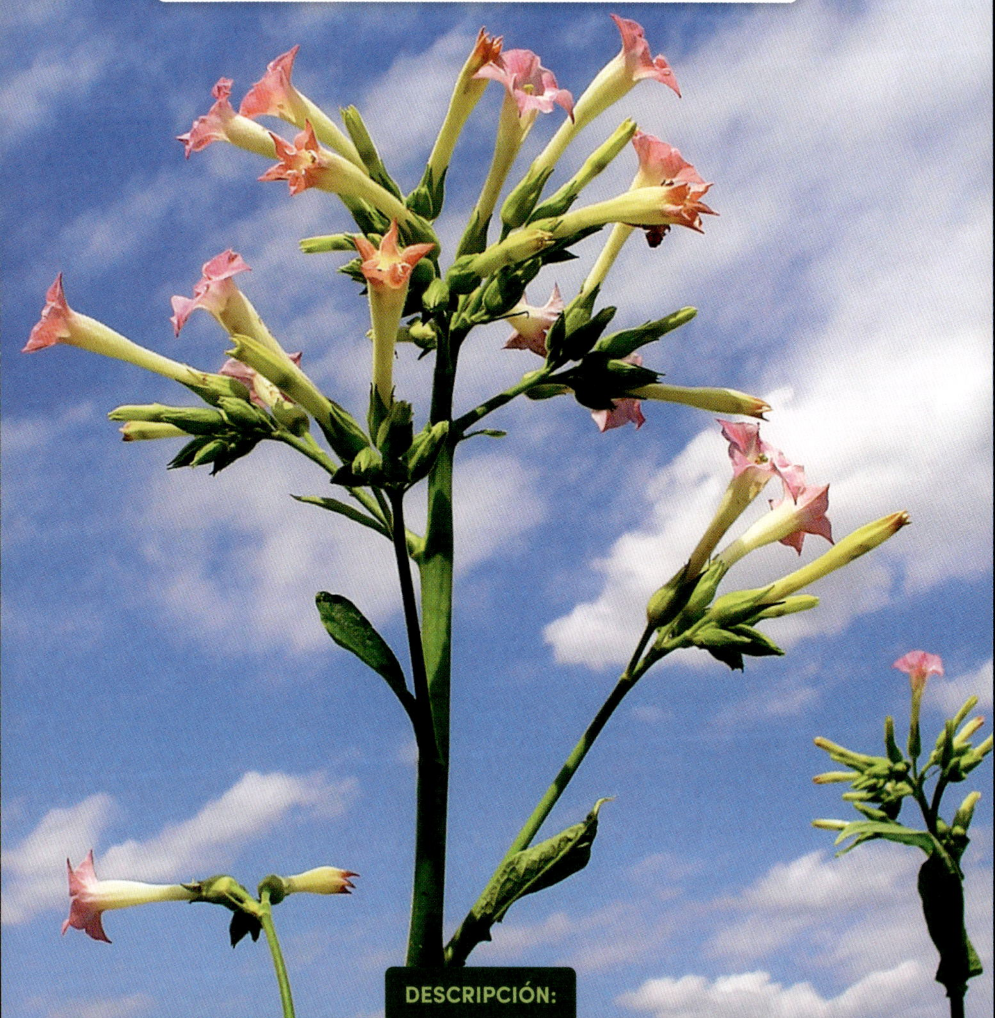

DESCRIPCIÓN:

hierba anual, bienal o perenne, pubescente-glandulosa, robusta, de 50 cm hasta 3 m de altura. El tallo es erecto, pegajoso al tacto. Hojas grandes de color verde pálido con la viscosidad del tallo. Despiden un olor ligeramente acre y narcótico debido a la nicotina, un alcaloide volátil de sabor agresivo y olor intenso. Las flores, actinomorfas, hermafroditas, son verde-amarillentas o rosadas según la variedad, con un pequeño cáliz y una corola pentalobulada. Aparecen a comienzos del verano, y hacia octubre dan un fruto capsular ovoide con numerosísimas semillas inframilimétricas pardas.

Albahaca, alhábega, basílico

 ETIMOLOGÍA: *Ocimum* proviene del griego *ókimon*, que significa labio perfumado u oloroso. *Basilicum* procede del griego *basilikon*, que significa real o regio, porque se creía que se había utilizado en la elaboración de perfumes regios. El arabismo albahaca o albaca proviene de *al-habaqa*, nombre que les daban los árabes a las plantas aromáticas usadas en la cocina y medicina.

 DISTRIBUCIÓN : nativa de Irán, India y otras regiones tropicales de Asia, se ha cultivado durante milenios.

 COMPOSICIÓN FITOQUÍMICA: contiene heterósidos, saponósidos, taninos y aceites esenciales ricos en cineol, linalol, estragol, eugenol, anetol y alcanfor.

 USO MEDICINAL: en laboratorio ha mostrado actividad antimicrobiana, antifúngica, antiinflamatoria, antinociceptiva, antidepresiva, sedante, ansiolítica, antihipertensiva, cardioprotectora, broncodilatadora, antidiabética, antiulcerosa, antiparasitaria, antioxidante, antitumoral y quimiopreventiva. El aceite esencial es antiséptico, de cuyo uso no se conocen efectos tóxicos, pero hay que ser precavido al administrarlo ya que irrita las mucosas.

 TOXICIDAD: su uso no ha sido aprobado por la UE porque no se han demostrado sus efectos terapéuticos y por el riesgo derivado de su contenido en estragol, un compuesto bencénico con actividad genotóxica y carcinogénica en ratones; únicamente se permite su uso como corrector de aroma y sabor en infusiones, siempre que no supere una proporción del 5%. La proporción en infusiones (máximo tres veces al día después de las comidas) es de 4-5 sumidades floridas por taza, que deben hacerse con plantas frescas, pues una vez secas pierden parte de sus propiedades.

 OTROS USOS: las hojas maceradas se han usado en fricciones externas contra faringitis, eccemas, dolores musculares, inflamaciones y acné. El aceite esencial del quimiotipo con estragol se usa en perfumería de alta calidad y los quimiotipos con linalol para preparaciones alimentarias y perfumería de menor calidad. Muy usada en la cocina mediterránea como condimento, se puede consumir fresca o seca para aderezar ensaladas, sopas de verduras y salsas para pasta. Los patógenos naturales de la albahaca hacen que consumirla fresca pueda causar diarrea, por lo que conviene lavarla bien antes de utilizarla. La famosa salsa italiana de pesto lleva albahaca como ingrediente principal.

 CURIOSIDADES: los tiestos con albahaca se suelen usar para ahuyentar moscas y mosquitos. Se ha de distinguir la albahaca italiana o basílico, de hoja ancha, de la albahaca autóctona, de hoja estrecha. Las dos tienen las mismas indicaciones, aunque la primera es de mayor uso en gastronomía.

FAMILIA • Lamiáceas

Ocimum basilicum L.

DESCRIPCIÓN:

hierba anual (perenne en cultivos tropicales) con hojas opuestas ver-
de-lustrosas, ovales, dentadas y de textura sedosa. Espigas florales terminales, con flores tubulares de color blanco o violáceo con los cuatro
estambres y el pistilo apoyados sobre el labio inferior de la corola.
El fruto son cuatro clusas redondeadas situadas en el fondo del cáliz
bilabiado.

Onagra, hierba de los asnos

 ETIMOLOGÍA: en su *Systema Naturae* de 1753, Linneo acuñó el nombre genérico *Oenothera*, derivada del griego *oinos* ("vino") y *thera*, tolerante, que tiene varias interpretaciones, aunque lo más probable es que Linneo tuviera en mente una vieja leyenda que sostiene que cuando se comía la raíz de la planta se podía beber más vino. El epíteto específico, *glazioviana*, lo dedicó Micheli a Auguste François Marie Glaziou (1828-1906), botánico, paisajista e ingeniero francés que diseñó el jardín en la Quinta da Boa Vista, en Río de Janeiro, Brasil.

 **DISTRIBUCIÓN:** según W. Dietrich, monógrafo del género, se cree que se originó por hibridación en algún jardín de Europa, desde donde se habría distribuido por todo el mundo acompañando a las actividades humanas, pues es una planta ruderal y arvense que se asilvestra con facilidad y gracias a ello tiene una distribución cosmopolita. En España tiene una amplia distribución, aunque prospera con mayor vigor en zonas litorales del norte y en algunas zonas como Cantabria, por ejemplo, se considera ya una planta invasora.

 **COMPOSICIÓN FITOQUÍMICA:** el aceite contiene triglicéridos cuyos principales ácidos grasos esenciales son el linoleico y el linolénico. Además, contiene ácidos grasos no esenciales (palmítico, esteárico y oleico).

 **USO MEDICINAL:** se utilizan las semillas, en forma de aceite, con propiedades emolientes, antiagregantes-plaquetarias, reguladoras hormonales, antiinflamatorias y antioxidantes. Se utilizan para aliviar el síndrome premenstrual. Se considera que el aceite es un regulador general del organismo. Se administra por vía oral en cápsulas.

 TOXICIDAD: el aceite puede ocasionar trastornos digestivos por ingestión excesiva. Las hojas contienen alcaloides y son tóxicas. Hay que tener precauciones si se está bajo una terapia anticoagulante porque la onagra tiene la acción antiagregante plaquetaria.

 OTROS USOS: en jardinería se utiliza por la vistosidad de sus flores. En cosmética se utiliza en la elaboración de cremas hidratantes. La raíz es comestible, aunque no apetecible.

 CURIOSIDADES: según cuenta Dioscórides, si la raíz de esta planta se sumergía en agua que luego se usaba para dar de beber a las bestias, las amansaba. Según Teofrasto, de quien debió fiarse Linneo para establecer el nombre del género, la raíz tomada con vino torna el carácter en más dulce y jovial. Hace aproximadamente un siglo se describió en Norteamérica una nueva especie con el nombre de *O. lamarckiana*, a la que se supuso nativa de algún lugar desconocido del continente americano en donde habría evolucionado recientemente y desde donde se había extendido rápidamente por todo el mundo. Más tarde se descubrió que ya había sido descubierta y descrita por Micheli en 1875 como *O. glazioviana*, quien la tomó por planta nativa de Brasil.

Oenothera glazioviana Micheli

DESCRIPCIÓN:

herbácea bianual cuyos tallos, erectos, peludos y rojizos, pueden llegar a medir más de metro y medio. Hojas basales grandes y dentadas dispuestas en rosetas y tallos largos con hojas más dispersas y arrugadas. Los pelos de tallos y hojas presentan ampollas rojizas o bases glandulares. Flores grandes, amarillas y tubulares, agrupadas en inflorescencias densas en racimos espiciformes al final de los tallos. Se distingue de otras onagras similares como *O. biennis* por sus sépalos amarillentos con bandas rojizas. El fruto es una cápsula áspera y alargada que se abre por valvas apicales.

Olivo

ETIMOLOGÍA: *Olea* es nombre en latín dado al olivo y las aceitunas, procedente del vocablo celta *oleul* o *eol*, "aceite". Por el producto principal del fruto, que a su vez se origina del vocablo griego *elaía*, dado también al olivo y las aceitunas. El epíteto *europaea* hace referencia al origen de esta planta.

DISTRIBUCIÓN: crece de forma espontánea en claros de bosques y laderas en todo tipo de suelos, aunque prefiere los arcillosos de tipo vertisol. Habita en gran parte de la región mediterránea y puntos del suroeste de Europa. Se cultiva ampliamente en todo el mundo, generalmente en condiciones de clima mediterráneo como California, Sudáfrica, Chile, sur de Australia, etc. El cultivo tradicional es extensivo y de secano aunque se extiende cada vez más el cultivo intensivo en regadío y en espaldera.

COMPOSICIÓN FITOQUÍMICA: las hojas contienen diversos compuestos fenólicos entre los que destaca la oleuropeína. También secoiridoides, ácidos triterpénicos y flavonoides. En los frutos un aceite rico en ácidos grasos oleico, linoleico, palmítico y esteárico.

USO MEDICINAL: la infusión de hojas secas tiene efectos diuréticos, vasodilatadores coronarios, antiarrítmicos y ayuda a combatir la aterosclerosis. También tienen propiedades antioxidantes, antiinflamatorias, hipocolesterolémicas e hipolipidémicas. El fruto, usado como aceite de oliva, tiene acción colagoga, hipolipemiante y laxante. En aplicación tópica es suavizante para la piel y cicatrizante.

OTROS USOS: la madera se usa sobre todo para pequeños objetos torneados o tallados. Las varas de olivo se han usado para cestería. Las aceitunas se usan en alimentación como encurtido o para la producción de aceite. Este aceite se ha empleado también para encender los candiles o para la fabricación de jabones. Se usa mucho como planta ornamental poco exigente en riegos.

CURIOSIDADES: el cultivo del olivo en la península ibérica fue introducido por los fenicios. El polen de olivo es uno de los más alergógenos, después del de las gramíneas. Es considerado símbolo de la paz. El acebuche u olivo silvestre (*Olea oleaster*) se diferencia por su porte arbustivo, hojas ovales y frutos más pequeños. Como las variedades de olivo son interfértiles con el acebuche, la resistencia a diversos problemas como la sequía, la salinidad y el fuego es probablemente la aportación de las poblaciones de acebuche a las de olivo. La madera del acebuche es densa, resistente y flexible. Los pastores y campesinos tienen predilección por las varas de acebuche, pues como dice el proverbio: «Al acebuche no hay palo que le luche».

Olea europaea L.

DESCRIPCIÓN:

arbusto o árbol perennifolio con corteza muy agrietada, hojas opuestas, simples, lanceoladas, de color verde oliva, glabras en el haz y con gran cantidad de pelos en el grisáceo envés. Flores blancas tetrámeras con verticilos sexuales dímeros dispuestas en panículas. Drupas con mesocarpo oleoso y endocarpo esclerificado (hueso).

Orégano

ETIMOLOGÍA: el nombre genérico proviene del griego clásico *origanon* posiblemente del griego *oros*, "montaña", y *ganos* "belleza, brillo, ornamento, deleite". El epíteto *vulgare* alude a su abundancia, tan común que es vulgar.

DISTRIBUCIÓN: habita en zonas de matorral, orlas de bosque, prados o lindes de cultivos desde el nivel del mar hasta los 1700 m. Se distribuye en casi toda Europa, noroeste de África, parte de Asia y la región Macaronésica. Florece de abril a agosto.

COMPOSICIÓN FITOQUÍMICA: compuesto principalmente de monoterpenoides y monoterpenos, el aceite esencial aromático, de color amarillo limón, se almacena en glándulas repartidas por toda la planta. Las concentraciones de los compuestos específicos varían ampliamente, dependiendo de la ubicación geográfica y de otros factores. Se han identificado más de 60 compuestos diferentes, siendo los principales el carvacrol y el timol, que pueden alcanzar hasta más del 80%.

USO MEDICINAL: sus propiedades más importantes son como antioxidante, antiinflamatoria, antitumoral, antiséptica, bactericida, tónica y digestiva. Es bactericida de amplio espectro, por lo que es muy recomendable añadir una gota de su aceite esencial al agua bebible si se sospecha que pueda estar contaminada. En medicina popular, la infusión de orégano ha sido utilizada como un auxiliar en el tratamiento de la tos espasmódica, pues tiene propiedades espasmolíticas. Es también un discreto emenagogo aconsejado en reglas dolorosas. Por vía externa, el aceite esencial o la alcoholatura se han recomendado en la preparación de linimentos para golpes, contusiones o dolores reumáticos. El aceite esencial puro se usa para desinfectar y cicatrizar heridas, y para las picaduras de insectos. Para las enfermedades de la piel se aplica en compresas o mediante lavados y molida en polvo contra las escocedura de los niños.

OTROS USOS: es una hierba aromática muy empleada en cocina, ya que aporta sabor y aroma a las elaboraciones en las que participa como condimento. Como especia alimentaria es estomacal y digestiva, eficaz en problemas digestivos de tipo espástico, como dolores abdominales y espasmo intestinal. Juega un papel fundamental en la elaboración de platos tradicionales y es una de las principales especias en el preparado de adobos, escabeches, potajes, guisos de carne, así como en el aliño de aperitivos como las aceitunas de mesa y encurtidos.

CURIOSIDADES: la especie emparentada, *O. majorana* tiene un aroma exquisito y un sabor totalmente diferente, ya que su aceite esencial carece de compuestos fenólicos. Algunos cruces entre ambas especies (el orégano dorado, también llamado mejorana dorada) poseen un sabor intermedio. El orégano ha sido una planta tan valorada por su uso medicinal y culinario que los lugares de recolección se mantenían en secreto, como ocurre con ciertas setas.

FAMILIA • Lamiáceas
Origanum vulgare L.

DESCRIPCIÓN:

mata perennifolia, aromática, con hojas opuestas elípticas sobre tallos cuadrangulares, rojizos, pilosos en dos caras opuestas. Flores rosadas dispuestas en densos verticilastros terminales rodeados de brácteas verdes o púrpuras que sobrepasan el cáliz tubular piloso y glanduloso. Corola con dos labios, el superior plano y emarginado, el inferior con tres lóbulos desiguales. Los frutos son cuatro clusas situadas en el fondo de los cálices.

Amapola

ETIMOLOGÍA: *Papaver* es el nombre que los romanos daban a las amapolas. *Rhoeas* es un adjetivo de origen latino que significa roja.

DISTRIBUCIÓN: viven en campos de cultivo, cunetas, caminos o descampados, con preferencia por los suelos calcáreos. No se conoce su origen exacto, pero su distribución presente se extiende por Europa, Asia central y occidental, Japón, norte de África y Macaronesia. En la península ibérica y Baleares es muy abundante.

COMPOSICIÓN FITOQUÍMICA: los pétalos contienen antocianinas cianidínicas, principalmente mecocianina y cianina. También mucílagos, alcaloides isoquinoleínicos (el mayoritario es la rhoeadina) y flavonoides como quercetina, kaempferol y miricetina. Las semillas contienen ácidos grasos: linoleico, oleico, palmítico y esteárico.

USO MEDICINAL: los pétalos se recogen en primavera y se usan desecados en infusiones sedantes para tratar el insomnio, contra enfermedades y trastornos de las vías respiratorias (como antitusiva y contra el asma, bronquitis, resfriado y catarro) y como analgésicas (para el dolor de muelas y las cefaleas), antiespasmódicas y antiinflamatorias. En vahos se usan para tratar las hemorroides. Los pétalos macerados en alcohol o aceite se aplican en las heridas. El extracto de pétalos se utiliza en cosmética como emoliente y calmante.

TOXICIDAD: contiene alcaloides como la rhoeadina y papaverina (alcaloides isoquinoleínicos), así como una mínima cantidad de morfina. No se conoce la actividad de la rhoeadina, pero derivados próximos son antagonistas dopaminérgicos y neurolépticos. Solo si se ingieren cantidades muy elevadas se podría provocar envenenamiento.

OTROS USOS: las semillas son recolectadas cuando la planta está madura y utilizadas para la fabricación de productos de panadería y repostería, como condimento, decoración o para la fabricación de aceite. Las hojas tiernas se usan como verdura en ensalada, hervidas o rehogadas. Los pétalos se utilizan como tinte rojo para dar color al vino, medicinas o lana.

CURIOSIDADES: esta planta ha sido símbolo de la gloria y de la muerte debido a la fragilidad y color de sus pétalos. En el Jardín de Medicinales crece también una especie próxima, *Papaver orientale*, de grandes flores rojas. Se plantó con propósitos didácticos y porque es una excelente donante de polen para las abejas. No se conocen propiedades medicinales de esta planta, salvo el uso tradicional de infusiones sudoríficas de sus pétalos en Irán y Turquía, de donde es nativa.

FAMILIA • Papaveráceas

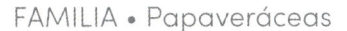

Papaver rhoeas L.

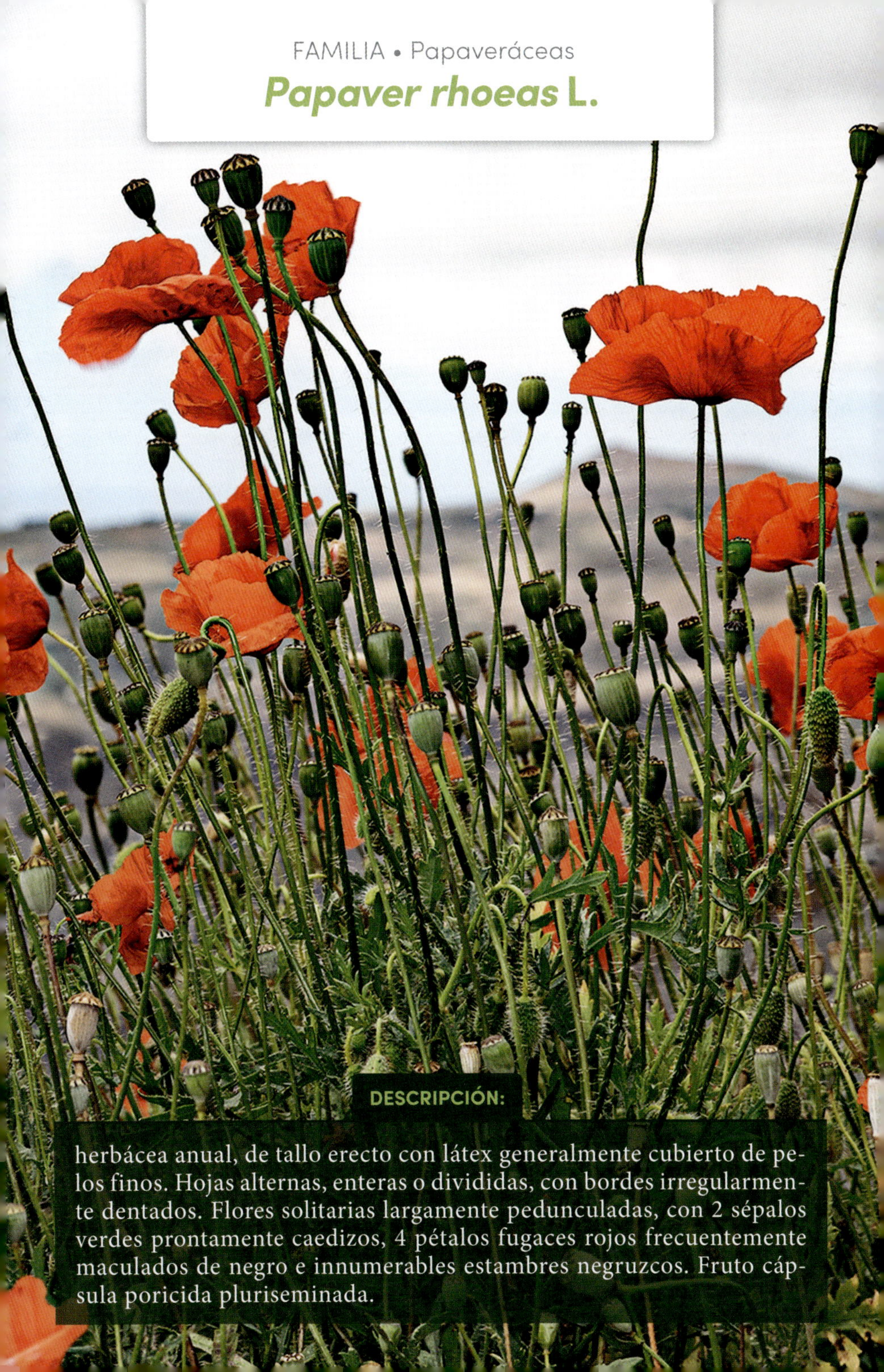

DESCRIPCIÓN:

herbácea anual, de tallo erecto con látex generalmente cubierto de pelos finos. Hojas alternas, enteras o divididas, con bordes irregularmente dentados. Flores solitarias largamente pedunculadas, con 2 sépalos verdes prontamente caedizos, 4 pétalos fugaces rojos frecuentemente maculados de negro e innumerables estambres negruzcos. Fruto cápsula poricida pluriseminada.

Adormidera

 ETIMOLOGÍA: *Papaver* deriva del nombre que los romanos daban a las amapolas. *Somniferum* hace referencia a sus efectos somníferos o narcóticos.

 DISTRIBUCIÓN: vive en zonas muy antropizadas y nitrificadas: campos de cultivo, barbechos, cunetas, etc. Parece ser originaria de las regiones mediterráneas desde donde se extendió al sur y oeste de Asia. Se cultiva extensamente en Asia Menor, Turquía, Persia y otros países del lejano Oriente. Se ha asilvestrado en gran parte de Europa.

 COMPOSICIÓN FITOQUÍMICA: contiene un gran número de alcaloides, que se encuentran en los canales que segregan látex (laticíferos). El más importante es la morfina, aunque también están presentes otros como la codeína, tebaína, narcotina o papaverina. Las semillas son ricas en lípidos, principalmente ácidos oleico, linoleico y linolénico y no contienen alcaloides.

 USO MEDICINAL: las hojas se recolectan cuando la planta está en flor. El cocimiento se toma como calmante y sedante. El látex se recolecta cuando las semillas están inmaduras haciendo pequeñas incisiones en la cápsula. Al dejarlo secar al sol, se obtiene el opio crudo. También se usa como polvo, extracto seco o tintura. Tiene propiedades analgésicas del sistema nervioso central, antitusivas, antidiarreicas y antiespasmódicas. Los ésteres etílicos de los aceites de las semillas se utilizan como opacificantes en radiología (linfografía, fistulografía, sialografía).

 TOXICIDAD: los alcaloides morfina, codeína, pseudomorfina, neopina y tebaina son muy tóxicos. El opio es una droga que provoca adicción física y psíquica.

 OTROS USOS: las semillas se recolectan cuando la planta está madura y se utilizan para la elaboración de productos de panadería y repostería, la producción de aceite o como condimento. También se ha usado como planta ornamental. Con las cápsulas se han fabricado sonajeros para los niños y se emplean en decoración.

 CURIOSIDADES: la palabra morfina proviene de Morfeo, dios griego de los sueños, ya que produce somnolencia. La adormidera se ha usado desde hace miles de años por sus efectos medicinales. Las semillas contienen pequeñas cantidades de alcaloides, la mayoría por contaminación con el látex, pero bastan para dar positivo en los controles antidopaje. Las cápsulas al madurar cambian de color, de verde azulado a amarillo; en esta fase se recolecta el látex haciendo incisiones superficiales en las cápsulas sin alcanzar el endocarpo. En contacto con el aire el látex coagula y se vuelve marrón; al día siguiente se raspa y recoge, desecándolo al fresco. El producto final se prepara en panes de unos cinco kilos. En la actualidad los alcaloides se obtienen a partir de la planta entera, verde o seca (paja de adormidera), sin pasar por el opio.

Papaver somniferum L.

DESCRIPCIÓN:

herbácea anual, glauca, de tallo erguido con látex blanco, hojas alternas, irregularmente dentadas y amplexicaules. Flores pedunculadas, solitarias, blancas o rosadas, con 2 sépalos prontamente caducos y 4 pétalos fugaces con frecuencia basalmente maculados. Frutos cápsulas globosas poricidas con numerosas semillas arriñonadas.

Nevadilla, sanguinaria

 ETIMOLOGÍA: el nombre genérico procede del griego *Paronychion*, que significa panadizo, la inflamación aguda del tejido celular de los dedos (vulgo padrastro), aludiendo a que esta planta los cura. Los nombres comunes "nevadilla", alude al aspecto plateado de la planta y "sanguinaria", evoca sus propiedades cicatrizantes.

 DISTRIBUCIÓN: las distintas especies de este género, nueve de las cuales crecen en la península ibérica, se distribuyen por las zonas templadas de Norteamérica, Eurasia, Sudamérica y África. Las tres especies citadas en la descripción se distribuyen por muchas zonas peninsulares, así como por el norte de África. Por lo general, prosperan creciendo en arenales, caminos, campos abandonados y terrenos secos, habitualmente en zonas abiertas y soleadas.

 COMPOSICIÓN FITOQUÍMICA: las especies de este género son ricas en tocoferoles y flavonoides. También tienen triterpenos, esteroides, ceras, ácidos grasos, alcoholes y ésteres de cadena larga, fitol e hidrocarburos de cadena larga.

 USO MEDICINAL: se utiliza toda la parte aérea cuando está en flor, tanto de forma interna, tomada en infusión, como de forma externa en lociones o compresas. Tienen acción diurética, depurativa, hipotensora, antirreumática, anticatarral, depurativa y cicatrizante. Su cocimiento se aplica en paños calientes para la garganta o sobre las heridas y otras afecciones de la piel. Otra especie de este género, la nevadilla canaria (*P. canariensis*), endémica de Canarias, se utiliza allí en forma de infusión contra las infecciones pulmonares.

 TOXICIDAD: no se ha descrito, pero se recomienda no usar esta planta durante el embarazo o la lactancia por no estar demostrada su inocuidad.

 OTROS USOS: en jardinería se utilizan sobre todo en rocallas. En Granada se ha usado como planta forrajera.

 CURIOSIDADES: del uso medicinal de *P. argentea* se hablaba en el *Umdat al-tabib*, manuscrito árabe escrito entre los años 1095 y 1100. Se le conoce también como "sanguinaria" porque se decía que purificaba la sangre. Se ha observado que algunos pájaros, como los rabilargos (*Cyanopica cooki*) la utilizan para construir sus nidos. En España también se conocen como "nevadillas", porque, cuando florecen, pueden llegar a tapizar la superficie del suelo de color blanco brillante como la nieve.

Paronychia Miller

DESCRIPCIÓN:

las especies *Paronychia argentea, P. capitata* y *P. kapel*a son herbáceas perennes de porte rastrero, muy pegadas al suelo, pero procumbentes y extraordinariamente ramificadas. Hojas opuestas en los nudos caulinares, cada una de ellas acompañada de una bráctea membranosa. Flores en glomérulos laterales y terminales. Son pequeñas, pentámeras y actinomorfas, con sépalos de margen membranoso. Las brácteas y los sépalos membranosos confieren a la planta un aspecto argénteo, por lo que cuando está en flor no se ve prácticamente la parte verde. Florece en primavera y verano.

Flor de la pasión, pasiflora

ETIMOLOGÍA: el nombre del género significa flor de la pasión *flos passionis* (*flos* = flor, *passio* = pasión o sufrimiento). El epíteto *incarnata* proviene del latín y significa encarnado, por el color de la flor.

DISTRIBUCIÓN: originaria de Norteamérica donde vive en zonas abiertas y soleadas a lo largo de caminos, matorrales, zonas de ribera y cultivos abandonados.

COMPOSICIÓN FITOQUÍMICA: alcaloides indólicos (harmano, harmalina y passiflorina), flavonoides (vitexina, isovitexina y apigenina), cumarinas, mucílagos y pequeñas cantidades de heterósidos cianogénicos.

USO MEDICINAL: flores y hojas se usan como antiespasmódicas, antitusivas, ansiolíticas y tranquilizantes que ayudan a calmar los síntomas del estrés, la tensión nerviosa, la irritabilidad y contribuyen a conciliar el sueño. También se ha demostrado que pueden ayudar a superar el síndrome de abstinencia para personas con adicción a los opiáceos. En medicina tradicional se han usado para regular las arritmias. Se suele usar en infusión junto con otras plantas sedantes.

OTROS USOS: los frutos, llamados maracuyás o granadillas, se utilizan para elaborar zumos y mermeladas en repostería o para consumir en crudo. Las flores se han usado en perfumería.

CURIOSIDADES: en la época colonial española en América la flor era considerada una representación simbólica de la pasión de Cristo por la forma y estructura de las flores, circunstancia que se aprovechó para cristianizar el continente. De hecho, según se cuenta, el nombre de flor de la pasión fue acuñado por los misioneros jesuitas en 1610 quienes explicaban que los zarcillos simbolizaban el látigo con el que fue azotado Jesús, los tres estilos los clavos de la crucifixión y los estambres y la corola radial la corona de espinas.

Passiflora incarnata L.

DESCRIPCIÓN:

trepadora perenne mediante zarcillos axilares. Hojas alternas trilobuladas con margen dentado. Flores solitarias de colores blanco-amarillentos y tonos púrpuras. Cáliz con 5 sépalos gruesos de envés blanco. Corola pentámera con una triple corona muy llamativa de filamentos que rodean 5 estambres claviformes de anteras anaranjadas y 3 estilos mazudos. Frutos bayas de pulpa amarillenta con muchas semillas ariladas.

Flores homoclamídeas
hexámeras del asfódelo
Asphodelus ramosus.

Geranio de Sudáfrica

 ETIMOLOGÍA: *Pelargonium* deriva del griego *pelargos* que significa "cigüeña", en referencia a la forma de pico que tiene su fruto. *Sidoides* significa similar a las plantas del género *Sida*.

 DISTRIBUCIÓN: originaria de África meridional (Botsuana, Lesoto, Namibia, Suazilandia y Sudáfrica). Cultivado en todo el mundo.

 COMPOSICIÓN FITOQUÍMICA: diversas cumarinas como escopoletina, esculina, trimetoxicumarina, umckalina, y polifenoles. También taninos, flavonoides y esteroles.

 USO MEDICINAL: la parte que se utiliza es la raíz, que, además de ser inmunoduladora, se ha empleado sobre todo para tratar las infecciones de las vías respiratorias. En el siglo XIX y durante décadas, sobre todo en Inglaterra, se usó (junto con *P. reniforme*) para tratar la tuberculosis. Tiene también efecto antiviral y antibacteriano. Por sus propiedades astringentes, se emplea en el sur de África contra la diarrea y la disentería.

 TOXICIDAD: puede producir reacciones alérgicas o problemas gástricos leves. No deben utilizarlo las personas con enfermedades hepáticas severas.

 OTROS USOS: varias especies de este género se utilizan ampliamente como plantas de jardinería muy apreciadas por su resistencia a la sequía. También se utilizan en cosmética por el aroma de sus flores o de sus hojas. Las hojas y flores son comestibles y se usan en postres, pasteles, jaleas y tés.

 CURIOSIDADES: del género *Pelargonium* existen numerosas especies con hojas que poseen olores diversos: mentolados, cítricos, a pino o a rosas. Los aceites destilados de algunos, comúnmente conocidos como "aceite de geranio perfumado" se utilizan a veces para adulterar los aceites de rosas, que son muy caros. *P. sidoides* sigue utilizándose en la medicina tradicional desde hace siglos. Durante la época de la colonización de Suráfrica, los colonos realizaron un primer contacto con la planta. Las primeras pruebas con su raíz dieron resultados positivos tratando infecciones respiratorias, dolor de pecho y cicatrización de heridas. Dos siglos más tarde, el inglés Mayor Stevens se curó de tuberculosis con un tratamiento a base de esta planta, lo que le llevó a comercializarlo al volver a Inglaterra bajo el nombre de *Steven's Consumption Cure*. En 1920, el doctor Adrien Sechehaye probó el remedio en un estudio con 800 pacientes y lo prolongó durante nueve años. Los resultados de este fueron satisfactorios y se publicaron en 1930, lo que acabó llevando al uso de esta planta como medicamento antituberculoso, un tratamiento que se prolongó durante varias décadas hasta su sustitución por medicamentos modernos y sintéticos. Hoy en día, la raíz de esta planta tiene uso medicinal en varios países de Europa como Austria, Alemania y Reino Unido, con aplicación especial en el tratamiento de problemas respiratorios, infecciones del tracto respiratorio superior, y resfriados.

Pelargonium sidoides DC.

DESCRIPCIÓN:

herbácea que puede alcanzar un par de palmos de altura. Tiene una raíz tuberosa de color rojizo. La porción aérea está cubierta de abundantes pelos suaves. Hojas acorazonadas con nervadura palmeada. Flores pentámeras y parcialmente actinomorfas de color rojo muy oscuro, con los dos pétalos superiores distintos de los tres inferiores lo que confiere a la planta una cierta zigomorfía. El fruto es un esquizocarpo que se deshace en cinco porciones equivalente a otros tantos carpelos uniseminados y terminados en un pico muy característico.

Perejil

ETIMOLOGÍA: el nombre es un compuesto del latín *petra* y *selinum*, apio o perejil, con lo que el nombre significa "perejil de piedra". *Crispum*, por lo encrespado de sus tallos.

DISTRIBUCIÓN: originaria del extremo más oriental de la cuenca mediterránea, su cultivo está muy extendido y se ha naturalizado en huertos, jardines márgenes de caminos, muros, cultivos, etc. de todo el mundo templado. Se reproduce por semillas, en lugares soleados y en cualquier suelo que no sea demasiado compacto.

COMPOSICIÓN FITOQUÍMICA: aceite esencial rico en apiol y miristicina, flavonoides y furanocumarinas, además de vitaminas A, C y E.

USO MEDICINAL: se ha usado en casos de dismenorrea y amenorrea, una acción emenagoga debida al apiol y la miristicina. Toda la planta tiene propiedades diuréticas, particularmente la raíz, que se toma en el tratamiento de los cálculos renales, la retención urinaria y el reumatismo. También se ha utilizado como aperitivo, tónico, remineralizante y antianémico.

TOXICIDAD: el mayor riesgo es la posible confusión con la cicuta, planta muy venenosa. La confusión, apuntada por algunos, es más que improbable habida cuenta de las considerables diferencias del perejil con la cicuta (véase la ficha de *Conium maculatum*).

OTROS USOS: es una de las plantas más utilizadas como condimento y aromatizante. Las hojas frescas o secas se utilizan para dar sabor a sopas, salsas y guisos. Posee una gran afinidad con el ajo ya que equilibra el sabor que este suele dar al neutralizar su excesiva fuerza; esta combinación es conocida como ajillo (cuyos platos preparados son conocidos como al ajillo, caso de algunos pescados y mariscos). Las hojas son ricas en vitaminas y minerales, siempre que se consuman en crudo, ya que la cocción elimina parte de sus componentes vitamínicos. El perejil fresco contiene altos niveles de vitaminas C y A.

CURIOSIDADES: Hipócrates y Galeno ya lo consideraban un buen diurético y regulador de la menstruación. En la Antigua Roma se regalaban brotes de esta planta a los gladiadores antes de los combates. La variedad grande del perejil, *Petroselinum sativum tuberosum*, posee una raíz engrosada axonomorfa, parecida a la chirivía (*Pastinaca sativa*), que es la que se consume como hortaliza cruda o cocinada. Esta variedad tiene hojas más grandes y rugosas que las del perejil común y más similares a la especie silvestre.

Petroselinum crispum (Mill.) Fuss

DESCRIPCIÓN:

herbácea bianual lampiña, de color verde oscuro brillante, con tallos estriados y hojas de contorno triangular divididas en segmentos anchos. Umbelas muy pedunculadas de seis a veinte radios iguales con flores amarillo-verdosas. El fruto es un pequeño diaquenio ovoide y comprimido por el costado provisto de cinco costillas. Toda la planta emite un aroma característico.

Almaciga, lentisco

 ETIMOLOGÍA: *Pistacia*, del griego *pistake* (nuez) o del persa *pistah*, nombre del pistacho. Según Isidoro de Sevilla, *lentiscus* proviene del latín *lentus* que significa "flexible".

 DISTRIBUCIÓN: originaria de Europa mediterránea, norte de África y Oriente Próximo. Es frecuente en la mitad sur y este de la Península, en zonas de inviernos más o menos suaves, sobre todo tipo de suelos, pudiendo medrar bien en zonas calizas e incluso salitrosas o salinas, lo que hace que sea más abundante junto al mar. Habita en bosques claros, zonas adehesadas, coscojales, encinares, garrigas, maquis, collados, gargantas, cañones y laderas rocosas de toda el área mediterránea. Especie pionera muy rústica dispersada por los pájaros y abundante en ambientes secos mediterráneos. Crece en forma de mata y a medida que envejece, desarrolla troncos gruesos y gran cantidad de ramas gruesas y largas. En áreas apropiadas, cuando se le deja crecer libremente y se hace viejo suele convertirse en un árbol de hasta 7 m.

 COMPOSICIÓN FITOQUÍMICA: la parte que se utiliza es la resina, llamada almáciga, que se extrae de incisiones hechas en la corteza. Esta resina se acumula en el tronco en forma de lágrimas de color claro y muy aromáticas. Contiene ácidos mástico, isomástico y oleanólico. El aceite esencial tiene como componentes mayoritarios α-pineno, mirceno, β-pineno, limoneno y trans-cariofileno.

 USO MEDICINAL: tiene actividad antimicrobiana, cicatrizante, antiinflamatoria, antioxidante, hipolipemiante e hipoglucemiante. También se considera astringente y diurética. Se usa para la cicatrización de las heridas y para inflamaciones leves. En medicina odontológica se utiliza contra el dolor de muelas y para hacer la masa de los empastes. También como hemostática mediante enjuagues bucales con la infusión de las hojas. Esta infusión también se usa como hipotensor y antiparasitario, especialmente contra las pulgas. En Andalucía, Levante y Baleares se utiliza la parte aérea contra gripe, catarros y tos.

 TOXICIDAD: no se han descrito contraindicaciones.

 OTROS USOS: en Mallorca elaboran vino y una bebida con base de aguardiente llamada herbes. Las hojas se utilizan para aliñar aceitunas en Andalucía y Murcia. Tanto el aceite extraído de los frutos como la ceniza que se obtiene de quemar la madera se utilizan para hacer jabón. El aceite de sus frutos se ha usado en alimentación humana. En la época clásica y en la Grecia actual la resina se emplea como chicle.

 CURIOSIDADES: hirviendo los frutos con alumbre se obtiene una tinta indeleble. Pertenece al mismo género botánico que la planta productora de pistachos (*P. vera*) y de la cornicabra (*P. terebinthus),* con la que hibrida fácilmente. Sin embargo, el lentisco aparece en zonas más bajas y cercanas al mar mientras que la cornicabra crece en zonas más elevadas y montañosas donde resiste mejor las heladas.

Pistacia lentiscus L.

DESCRIPCIÓN:

arbolillo dioico, de hasta 8-10 m de altura en el mejor de los casos, resinoso y aromático. Hojas perennes, paripinnadas, con un raquis alado y de 4-14 foliolos de tamaño similar. Flores apétalas de color verde o rojizo en inflorescencias densas, las masculinas con cinco estambres, las femeninas con estilo trífido. El fruto es una drupa pequeña, globosa, primero rojiza que luego se oscurece al madurar; no es comestible para los humanos, pero sí para las aves. Florece en primavera y fruc-

ETIMOLOGÍA: *Plantago* alude a las hojas, que, por su forma, recuerdan remotamente la planta del pie; *major* se refiere a la especie que presenta las hojas mayores que las de otras especies. *Lanceolata* alude a la forma lanceolada de sus hojas.

DISTRIBUCIÓN: género, en general, cosmopolita. En la península ibérica viven 27 especies de las más de 200 descritas en el mundo. *P. major* vive en herbazales y praderas en toda Europa, gran parte de Asia y norte de África. Actualmente se encuentra naturalizada por todo el mundo, lo que también sucede con *P. lanceolata*, común en herbazales, pero en absoluto exigente en humedad.

COMPOSICIÓN FITOQUÍMICA: la droga vegetal consiste en la hoja y el escapo enteros o fragmentados y desecados de *P. lanceolata* con un contenido mínimo de un 1,5% de derivados del ácido orto-hidroxicinámico respecto a la droga seca. También se emplea como "hoja de llantén" la de *P. major*, que contiene una menor proporción de mucílagos. Las hojas de este último contienen iridoides y compuestos fenólicos; las semillas producen abundantes mucílagos y pectinas.

USO MEDICINAL: los llantenes se han utilizado desde épocas prehistóricas como alimento y en remedios populares. Son considerados astringentes, antitóxicos, antimicrobianos, antiinflamatorios, antihistamínicos, demulcentes, expectorantes y diuréticos. La cataplasma de las hojas es útil para picaduras de insectos, llagas menores y forúnculos. Las cáscaras de las semillas se expanden y se vuelven mucilaginosas cuando están húmedas, especialmente las de *P. psyllium*, que se usa en productos laxantes y productos de suplemento de fibra. La semilla es útil para el estreñimiento, el síndrome del intestino irritable, la suplementación con fibra dietética y la enfermedad diverticular.

OTROS USOS: las variedades de hoja ancha se utilizan a veces como un vegetal de hoja para ensaladas, salsa verde, etcétera. Las semillas se han utilizado para espesar sopas. Las hojas de *P. lanceolata* contienen un jugo que es capaz de cuajar la leche.

CURIOSIDADES: en el inglés antiguo el «wegbrade», es decir, el *Plantago*, es una de las nueve plantas invocadas en el encanto pagano de nueve hierbas anglosajonas, registrado en el siglo X. En Serbia, Rumania y Bulgaria, las hojas de *P. major* se utilizan como un remedio popular para prevenir la infección en cortes y arañazos debido a sus propiedades antisépticas. En Eslovenia y otras regiones de Europa Central, las hojas se utilizaban tópicamente para curar ampollas resultantes de la fricción (como la causada por los zapatos prietos, etcétera) y el alivio de las picaduras de mosquitos.

Plantago major

Flor

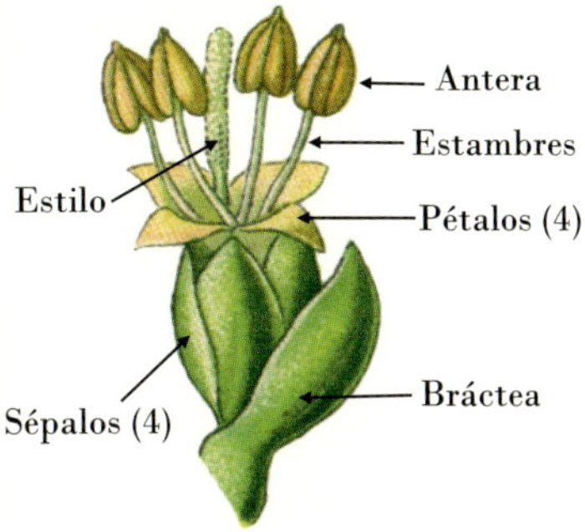

Antera
Estambres
Estilo
Pétalos (4)
Sépalos (4)
Bráctea

Flor completa tetrámera
y hermafrodita situada
en la **axila** de una **bráctea**

Pistilo

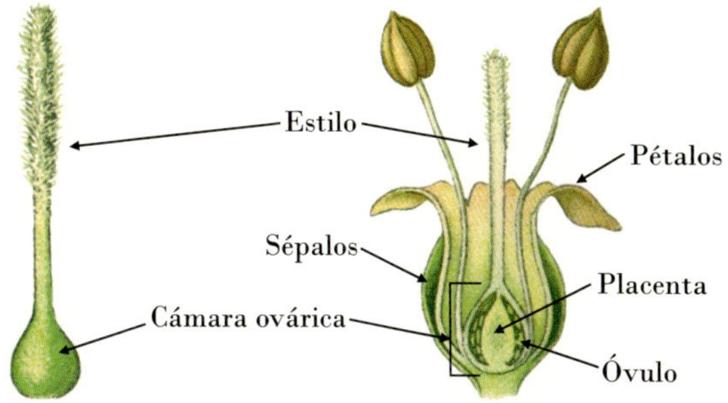

Pistilo con el **ovario
basal** y un largo
estilo piloso

Sección longitudinal de la flor

Estilo
Pétalos
Sépalos
Placenta
Cámara ovárica
Óvulo

Sección longitudinal mostrando
la **cámara ovárica** súpero en cuyo
interior se observan los **óvulos**
alrededor de una **placenta central**

Pixidio

Estilo
Carpelo
Cúpula
del pixidio
Pixidio
formado
por dos
carpelos
Semilla
alada
Sépalos
Base del
pixidio

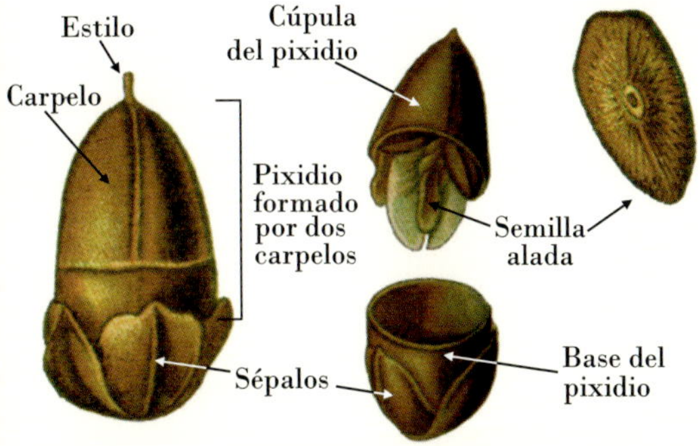

El pixidio de los llantenes, provisto de una **fisura de
circuncisión** medial, se forma a partir de un **ovario** súpero
bicarpelar y **unilocular,** que contiene varias semillas
rodeadas de un **ala membranosa.**
Los **sépalos** permanecen en la **base del fruto**

Semilla

Inflorescencias

Inmadura
(En su extremo apical)

En la mitad inferior son
visibles las flores con los
estambres exertos

Madura
Todas las flores están
transformadas en frutos

Primavera, hierba de San Pedro, vellorita

 ETIMOLOGÍA: el nombre del género deriva del latín *primus* que significa primero, en referencia a que es de las primeras plantas que florecen en primavera. El epíteto específico *veris* significa verdadero.

 DISTRIBUCIÓN: vive en prados, pastizales, roquedos y orillas de arroyos, habitualmente en zonas donde haya algo de humedad y con preferencia sobre suelos calizos. Originaria de Eurasia, se puede encontrar en el norte de la península ibérica y en zonas montañosas del centro y sur.

 COMPOSICIÓN FITOQUÍMICA: la raíz contiene saponinas como la primulasaponina y la primulina, flavonoides (primaverósido, primulaverósido, quercetina y kaempfeol), ácidos fenólicos y mucílagos. En las flores hay gran cantidad de flavonoides y también ácido primúlico, especialmente en los sépalos, un ácido orgánico antiinflamatorio.

 USO MEDICINAL: las abundantes saponinas triterpenoides de su raíz facilitan la eliminación de la flema estimulando una mucosidad más líquida y actúan como un fuerte expectorante para tratar afecciones respiratorias leves. Por la acción antimicótica de las saponinas es eficaz para el tratamiento de *Candida albicans*. Las infusiones de flores desecadas se emplean en uso tópico para tratar afecciones de la piel producidas por quemaduras solares. También se ha usado tradicionalmente como diurética, para aliviar dolores de cabeza y ayudar a dormir.

 OTROS USOS: con esta planta se elaboran alcoholes e infusiones y las hojas tiernas se consumen en ensaladas o como verduras. Con las flores se puede elaborar un sustituto del té. Se utiliza mucho como planta ornamental.

 CURIOSIDADES: esta hierba ya fue mencionada por Plinio el Viejo por sus atributos de floración temprana. Junto con otras plantas rituales, las especies del género *Primula* desempeñaron un papel importante en la farmacia y la mitología de los druidas celtas, probablemente como ingrediente de pociones mágicas para aumentar la absorción de otros componentes herbales. En la Edad Media también se conocía como hierba de San Pedro o Petrella y era buscada por los boticarios florentinos. La abadesa Hildegard von Bingen recomendaba las partes medicinales solo para uso tópico, pero las hojas también se consumían como alimento. En el folclore irlandés, colgar las prímulas en la entrada protegía la casa de los malos espíritus.

Primula veris L.

DESCRIPCIÓN:

herbácea perenne con hojas en roseta, ovales o acorazonadas y contraídas en un largo peciolo, con envés muy peloso y márgenes irregularmente dentados. Flores actinomorfas pentámeras dispuestas en inflorescencias umbeliformes. Cáliz acampanado con sépalos soldados, lóbulos triangulares y agudos, y corola con pétalos amarillos soldados en forma de tubo rematado en lóbulos curvados y ascendentes. Cinco estambres y un largo estilo. Fruto cápsula.

NOMBRE COMÚN • **almendro**

FAMILIA • Rosáceas • *Prunus dulcis* (Mill.) D.A. Webb

ETIMOLOGÍA: *Prunus* es el nombre latino del ciruelo silvestre. *Dulcis* hace referencia al fruto dulce, a pesar de que abundan almendros con fruto amargo (*Prunus dulcis* var. *amara*).

DISTRIBUCIÓN: extensamente cultivado, se naturaliza con facilidad y se encuentra asilvestrado por la cuenca del Mediterráneo. Es originario de Asia Central y sus ancestros silvestres son amargos. Los mayores almendrales se encuentran en California, la primera productora mundial de almendra, seguida por España.

COMPOSICIÓN FITOQUÍMICA: las almendras contienen un alto porcentaje de aceite, proteínas y fitosteroles. Además, en la piel hay mucílagos, flavonoides y fitoesteroles. En las amargas, destaca la amigdalina, que al masticar la almendra produce cianuro de hidrógeno o ácido cianhídrico, que es muy tóxico.

USO MEDICINAL: el aceite de almendras es laxante suave y emoliente en uso externo. Se utiliza para tratar eccemas e inflamaciones de la piel. En medicina popular se emplea el cocimiento de las cáscaras de almendruco para bajar la tensión, el azúcar en sangre y como depurativa.

TOXICIDAD: la amigdalina al combinarse con el agua produce cianuro de hidrógeno (HCN) altamente tóxico. Aunque están separadas en las células, la amigdalina y la emulsina entran en contacto cuando se mastican las semillas, lo que desencadena una reacción química de hidrólisis cuyo resultado es la descomposición de la amigdalina en D-glucosa, benzaldehído y ácido cianhídrico. La toxicidad del HCN se debe al anión cianuro (CN), que, al unirse a la enzima citocromo c-oxidasa la inactiva, con el letal efecto de impedir que el oxígeno transportado por los glóbulos rojos pueda ser utilizado por las células. De ahí que, en la autopsia de un fallecido por intoxicación con cianuro, además de un color de piel anormalmente sonrosado y de un desagradable olor a almendras amargas, aparezca gran cantidad de oxígeno en sus venas, además de inusuales concentraciones de ácido láctico procedente de la respiración anaeróbica.

OTROS USOS: la semilla es un alimento con alto contenido energético (5,8 kcal/g) y muy nutritivo puesto que contiene carbohidratos, grasas, proteínas, fibras, minerales esenciales y varias vitaminas. Cada vez es más popular el consumo de leche de almendra obtenida de la emulsión acuosa de sus semillas.

CURIOSIDADES: al sembrar una almendra hay mayor probabilidad de obtener un almendro amargo que uno dulce, ya que genéticamente el carácter dulce es recesivo. Para garantizar la producción de almendras dulces se opta por una reproducción vegetativa mediante la técnica del injerto, porque la única manera de tener certeza de conseguir almendras dulces es injertando el almendro amargo con ramas de otro dulce. ¿Qué cantidad de almendras amargas resultan mortales para los humanos? Según un estudio científico serio, el consumo de cincuenta almendras amargas es mortal para los adultos. Para los niños pequeños, 5-10 almendras son mortales. Ahora bien, si las tuestan, no pasa nada porque al calentarse el benzaldehído y el cianuro se evaporan.

Prunus dulcis

Sección longitudinal de flor de almendro sin pétalos

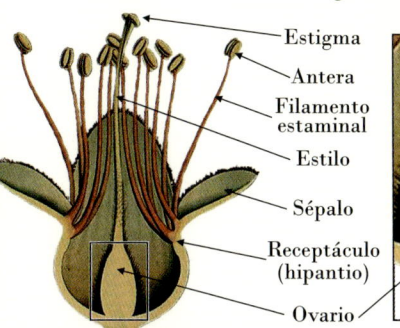

- Estigma
- Antera
- Filamento estaminal
- Estilo
- Sépalo
- Receptáculo (hipantio)
- Ovario

Sección longitudinal del ovario

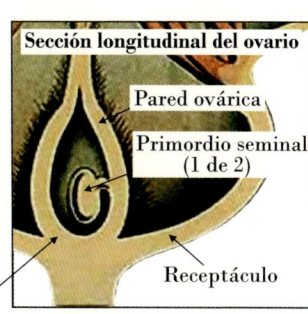

- Pared ovárica
- Primordio seminal (1 de 2)
- Receptáculo

Esquema de la sección longitudinal de una flor de *Prunus*

- Hipantio perigino
- Ovario súpero

- Mesocarpio
- Endocarpio
- Epicarpio

Fruto entero   Fruto abriendo

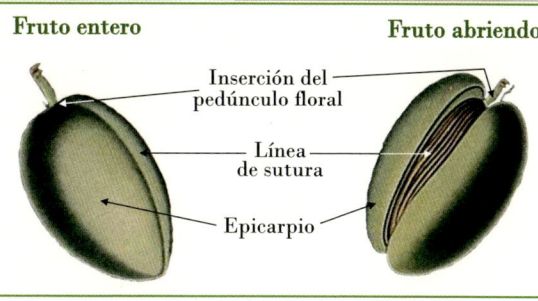

- Inserción del pedúnculo floral
- Línea de sutura
- Epicarpio

Secciones longitudinales

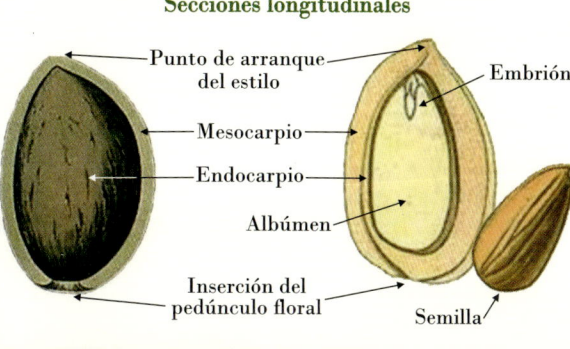

- Punto de arranque del estilo
- Embrión
- Mesocarpio
- Endocarpio
- Albúmen
- Inserción del pedúnculo floral
- Semilla

Granado

 ETIMOLOGÍA: *Punica* es el nombre que los romanos daban al árbol y sus frutos, derivado de la ciudad de Cartago, capital de los cartagineses o punos, donde se cultivaban muy buenas granadas. En la Antigua Roma se denominaba al granado como *punicum arbos* (árbol púnico) y al fruto como *malum granatum* (manzana granada) o *punicum malum* (manzana púnica). A mediados del siglo I d. C., Plinio el Viejo menciona en su *Historia Natural*: «En África, en los alrededores de Cartago, existe la manzana púnica que algunos llaman *granatum*». El epíteto *granatum* hace referencia a la cantidad de semillas que posee.

 DISTRIBUCIÓN: originario de la región irano-turaniana, se ha naturalizado en la región mediterránea e introducido en todo el mundo. En España se puede encontrar en gran parte de las comunidades del este y sur y en las Baleares. También en las Canarias, donde crece formando setos de forma subespontánea en ribazos y cunetas. Se adapta a todo tipo de sustratos; es bastante tolerante a la sequía y a las bajas temperaturas, siempre que estas no desciendan regularmente de 0 °C; y pueden tolerar heladas moderadas, de hasta aproximadamente −12 °C.

 COMPOSICIÓN FITOQUÍMICA: el fruto contiene abundantes polifenoles antioxidantes, destacando los elagitaninos (punicalagina y ácido elágico). También flavonoides, taninos, antocianinas y ácidos fenólicos. En las semillas hay ácidos grasos poliinsaturados como el ácido punícico. La corteza, raíz y piel de los frutos contienen el alcaloide piperidínico peletierina.

 USO MEDICINAL: la corteza del fruto es antibacteriana y astringente, eficaz para tratar la diarrea. La sarcotesta de las semillas tiene propiedades antiinflamatorias, anticancerígenas, antimicrobianas y ayuda a reducir la tensión arterial. Son antioxidantes y ayudan a reducir los niveles de glucosa y lípidos en sangre. La corteza de la raíz y tronco son antihelmínticas. Tradicionalmente se ha usado como depurativo de la sangre y para tratar resfriados y catarros.

 TOXICIDAD: la corteza de la raíz y del tronco presentan cierto grado de toxicidad.

 OTROS USOS: con las semillas se prepara un zumo o jarabe llamado granadina, aunque se suelen comer frescas o utilizarse en repostería y acompañantes de ensaladas. La corteza se usa como curtiente, toda la planta como ornamental y, en el caso de la variedad *nana*, para formar bonsáis. La cáscara del fruto se ha usado como tintórea.

 CURIOSIDADES: la granada es símbolo de la fecundidad. Los fenicios introdujeron el árbol desde oriente próximo en Roma y los bereberes, hacia el siglo X, en la península ibérica donde la ciudad de Granada tomó su nombre. España es el principal país productor de Europa. Más del 75% de la producción española de granadas se concentra en Elche y las poblaciones del entorno donde cada campaña se producen alrededor de 50.000 toneladas. La variedad estrella de la zona es la mollar de Elche que cuenta con Denominación de Origen.

Punica granatum L.

DESCRIPCIÓN:

arbusto o arbolillo caducifolio, habitualmente espinoso. Hojas oblon-go-lanceoladas, simples, opuestas, algo coriáceas. Flores solitarias rojas con cálices campaniformes, 5-8 pétalos libres y múltiples estambres. El fruto es una balausta cuyas semillas están rodeadas por una sarcotesta roja.

Ruibarbo

 ETIMOLOGÍA: *Rheum* proviene del latín *rheuma*, que significa "descarga del cuerpo, flujo; un arroyo, una corriente, una inundación, un fluir". Originalmente se refería al líquido acuoso o a la materia húmeda en los ojos, la nariz o la boca, incluidas las lágrimas, la saliva y la secreción mucosa. El término se conoce desde mediados de 1700. Es probable que la palabra ruibarbo se haya derivado en el siglo XIV del antiguo francés *rubarbe*, que provenía del latín *rheubarbarum* y del griego *rha barbaron*, que significa 'ruibarbo extranjero'.

 DISTRIBUCIÓN: los ruibarbos se cultivan en climas templados de todo el mundo. Son unas de las primeras plantas alimenticias que se cosechan, generalmente a mediados o finales de la primavera, aunque la temporada se extiende hasta finales del verano.

 COMPOSICIÓN FITOQUÍMICA: las raíces y los tallos contienen antraquinonas como la emodina y la reína. La emodina representa un riesgo genotóxico para los humanos. Las hojas contienen sustancias tóxicas, incluido el ácido oxálico, una nefrotoxina. El consumo a largo plazo de ácido oxálico conduce a la formación de cálculos renales en humanos.

 USO MEDICINAL: las raíces de varias especies de ruibarbo se han utilizado en la medicina tradicional china como laxante durante varios milenios, aunque no hay evidencia clínica que indique que dicho uso sea efectivo. Las antraquinonas se han separado de la raíz de ruibarbo en polvo para fines de medicina tradicional, aunque su consumo a largo plazo se ha asociado con insuficiencia renal aguda.

 OTROS USOS: desechadas las hojas, los pecíolos se trocean y se cuecen con azúcar hasta que se ablandan. La compota resultante, a veces espesada con almidón de maíz, se puede utilizar en tartas y pasteles. Se pueden añadir mayores cantidades de azúcar y pectina para hacer mermeladas. También se puede utilizar para elaborar bebidas alcohólicas, como vinos de frutas o hidromiel.

 CURIOSIDADES: ha habido casos de envenenamiento después de ingerir las hojas, un problema particularmente acusado durante la Primera Guerra Mundial cuando fueron recomendadas como alimento en Gran Bretaña. Después de eliminar el ácido oxálico mediante el tratamiento con carbonato de calcio, las hojas se han utilizado en extractos aromatizantes.

FAMILIA • Polygonáceas
Rheum L.

DESCRIPCIÓN:

en el género se han descrito 114 especies, la mayoría herbáceas con grandes hojas (algunas se confunden con acelgas) reconocibles por sus peciolos de color rojo encendido. Tienen tres o cinco venas paralelas y son anchas o estrechas, según la especie. La inflorescencia son racimos de flores anemófilas, minúsculas y muy numerosas.

NOMBRE COMÚN • **Ricino, higuerilla**

FAMILIA • Euforbiáceas • *Ricinus communis* **L.**

ETIMOLOGÍA: el nombre genérico puede proceder de la semejanza entre las semillas de esta planta y las garrapatas, llamadas así en latín. La palabra *communis* hace referencia a que es una planta común.

DISTRIBUCIÓN: crece en terrenos antropizados sobre cualquier tipo de suelos. Originaria de África tropical, aunque se ha naturalizado en todo el mundo debido al cultivo. En la península ibérica, se encuentra en zonas litorales.

COMPOSICIÓN FITOQUÍMICA: las semillas contienen ácidos grasos: ricinoleico, linoleico, oleico, esteárico y palmítico. También contiene proteínas, una toxina de origen proteico denominada ricina y alcaloides piperidínicos como la ricinina.

USO MEDICINAL: se ha utilizado por su potente acción laxante y purgante, aunque actualmente está prohibida su venta con esa finalidad. En aplicación tópica se usa para afecciones cutáneas por inflamación. El aceite de ricino tiene propiedades antimicrobianas, antiinflamatorias, analgésicas, cicatrizantes y vasoconstrictoras. Con la utilización de anticuerpos monoclonales, acoplando de manera reversible un anticuerpo con la cadena A de la ricina, se puede conseguir una inmunotoxina que reaccione específicamente con un antígeno determinado y, por tanto, es un potencial antitumoral. También se utiliza en neurología para la destrucción selectiva de neuronas.

TOXICIDAD: las semillas son extremadamente tóxicas debido a la presencia de ricina, por lo que no deben ser ingeridas ni siquiera en pequeñas porciones. La ricina es un tóxico especialmente violento que interfiere en la síntesis proteíca, inactivando la subunidad 28S de los ribosomas. Administrada por vía oral, algunas decenas de microgramos pueden provocar la muerte; la ingestión de semillas provoca bradicardia, trastornos gastrointestinales y convulsiones. Está incluida en la Orden SCO/190/2004, de 28 de enero, por la que se establece la lista de plantas cuya venta al público queda prohibida o restringida por razón de toxicidad.

OTROS USOS: se utiliza en la industria cosmética y como lubricante industrial o líquido para frenos. Se usa como planta ornamental en jardinería.

CURIOSIDADES: el aceite de ricino se ha usado en la India como alumbrado desde la antigüedad. La ricinina es una proteína, por lo que resulta indetectable en los análisis forenses de los casos de muerte por envenenamiento. Se dice que los agentes de la KGB de la antigua Unión Soviética, empleando un paraguas, usaron el veneno para asesinar disidentes.

Ricinus communis

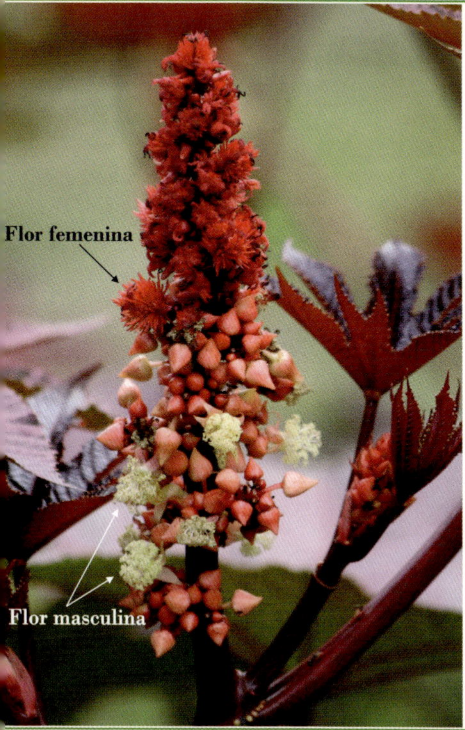
Flor femenina
Flor masculina

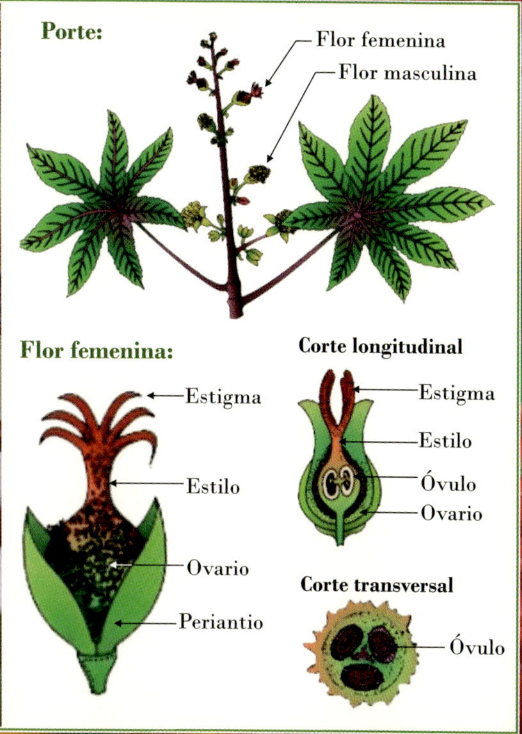
Porte:
Flor femenina
Flor masculina
Flor femenina:
Estigma
Estilo
Ovario
Periantio
Corte longitudinal
Estigma
Estilo
Óvulo
Ovario
Corte transversal
Óvulo

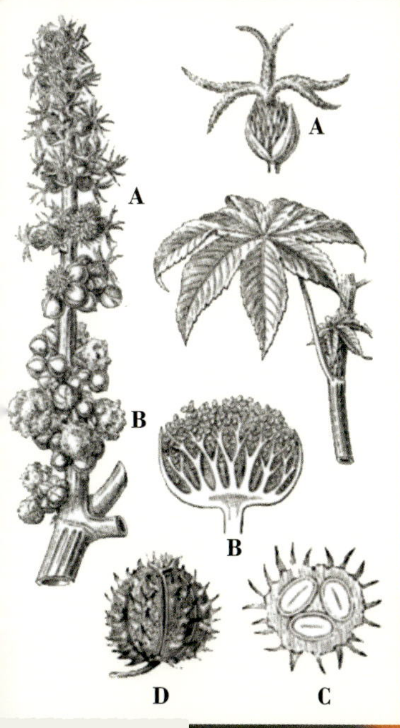
A
A
B
B
D
C

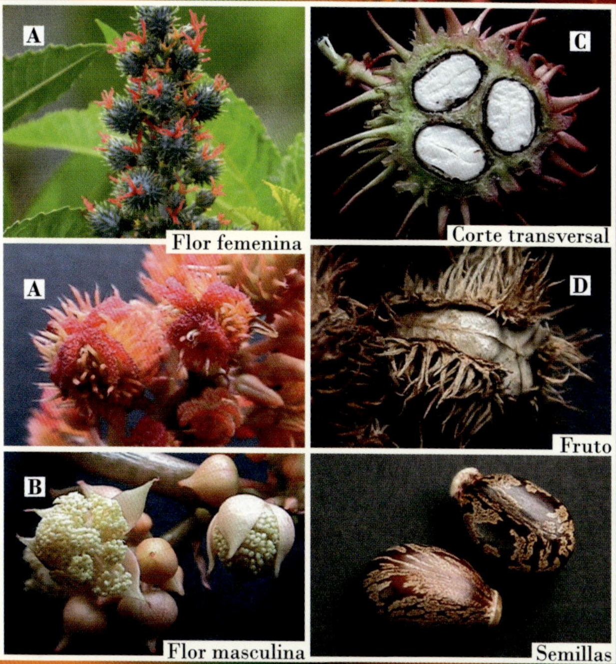
A
Flor femenina
C
Corte transversal
A
D
Fruto
B
Flor masculina
Semillas

Rosa mosqueta, rosa de los boticarios

 ETIMOLOGÍA: el nombre genérico *Rosa* es el que utilizaban los romanos para la flor del rosal. El epíteto *rubiginosa* significa herrumbre, en alusión al color de las hojas.

 DISTRIBUCIÓN: nativa de Europa, donde crece de forma natural en matorrales espinosos y orlas de bosques de zona de montaña. Se ha naturalizado en otras partes del mundo como Norteamérica, Australia o Chile. En la península ibérica se encuentra en la mitad norte.

 COMPOSICIÓN FITOQUÍMICA: la semilla contiene aceite compuesto de ácidos grasos esenciales poliinsaturados, entre los que destacan el linolénico, el linoleico y el oleico. La cáscara y la pulpa del cinorrodon contienen ácido ascórbico, carotenoides, taninos, pectina y vitamina C.

 USO MEDICINAL: se usa el pericarpo del fruto por las propiedades antioxidantes y nutritivas. Se ha usado tradicionalmente en infusión para tratar gripes y resfriados. También se usa el aceite de las semillas para el tratamiento de las heridas posquirúrgicas o de alteraciones de la piel como acné, cicatrices o quemaduras, lo que implica su abundante uso en cosmética y dermatología, gracias a sus propiedades regenerativas y astringentes. Ayuda a prevenir el envejecimiento de la piel y para el tratamiento de manchas cutáneas. El extracto de la flor se usa como tónico. Se toman los pétalos secos y la cáscara en infusión diurética, laxante y antihelmíntica.

 OTROS USOS: el té elaborado con los escaramujos es muy popular en Europa y otros lugares, donde se considera una forma saludable de obtener la dosis diaria de vitamina C y otros nutrientes. Una taza de té de escaramujo proporciona el requerimiento diario mínimo de vitamina C para un adulto. El fruto se usa para hacer mermeladas, dulces, infusiones o licores. Los pétalos se usan en mermeladas y ensaladas. Se usa mucho como planta ornamental por responder con vigor a las podas.

CURIOSIDADES: durante la Segunda Guerra Mundial los británicos dependían de los escaramujos y el lúpulo como fuentes de vitaminas A y C, que se manifestaba en una expresión común en tiempos de guerra entre los británicos que decía: "Nos las arreglamos con nuestras rosas y lúpulo". Se cultivó mucho en los jardines medievales. Es una planta muy invasora en algunas regiones gracias a que posee diferentes mecanismos que la ayudan a invadir con facilidad nuevos terrenos: se reproduce sexual y asexualmente, se dispersa gracias al ganado, produce sustancias alelopáticas que inhiben el desarrollo de otras plantas cercanas y tiene un crecimiento rápido y alta capacidad de resiliencia.

FAMILIA • Rosáceas
Rosa rubiginosa L.

DESCRIPCIÓN:

arbusto con tallos salpicados de aguijones curvos. Hojas caducas, alternas, estipuladas, compuestas de foliolos ovados ligeramente aserrados. Flores pequeñas en inflorescencias cimosas, actinomorfas, pentámeras con hipantio y 5 pétalos libres de color rosa intenso o blanco rosado. Los pequeños frutos secos son ejemplos característicos del tipo cinorrodon, vulgo escaramujo.

Mora, zarza, zarzamora

 ETIMOLOGÍA: *Rubus*: nombre genérico derivado del que los romanos daban a las zarzas en general; *ulmifolius* por sus hojas (*folii*), que recuerdan a las de los olmos (género *Ulmus*).

 DISTRIBUCIÓN: frecuente en setos y ribazos con una distribución original extendida por casi toda Europa, el norte de África y el sur de Asia. También ha sido introducida en América y Oceanía, con efectos muy negativos como especie invasora.

 **COMPOSICIÓN FITOQUÍMICA:** la droga está constituida por la hoja desecada, cuyos principales componentes son los taninos hidrolizables. También cabe mencionar la presencia de hidroquinona, arbutina, flavonoides, compuestos terpénicos, pequeñas cantidades de aceite esencial, goma y lípidos. Los frutos contienen hasta un 7% de azúcares, así como diversos ácidos orgánicos (succínico, oxálico, málico, cítrico, láctico y salicílico), en parte formando sales. Tienen sabor agradable y son ricos en vitamina C.

 USO MEDICINAL: tradicionalmente se ha utilizado como astringente e hipoglucemiante. Las hojas desecadas, utilizadas en infusión, tienen propiedades astringentes, antisépticas urinarias y bucales y también diuréticas. La mora negra o zarzamora contiene sales minerales y vitaminas A, B y C. Por su alto contenido de hierro es utilizada para prevenir y combatir la anemia.

 OTROS USOS: la zarzamora es una fruta del bosque dulce muy popular en pastelería para la preparación de postres, mermeladas y jaleas y, a veces, vinos y licores. Las cortezas de los tallos se utilizan como material de cestería y para hacer cuerdas. Es, por ejemplo, material tradicional para coser las colmenas de paja de tradición anglosajona que aún se utilizan hoy en día. Otro uso, poco conocido, es como sustituto del tabaco.

 CURIOSIDADES: los frutos de las zarzamoras no deben confundirse con las infrutescencias del moral o morera, *Morus nigra*. La clasificación del género *Rubus* es muy complicada. Se han descrito más de dos mil especies, de las cuales los expertos solo aceptan algo más de trescientas. A pesar de que comúnmente se les considera "plantas espinosas", no lo son. Sus tallos están provistos de aguijones, denominados también acúleos, que derivan de la epidermis y por ello se separan del tallo con cierta facilidad sin desgarrar sus tejidos, mientras que las verdaderas espinas proceden de tallos o ramas modificadas.

Rubus ulmifolius Schott

DESCRIPCIÓN:

las especies del género *Rubus* poseen tallos provistos de aguijones como los rosales y a menudo se las llama zarzas, aunque este nombre se utiliza más para las especies similares que tienen hábitos trepadores. *R. ulmifolius* tiene hojas imparipinnadas, la mayoría con cinco folíolos, a veces solo tres, de borde dentado o aserrado, verde oscuras por el haz y blanco-tomentosas por el envés. Frutos formados por numerosas drupas muy pequeñas unidas entre sí.

Las asteráceas como este *Euryops chrysanthemoides* tienen las flores liguladas (en la periferia) y tubulosas (en el centro) agrupadas en capítulos.

Acebillo, escobina, rusco

ETIMOLOGÍA: *Ruscus* parece que procede del nombre de una planta italiana que podría ser esta misma especie. *Aculeatus* del latín *aculeus*, es decir, "pinchos" (los que tiene al final de los cladodios).

DISTRIBUCIÓN: originaria de Eurasia, aunque también se encuentra en África. En España se encuentra sobre todo en encinares y algo menos en melojares, tanto en la península como en Baleares. Prospera en el sotobosque de encinares, carrascales y alcornocales, en pinares y matorrales con romero y tomillares y en las maquias de acebuche y otras comunidades esclerófilas. En zonas costeras prospera esporádicamente en sistemas dunares sobre suelos arenosos. Florece en invierno y primavera.

COMPOSICIÓN FITOQUÍMICA: contiene saponósidos esteroídicos, sales de potasio, flavonoides, taninos y trazas de aceite esencial.

USO MEDICINAL: la parte que se utiliza es el rizoma que tiene propiedades antiinflamatorias y venotónicas, por lo que se usa en piernas doloridas y para tratar varices y hemorroides. También es diurético y se utiliza para aliviar artritis y la gota.

TOXICIDAD: rara vez causa trastornos digestivos o diarreas.

OTROS USOS: los pies femeninos con frutos se usan como adorno en Navidad y como acompañamiento en ramos de flores. Los brotes jóvenes se comen en tortilla. En el campo se protegían los alimentos colgados de ganchos cubriéndolos con hojas de rusco para que sus pinchos ahuyentaran a las alimañas. Hoy se usa como planta ornamental en jardinería.

CURIOSIDADES: gracias a su consistencia dura se ha empleado como escoba o más bien como cepillo para limpiar por dentro los barriles de vino una vez se han vaciado. En el sur de la sierra de Gredos esta planta se llamaba "deshollinaera" porque se utilizaba para limpiar las chimeneas, fabricando con ella escobas o manojos.

DESCRIPCIÓN:

arbusto perenne y dioico con tallos rígidos y muy ramificados en la parte superior, que surgen de un rizoma y no suelen alcanzar el metro de altura. Las hojas verdaderas son escamosas muy pequeñas. Lo que parecen hojas son cladodios, un tipo de prolongación laminar y aguzada del tallo. Sobre su envés se forman las flores, pequeñas y verdosas, con seis tépalos en dos verticilos. Las flores masculinas tienen tres estambres y las femeninas producen frutos redondos, rojos, muy llamativos, que son alimento de los pájaros dispersores de las semillas.

Ruda

ETIMOLOGÍA: *Ruta* deriva del griego *ruomai* que significa refrenar, en alusión a la supuesta acción anafrodisíaca. El término *graveolens* significa de olor fuerte y desagradable.

DISTRIBUCIÓN: especie originaria de la región mediterránea oriental y del Asia Menor fue trasportada a través de los Alpes por los monjes benedictinos. Crece en zonas pedregosas, al borde de caminos, entre matorrales situados en exposiciones soleadas y suelos pedregosos.

COMPOSICIÓN FITOQUÍMICA: aceite esencial que contiene una decena de componentes (cetonas, alcoholes, ésteres, terpenos), algo de taninos, cumarinas, furocumarinas, diversos alcaloides quinolinicos como rutamina y graveolina, y flavonoides como la rutina.

USO MEDICINAL: el uso más frecuente y popular de la ruda es como emenagoga, es decir, para provocar la menstruación o para aumentarla en los casos de insuficiencia. Ejerce una notable acción sobre las fibras musculares uterinas, y, a cierta dosis, congestiona los órganos de la pelvis. Como consecuencia de ambas acciones puede provocar el aborto. De hecho, la presencia de alcaloides hace que sea utilizada en los caballos para inducir el aborto. La ruda también se utiliza por sus propiedades antiespasmódicas, antiinflamatorias, sudoríficas, antihelmíntica, analgésicas y antisépticas.

TOXICIDAD: debido a la toxicidad de su aceite es importante utilizar la ruda con precaución. Quienes sufren de enfermedad de Crohn, gastritis y úlceras gastroduodenales, y quienes padecen problemas de riñón o hígado deben de evitarla. También hay que tener en cuenta que puede causar reacciones cutáneas e irritaciones, porque las furocumarinas la dotan de propiedades fotosensibilizantes pudiendo provocar lesiones en la piel si tras el contacto con la planta la piel se expone al sol.

OTROS USOS: se utiliza como aromatizante entrando en la composición de licores de hierbas, y en la elaboración de aguardientes fuertes como la *grappa* italiana. También en Italia, para elaborar una determinada salsa de tomate.

CURIOSIDADES: el uso medicinal viene de tiempos antiguos. Plinio el Viejo la cita como fomentadora de la menstruación y las contracciones uterinas, y el ginecólogo Sorano de Efeso como un potente abortivo. El *Tacuinum Sanitatis*, un manual medieval sobre el bienestar enumera estas propiedades de la ruda: agudiza la vista, disipa la flatulencia, aumenta el esperma y amortigua el deseo de coito. En España se dice que protege del mal de ojo formando una cruz con sus ramas o llevándola como amuleto. Colgadas unas ramas en la entrada de una casa, repele los malos espíritus.

Ruta graveolens L.

DESCRIPCIÓN:

arbusto de olor intenso del que brotan en primavera tallos tiernos erguidos con hojas glauca, lampiñas, muy divididas. Flores amarillas, tetrámeras o pentámeras (las menos), con un disco nectarífero central atravesado por el estilo. El fruto es una cápsula redondeada.

NOMBRE COMÚN • **Sauce**
FAMILIA • Salicáceas • *Salix* sp.

ETIMOLOGÍA: *Salix* es el nombre que daban los romanos a los sauces. Se piensa que puede proceder del céltico *sal*, que significa cercano y *lis* agua, por el hábitat hidrofílico de muchas especies.

DISTRIBUCIÓN: *Salix* es un género compuesto de unas cuatrocientas especies que se distribuyen principalmente por las zonas frías y templadas del hemisferio Norte. Generalmente crecen en zonas de ribera o sobre suelos encharcados, formando bosques ribereños de buena talla en compañía de chopos y alisos o matorrales cerrados (saucedas) resistentes a las avenidas .

COMPOSICIÓN FITOQUÍMICA: glucósidos fenólicos (salicina) y derivados (ácido salicílico), ácidos fenólicos (pirocatecol, cafeico), flavonoides y taninos.

USO MEDICINAL: se usa la corteza desecada principalmente de *S. purpurea, S. daphnoides* y *S. fragilis*. Tiene propiedades antipiréticas, antiinflamatorias, analgésicas y antiagregantes de las plaquetas. Tradicionalmente se ha usado para aliviar dolores de espalda, cabeza y afecciones reumáticas leves.

OTROS USOS: las ramas de los sauces se han usado mucho en cestería y artículos de mimbre. *S. caprea* se ha usado como curtiente debido a la gran cantidad de taninos que almacena. Las hojas de *S. alba* se han utilizado como sustituto del té. Algunos sauces se usan mucho como ornamentales en parques y jardines, sobre todo el sauce llorón (*S. babylonica*), una de las especies más conocidas y utilizadas. Se usan para fijar suelos de ribera reduciendo la velocidad de la corriente de agua y la erosión.

CURIOSIDADES: Dioscórides lo recomendaba en su obra *De Materia Médica* como tratamiento de la gota y enfermedades inflamatorias. La salicina es la precursora del ácido acetilsalicílico, principio activo de la aspirina.

Salix caprea

A. Rama masculina con cuatro **amentos**, el inferior **sin desarrollar**, **B. Rama femenina** con **amento**, **C. Rama** con **hojas** y **estípulas**, **D. Rama** con **yemas foliares**.

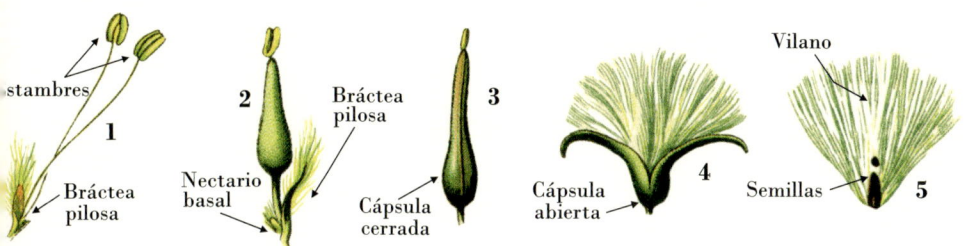

1. Flor masculina con dos **estambres** y una **bráctea pilosa**, **2. Flor femenina** con **bráctea pilosa** y un **nectario basal**, **3. Cápsula cerrada**, **4. Cápsula abierta** mostrando los **vilanos** de **varias** semillas, **5. Semillas** con **vilano**.

Amentos masculinos

Semillas

Amentos femeninos

Amentos femeninos de *S. alaxensis*

Romero

 ETIMOLOGÍA: el término *Salvia* proviene del nombre latino de la salvia, usado por primera vez en el siglo I por Plinio el Viejo en su *Historia Naturalis*. Deriva del verbo *salvere* 'curar' o 'salvar', que alude a las propiedades medicinales atribuidas a varias especies del género. *Rosmarinus*: epíteto antiguo dado al romero, que clásicamente se interpretó como directamente tomado de los vocablos latinos *ros* (rocío) y *marinus* (marino), en referencia a su hábito de crecimiento en zonas costeras, pero es más probable que se derive de los vocablos griegos *rhopós* "matorral, arbusto", y *myrinos*, "aromático, perfumado", interpretación que encaja mejor con la planta.

 DISTRIBUCIÓN: originaria de la región mediterránea. Distribuida por todo el mundo en huertas y jardines. Crece en zonas litorales y de montaña baja desde la costa hasta unos 1.500 m de altitud. A más altura, la producción de aceite esencial es menor. Florece durante todo el año.

 COMPOSICIÓN FITOQUÍMICA: muy rica en aceites esenciales aromáticos de nombres evocadores de sus penetrantes olores: limoneno, pineno, alcanfor, borneol.

 USO MEDICINAL: se utilizan sobre todo las hojas y a veces, las flores, ricas en principios activos. Con el aceite esencial que se extrae de las hojas se prepara alcohol de romero, de probada eficacia para paliar el dolor y la inflamación en personas con artrosis o artritis reumatoide. La infusión de hojas supuestamente alivia la tos y se ha usado para atajar los espasmos intestinales. Debe tomarse antes o después de las comidas. Se ha utilizado en fricciones como estimulante del cuero cabelludo para tratar o prevenir la calvicie (alopecia) y acelerar el crecimiento del cabello. El humo de romero se usó como tratamiento para el asma. El alcanfor de romero tiene efecto hipertensor y tonifica la circulación sanguínea. Por sus propiedades antisépticas, se puede aplicar por decocción sobre llagas y heridas como cicatrizante.

 OTROS USOS: tanto fresca como seca es una de las plantas aromáticas más valoradas en cocina por su agradable olor y por el sabor que aporta a los alimentos. En cosmética y perfumería es utilizada también por esos mismos aceites esenciales, que se obtienen por destilación al vapor de ramas floridas. El agua de romero se usa para combatir las canas dado que estimulan los melanocitos (células responsables de la pigmentación del cabello).

 CURIOSIDADES: en la Antigüedad se colocaba una ramita de romero en manos de los difuntos con la intención de asegurarles un buen viaje al otro mundo. Se tiene por planta protectora que libra del mal de ojo, ensalmos y maldiciones y por eso los gitanos lo usan como símbolo de buena suerte. En el lenguaje de las flores, es símbolo de la buena fe y la franqueza. En Andalucía, donde esta planta es muy popular, se dice que el romero prestó asilo a la Virgen María en su huida a Egipto (en vez de atribuirlo al enebro como en otras interpretaciones) y que trae suerte a las familias que perfuman con él su casa en Nochebuena.

Salvia rosmarinus Spenn.

DESCRIPCIÓN:

arbusto con hojas lineares, revolutas, de envés blanquecino, que nacen en ramilletes de hojas cortas situadas en las axilas de otras dos más largas y opuestas. Corolas bilabiadas, de color azul pálido o ligeramente morado, a veces blanquecino; labio inferior trilobulado, pubescente y moteado. Estambres dos. Los frutos son cuatro clusas.

Saúco

ETIMOLOGÍA: *Sambucus* deriva de la palabra griega *sambuke,* cuyo significado no está muy claro y *nigra* significa negro en latín, aludiendo al color de los frutos.

DISTRIBUCIÓN: nativo de Europa, suroeste de África y sudoeste de Asia. Se extiende por prácticamente toda la península ibérica.

COMPOSICIÓN FITOQUÍMICA: flavonoides (kaempferol, astragalina, quercetina, rutina, isoquercitrina e hiperósido), triterpenos, ácidos (ursólico y oleanólico), esteroles y aceite esencial. El fruto contiene vitaminas, minerales, pectina, glucosa y fructosa.

USO MEDICINAL: se usan principalmente las flores en infusión, extracto fluido o en tintura y tienen un efecto diurético, diaforético, demulcente, venotónico, antirreumático y galactógeno, mientras que el fruto se usa como diaforético y como laxante suave. En algunas zonas se usa la corteza por su efecto cicatrizante.

TOXICIDAD: no se ha descrito toxicidad ni de la flor ni del fruto.

OTROS USOS: el fruto se consume a veces en mermeladas. Con la flor se hace jarabe o se consume rebozada y frita. Es una planta tintórea que tiñe de color morado. Con la madera se hacen instrumentos musicales. Las hojas, tanto quemadas como en una infusión que se rocía sobre las plantas de jardín, se han usado para protegerlas del ataque de pulgones y orugas. Las hojas también se usan como repelente de ratones y topos.

CURIOSIDADES: es creencia popular que si las flores se recogen en la noche de San Juan tienen más efecto medicinal. Otra creencia era que llevar un trocito de madera de saúco en el bolsillo protegía a la persona de todo tipo de agresiones. Las raíces de esta planta, que huelen muy mal, se han empleado contra las mordeduras de perros rabiosos o de serpientes. No hay que confundir al saúco negro con su pariente el sauquillo *(Sambucus ebulus)* que es venenoso, incluidos los frutos. El sauquillo es una planta herbácea más baja que no alcanza la talla de arbusto. Debido a su similitud en la abundancia de floración y frutos, en ocasiones el saúco negro también se suele confundir con las especies de frutos comestibles negros de *Viburnum* tales cómo *V. lentago* o *V. prunifolium.* Las flores de estos últimos son tetrámeras, mientras que las de los saúcos son pentámeras.

Sambucus nigra L.

DESCRIPCIÓN:

árbol caducifolio de pequeño porte, que se ramifica mucho desde la base. Corteza pardo-grisácea suberosa y las ramas con médula blanquecina muy desarrollada. Hojas imparipinnadas, con el borde del limbo aserrado y olor desagradable. Las flores hermafroditas y pentámeras, dispuestas en grandes corimbos terminales (notablemente aplanados), de 10-25 cm de diámetro, son pequeñas y de color blanco. El fruto es una drupa globosa de color violeta negruzco. Florece a mediados de verano y la polinizan las avispas.

Abrótano hembra

 ETIMOLOGÍA: según autores, *santolina* proviene del latín *sanctus*, santa, por sus excelentes propiedades medicinales. *Chamaecyparissus* significa "ciprés enano", por el parecido de las hojas con las del ciprés.

 DISTRIBUCIÓN: especie propia de la región mediterránea. Crece en rellanos y roquedales de las montañas.

 COMPOSICIÓN FITOQUÍMICA: toda la planta, especialmente la inflorescencia, contiene hasta un 1% de aceite esencial, rico en alcanfor, cineol, pineno, cetonas terpénicas como la carvona y lactonas sesquiterpénicas como la artemisialactona, principal responsable de su amargor. Posee otros componentes como taninos y resinas. Los principales componentes de la sumidad florida son los flavonoides y el aceite esencial. De los flavonoides destacan la apigenina y la luteolina, y sus glicósidos, flavonas metoxiladas y flavonoles metoxilados. Ácidos fenólicos, cumarinas, catequinas y esteroles constituyen el resto de los compuestos identificados.

 USO MEDICINAL: sus principales virtudes son las de tónico estomacal, digestiva y antiespasmódica, ideales para tratar digestiones difíciles y dolores estomacales. Tradicionalmente se ha usado como vermífugo por sus propiedades antihelmínticas contra áscaris y oxiuros, principalmente. Además, tiene acción antibacteriana y antiinflamatoria, por lo que se ha utilizado contra distintos tipos de infecciones, como bronquitis, faringitis, conjuntivitis, cistitis e infecciones de la vagina. Por vía externa se ha utilizado en forma de baños para tratar hemorroides, curar eccemas y ayudar a cicatrizar heridas.

 TOXICIDAD: el aceite esencial tomado a altas dosis puede ser tóxico debido a su contenido en alcanfor. Es potencialmente abortivo, acción debida sobre todo a la carvona. Otros usos: se ha utilizado para elaborar licores estomacales. También para evitar la aparición de polillas.

 CURIOSIDADES: para uso interno se prepara en infusión, tomando seis cabezuelas por taza. Se deja infusionar durante diez minutos. Se toman 2-3 tazas al día. Existe la creencia que para preparar una taza de su infusión debe utilizarse un número impar de cabezuelas, 5 o 7, porque de no ser así, su efecto será el contario al esperado. En uso externo se prepara también por infusión de 20 g/l de agua. Se añaden 9 g/l de sal. Se aplica en forma de colirio, baño ocular, colutorio, irrigación vaginal o enema. Se conoce como abrótano hembra a diferencia del abrótano macho *(Artemisia abrotanum)*, especie de la misma familia que se ha utilizado tradicionalmente contra la pérdida de cabello y la calvicie.

DESCRIPCIÓN:

mata densamente ramificada de color ceniza y tronco leñoso. Las hojas son tomentosas, lineales y tan finamente divididas que parecen dentadas. Las flores se agrupan en pequeños capítulos de color amarillo que carecen de las florecitas marginales a manera de lengüetas que tienen las margaritas. El fruto es un aquenio sin vilano. La planta emite una fragancia característica.

Hierba jabonera

ETIMOLOGÍA: *Saponaria* deriva del latín *sapo* que significa jabón porque su raíz se ha usado como tal. El epíteto *officinalis* hace referencia a que se ha usado en medicina.

DISTRIBUCIÓN: crece en suelos húmedos ribereños de la mayor parte de Europa. Se ha naturalizado en América y Australia. Se encuentra en gran parte de la península ibérica, aunque es más rara en el sureste.

COMPOSICIÓN FITOQUÍMICA: contiene saponinas, flavonoides, taninos, aceites esenciales y resinas.

USO MEDICINAL: normalmente se usan tallos y hojas, que son eficaces para tratar catarros por su acción expectorante, mucolítica y antitusiva, que ayuda a aflojar la mucosidad y facilita su expulsión del sistema respiratorio. Tiene efecto antiinflamatorio, analgésico e hipolipemiante. Se ha usado para bajar la fiebre, como depurativo con efecto laxante y purgante. También por vía tópica contra el reuma y para desinfectar heridas y tratar problemas de la piel como eccema, psoriasis y acné. Como se está haciendo con otras muchas plantas, se está estudiando como posible agente antitumoral por el efecto citotóxico de las saponinas.

TOXICIDAD: un uso inadecuado puede producir toxicidad por la abundante presencia de saponinas, que causan irritación de la mucosa gástrica, náuseas, vómitos o depresión respiratoria y cardíaca.

OTROS USOS: las raíces han sido muy utilizadas para lavar la ropa como sustituto del jabón, ya que las saponinas producen espuma. La parte aérea también se ha utilizado para lavarse las manos o en cosmética como limpiador. Se usa como ornamental en jardinería.

CURIOSIDADES: también se la conoce como hierba de los bataneros porque se usaba para lavar la lana en los batanes. La hierba jabonera solía plantarse en las orillas de los ríos para poder recolectarla con facilidad.

Saponaria officinalis L.

DESCRIPCIÓN:

herbácea perenne, erecta de rizoma subterráneo. Hojas opuestas, las caulinares subsentadas y las basales pecioladas, todas con tres nervios paralelos. Flores hermafroditas, actinomorfas, pentámeras, en corimbos terminales. Cáliz gamosépalo. Pétalos unguiculados y limbo espatulado. Androceo de 10 estambres. Fruto capsular sobre un carpóforo.

Ajedrea de jardín, ajedrea blanca, tomillo real

 ETIMOLOGÍA: *Satureja*: nombre latino de una hierba melífera recomendada por Virgilio para plantar alrededor de las colmenas. *Hortensis:* que crece en huertos y jardines.

 DISTRIBUCIÓN: nativa de las regiones mediterráneas cálidas, se cultiva en todo el mundo con fines culinarios. Prefiere los lugares soleados y suelos que drenen bien. Suele recolectarse al final del verano, en plena floración y puede consumirse en fresco o una vez secada a la sombra.

 COMPOSICIÓN FITOQUÍMICA: se emplean las sumidades floridas de esta y otras ajedreas como la silvestre o de montaña *(S. montana)*, la ajedrea fina *(S. ovata)*, y otras. El principal responsable aromático es un aceite esencial compuesto principalmente por carvacrol y timol que comparte con sus compañeros de familia, los tomillos *(Thymus)*. El arsenal fitoquímico se completa con varios ácidos fenólicos (cafeico, siríngico, vaníllico, cumárico, ferúlico y rosmarínico), que comparte con otras plantas aromáticas como eucaliptos, ajos, romero y vainilla.

 USO MEDICINAL: en infusión es digestiva, carminativa y estomacal, eficaz contra cólicos y flatulencias, y con propiedades antisépticas expectorantes útiles contra la congestión bronquial, se solía emplear contra parásitos intestinales. Su capacidad diurética, unida a la antiséptica se emplea en casos de cistitis. Su infusión se usa como desinfectante bucal y en paños o compresas para mejorar afecciones cutáneas y escozores. Con su aceite esencial se elaboran lociones para evitar la pérdida de cabello y ungüentos contra la gota, reuma o artritis.

 TOXICIDAD: no es recomendable la utilización de sus aceites esenciales por mujeres embarazadas.

 OTROS USOS: por su sabor fresco, fuerte, picante y muy aromático, unido a sus propiedades digestivas, tiene múltiples aplicaciones culinarias. En fresco presenta un sabor tan intenso que se recomienda uso moderado. Cocinándola se suaviza bastante, aunque siempre conviene usarla en pizcas para no enmascarar otros sabores. Acompaña muy bien a todas las féculas; por su sabor que recuerda al orégano y a la pimienta, es muy utilizada para aromatizar embutidos. Combina muy bien con los huevos y se utiliza para sazonar tortillas a la francesa o huevos revueltos y para aliñar las aceitunas y aromatizar vinagres.

 CURIOSIDADES: hay quienes dicen que *Satureja* deriva de la palabra griega *"Satyros"*, las criaturas que acompañaban a Dionisios simbolizando el apetito sexual. Tal era su fama como "hierba del amor" que en el Medievo no podía plantarse en los huertos monacales. Sola o mezclada con otras, se utiliza hoy para combatir la astenia, la inapetencia sexual, la impotencia o la frigidez. La farmacopea oficial nada dice de esas propiedades, pero puede usarse aplicando aquello de "que lo que no mata, engorda".

DESCRIPCIÓN:

herbácea anual con tallos erectos, tapizados con pelos retrorsos blanquecinos y hojas lanceoladas pilosas y glandulosas. Flores 2-6 en verticilastros pedunculados con brácteas foliáceas, pelosas y ciliadas. Cáliz
acampanado, con cinco dientes casi iguales. Corola de color crema a
veces violáceo, con labio superior con un lóbulo erecto más corto que
el inferior desigualmente trilobulado. El fruto son cuatro clusas visibles
en el fondo del cáliz.

Hisopillo, rabo de gato, té de roca

 ETIMOLOGÍA: el nombre genérico deriva del griego *sideritis*, de *sideros* (hierro), que puede ser traducido literalmente como "el que es o tiene hierro", porque con estas plantas y otras parecidas se curaban las heridas producidas con lanzas u otras armas de hierro. *Hyssopifolia* alude a la semejanza foliar con el género *Hyssopus*.

 DISTRIBUCIÓN: centro y sur de Europa. Crece en roquedos, fisuras y rellanos, matorrales y pastizales de escasa cobertura vegetal, soleados y de naturaleza caliza, desde el nivel del mar a la media montaña. Florece de abril a agosto.

 COMPOSICIÓN FITOQUÍMICA: contiene aceites esenciales como pineno, cineol, terpineol, felandreno y germacreno, además de iridoides y flavonoides.

 USO MEDICINAL: las sumidades floridas contienen un aceite esencial, flavonoides y ésteres triterpénicos que tienen una acción antiinflamatoria, antiespasmódica y vulneraria. Es un remedio ampliamente utilizado para los trastornos gástricos, utilizada en el tratamiento de dispepsias, gastritis y úlceras gástricas. Externamente se emplea para facilitar la cicatrización de las heridas, como antiinflamatorio, en afecciones reumáticas, en las genitales y también como colutorio.

 OTROS USOS: se ha usado para suavizar el cutis y contra la caída del cabello.

 CURIOSIDADES: en la antigüedad *sideritis* era una referencia genérica para plantas capaces de la curación de heridas causadas por armas de hierro. En la península ibérica habitan 34 especies de este género, muchas de ellas usadas con los mismos fines. En muchas regiones de España se emplean para elaborar infusiones y de ahí que se conozcan como "tés de roca", nombre que también se aplica a la compuesta *Chiliadenus glutinosus*. Entre las más utilizadas se cuentan el rabo de gato o garranchuelo *S. hirsuta*, usada en medicina popular como vulneraria y digestiva, y la zahareña *S. angustifolia,* una planta vulneraria que en Cataluña y Levante goza de gran estima.

Sideritis hyssopifolia L.

DESCRIPCIÓN:

mata perennifolia muy ramificada de tallos cuadrangulares pilosos en dos caras opuestas. Hojas opuestas, linear-lanceoladas, pilosas, agudas, dentadas y ligeramente abrazadoras. Espigas terminales de verticilastros con anchas brácteas dentado-espinosas iguales o mayores que el cáliz; este acampanado y con cinco dientes espinosos. Corolas amarillentas, frecuentemente con manchas purpúreas. Los frutos son cuatro clusas.

Cardo mariano

 ETIMOLOGÍA: aunque no todos los autores están de acuerdo, parece que *Silybum* procede del latín y significa "copa", quizás por la forma acopada de sus capítulos. *Marianum* hace referencia a la Virgen María.

DISTRIBUCIÓN: el cardo mariano es una especie nativa de los países ribereños del Mediterráneo y Asia hasta India y Siberia; naturalizada en el resto del mundo y también cultivada, a veces intensamente, en países de Europa central donde fue introducido y en Argentina, Venezuela, Ecuador y China para la extracción de sustancias de uso medicinal. Crece en bordes de cultivos, caminos y carreteras, baldíos (incluidos descampados urbanos), sobre suelos muy nitrificados, desde el nivel del mar hasta 1.300 m de altitud. Florece de abril a agosto.

 **COMPOSICIÓN FITOQUÍMICA:** contiene silimarina (que es una mezcla de diversos flavanolignanos, principalmente: silibina, silicristina y silidianina), flavonoides, ácidos fenólicos, ácidos grasos, vitamina E y esteroles.

 USO MEDICINAL: la parte que se usa es el fruto en forma de extracto. Tiene efecto antioxidante, hipolipemiante, antihipertensivo, antidiabético, antiaterosclerótico, antiobesidad y hepatoprotector. Se utiliza para tratar la dispepsia (indigestión) y para los trastornos digestivos funcionales de origen biliar. También como antídoto frente a varios venenos. Se emplea, además, contra la cirrosis hepática producida por el consumo excesivo de alcohol. Se está estudiando su utilidad oncológica.

 TOXICIDAD: en casos raros pueden manifestarse trastornos gastrointestinales.

 OTROS USOS: las hojas peladas se utilizan en guisos, sobre todo en la mitad sur de nuestra península. El receptáculo de la inflorescencia también se come y se le denomina alcachofa silvestre. Las flores, igual que las de la alcachofa, se usan para cuajar la leche en la elaboración de quesos. Es una planta forrajera y también se utiliza en veterinaria en el lavado de heridas.

 CURIOSIDADES: la leyenda dice que la Virgen María utilizó hojas de cardo para ocultar al niño Jesús de los soldados de Herodes. Cuando los soldados se fueron, del pecho de María brotaron gotas de leche que originaron los dibujos blancos perpetuos sobre las hojas. Desde entonces el cardo está lleno de virtudes.

FAMILIA • Asteráceas
Silybum marianum (L.) Gaertn.

DESCRIPCIÓN:

herbácea anual o bianual que puede llegar a medir más de metro y medio de altura gracias a sus tallos recorridos por estrías longitudinales. Las hojas son grandes, sobre todo en la base y pueden tener peciolo o ser amplexicaules. Son variegadas, es decir, tienen un dibujo blanco sobre el haz muy característico; los márgenes tienen espinas amarillas. Las flores, que se agrupan en capítulos terminales sobre un gran receptáculo rodeado por brácteas con espinas fuertes y patentes, son moradas al madurar y muy vistosas. Los frutos son aquenios con un doble vilano caedizo en bloque.

Zarzaparrilla, zarza morisca

 ETIMOLOGÍA: *Smilax* viene del griego *smile* que significa "rascador". Hay quien opina que *Smilax* recibe su nombre del mito griego de *Crocus* y la ninfa *Smilax;* aunque este mito tiene numerosas formas, siempre gira en torno al amor frustrado y trágico de un hombre mortal que es convertido en una flor, y una ninfa del bosque que se transforma en una parra. *Aspera* en latín significa "rugosa, aspera", en referencia a los aguijones que lucen los tallos.

 DISTRIBUCIÓN: originaria de Asia, África y América. Está extendida por el sur de Europa, oeste de Asia, la región Macaronésica y el norte de África. En la península ibérica es rara en ambas mesetas y en zonas montañosas, pero frecuente en el resto. En Baleares crece *Smilax aspera* var. *balearica* y en Canarias *Smilax aspera* subsp. *mauritanica*.

 COMPOSICIÓN FITOQUÍMICA: saponósidos triterpénicos (sarsasapogenina, esmilagenina), flavonoides, fitoesteroles, taninos, resinas, colina, sales minerales (sobre todo potásicas) y aceite esencial.

 USO MEDICINAL: en medicina tradicional se le reconocía la virtud de "rebajar la sangre viciosa". El cocimiento de sus hojas o raíces se empleaba para tratar dolencias del aparato circulatorio como hipertensión y problemas circulatorios. Al tratarse de una planta depurativa sanguínea, es también diaforética y diurética. Además, preparando una cataplasma o decocción de sus hojas se tratan diversas enfermedades de la piel (dermatitis, eccema, psoriasis, alergias, úlceras gangrenosas) y, así mismo, alivia el reumatismo y la gota. También en los casos de anorexia, puesto que estimula el apetito. Incluso se ha llegado a realizar una investigación en Australia que destaca su contenido en furostanol, sustancia que posiblemente tiene una poderosa actividad antiproliferativa contra las células cancerosas.

 TOXICIDAD: no hay un criterio único sobre la toxicidad de esta planta. Para algunos autores puede producir trastornos intestinales.

 OTROS USOS: se ha usado para alimentar cabras y conejos. También se fumaba como si fuera tabaco. En algunas zonas, sobre todo de Andalucía, se usa la raíz en la elaboración de bebidas alcohólicas y no alcohólicas.

 CURIOSIDADES: esta planta tenía fama de afrodisiaca masculina. La mitología griega dice que esta planta habría surgido de la metamorfosis de la ninfa Smilax, provocada por un amor frustrado con un mortal (Krokos). Es un mito con numerosas variantes en la literatura. No debe confundirse con otra trepadora muy parecida, la nueza negra (*Tamus communis*), cuyos frutos son venenosos. Esta enrosca en el sentido de las agujas del reloj, su fruto contiene seis semillas, y no tiene zarcillos ni espinas.

Smilax aspera L.

DESCRIPCIÓN:

planta trepadora de tallos volubles que se enroscan en sentido contrario a las agujas del reloj y van provistos de aguijones como los márgenes de las hojas. Estas son acorazonadas y ásperas, con una retícula de nervios resaltados. De la base de las hojas surgen zarcillos dispuestos por pares. Es una planta dioica cuyas flores son pequeñas, poco vistosas, de color amarillo claro y dispuestas en racimos axilares. El fruto es una baya roja y brillante muy atractiva para los pájaros dispersores de semillas.

Botón de plata, matricaria

ETIMOLOGÍA: el nombre del género proviene del griego *athanasia* que significa inmortal por contraposición a *thanatos*, muerte, haciendo referencia a la larga duración de las inflorescencias. El epíteto *parthenium* deriva del griego *parthenos* que significa virgen, en alusión a las flores blancas.

DISTRIBUCIÓN: vive en zonas alteradas por la acción antrópica como campos abandonados o escombreras, y en zonas húmedas de montaña. Es nativa de Europa, pero se ha naturalizado en otras partes del mundo debido a su cultivo como ornamental.

COMPOSICIÓN FITOQUÍMICA: contiene lactonas sesquiterpénicas, entre las que destaca el partenólido. También aceite esencial (con alcanfor, acetato de crisantemilo, canfeno, linalol), flavonoides como luteolina y apigenina, ácidos fenólicos y mucílagos.

USO MEDICINAL: los extractos de las partes aéreas inhiben la agregación plaquetaria y la liberación de serotonina, lo que explica la actividad antimigrañosa tradicionalmente atribuida a la planta. Las partes aéreas se utilizan por vía oral en la prevención de cefaleas y en el tratamiento de reglas dolorosas. También tiene actividad antiinflamatoria y antiséptica. Tradicionalmente se ha usado como planta digestiva y febrífuga.

TOXICIDAD: se ha usado como abortiva. No se han observado efectos secundarios importantes, aunque se contraindica en el embarazo. Las dermatitis alérgicas son escasas, pero existe riesgo en personas sensibilizadas a lactonas sesquiterpénicas.

OTROS USOS: las flores se usan para aromatizar vinos y dulces. Como planta ornamental de floración prolongada ha sido muy utilizada en jardines y huertos de tradición hispano-árabe.

CURIOSIDADES: también se conoce con el nombre vulgar de matricaria en referencia a su acción reguladora de la menstruación. En inglés se llama *feverfew* por el uso que se le ha dado como febrífuga. Las flores se parecen a las de la manzanilla de Castilla *(Matricaria chamomilla)*, con la que a veces se confunde pese a la notable diferencia de las hojas de una y otra.

DESCRIPCIÓN:

herbácea perenne con numerosos tallos erguidos muy aromáticos al estrujarse. Hojas elíptico-oblongas, bipinnatífidas y pecioladas. Capítulos en panículas corimbiformes largamente pedunculados, con las flores exteriores liguladas blancas y las interiores tubulares amarillas. Frutos aquenios con un cortísimo vilano a modo de corona diminuta.

Diente de león, achicoria amarga

 ETIMOLOGÍA: el nombre indica dos cosas. El del género, *Taraxacum*, deriva a través del árabe de dos términos persas que significan «hierba amarga», mientras que el de la especie indica su uso medicinal (*officinale*), pues con ese nombre se califican muchas plantas de uso medicinal o culinario que antaño se guardaban en dependencias denominadas en latín *officina*, de donde proviene también la denominación moderna de "oficinas de farmacia".

 DISTRIBUCIÓN: aunque parece que su origen es europeo, hoy día es cosmopolita y tan abundante en los jardines que algunos la consideran como maleza.

 COMPOSICIÓN FITOQUÍMICA: en la raíz o en las hojas aparecen sales potásicas, inulina, lactonas sesquiterpénicas tipo germacranólido y eudesmanólico, alcoholes triterpénicos pentacíclicos (taraxasterol y sus derivados hidroxilados: arnidiol, faradiol), fitosteroles, flavonoides y mucílagos.

 USO MEDICINAL: se usa principalmente la raíz, pero también las hojas. La raíz tiene efecto diurético, colerético y colagogo. Las hojas se usan como diurético. La planta entera es depurativa y laxante suave. Las raíces se usan para producir inulina, fibra vegetal que mejora el tránsito intestinal y que actúa como prebiótico.

 TOXICIDAD: por el contenido de sustancias amargas (taraxacina, eudesmanólidos) que posee pueden causar molestias estomacales. Para algunas personas el látex fresco es irritante debido a las lactonas sesquiterpénicas que contiene.

 OTROS USOS: es apreciada como planta melífera. Pese al amargor que delata el nombre del género, los dientes de león han sido muy usados como verduras. Si se exceptúan los frutos, el resto de la planta se ha consumido de una u otra forma. Las hojas y los tallos que sostienen los capítulos, popularmente conocidos como canutos, ambos ricos en vitamina A, son la parte más apreciada y se consumían tradicionalmente crudos en ensalada, cocidos en tortillas y revueltos, salteados, hervidos o como relleno de empanadas. Cortando las hojas y dejándolas durante dos horas en agua fría se les va algo el amargor. Los capítulos florales cuando son jóvenes y prietos antes de abrir, pueden encurtirse como se hace con las alcaparras, y también pueden añadirse a la ensalada. No nos olvidemos tampoco de su raíz, que, al igual que la de achicoria, se ha preparado tostada y molida como sustituto (o adulterante) del café.

 CURIOSIDADES: la novela de Ray Bradbury titulada *El vino del estío* (1957) debe su nombre al vino preparado con flor de diente de león. Años después de publicarse la novela, en 1971, los astronautas de la misión Apolo 15 dieron a un cráter de la luna el nombre de "*Dandelion*" (diente de león) en homenaje a esta novela y a su autor, un reconocido creador de literatura de ciencia ficción, cuya obra más celebrada es *Crónicas marcianas*.

Taraxacum officinale (L.) Weber ex F. H. Wigg.

DESCRIPCIÓN:

herbácea perenne y acaule con una roseta de hojas basales anclada en una raíz pivotante de la que mana un látex blanquecino. Hojas pinnatipartidas con lóbulos triangulares profundos. Del centro de la roseta surgen escapos florales huecos que al romperse emanan un jugo lechoso amargo. Inflorescencia en capítulo con todas las flores liguladas amarillas terminadas en cinco dientes pequeños. El fruto es una cipsela provista de un largo pico y vilano. Florece desde finales de invierno hasta bien entrado el verano.

Tejo

ETIMOLOGÍA: *taxus* es el nombre que los romanos daban al tejo; *baccatus* deriva de *bacca*, término latino que significa baya.

DISTRIBUCIÓN: Euroasiático y Norteafricano. Crece en barrancos montanos y se cultiva profusamente como ornamental en jardines como elemento singular y para formar setos. Los arilos maduran entre finales de verano y mediados de otoño del mismo año y son consumidos, junto con la semilla, por los zorzales y otras aves, que las dispersan en sus excrementos. La semilla no germina hasta el segundo o tercer año.

COMPOSICIÓN FITOQUÍMICA: el principal componente es una mezcla de alcaloides denominada taxina y de diterpenos (taxanos) como el taxol. También forma parte de su composición un aceite volátil y trazas de un glucósido cianogénico (taxifilina).

USO MEDICINAL: la taxina ejerce una acción depresora de las funciones cardíacas. El taxol tiene propiedades antitumorales especialmente indicadas para tratar el cáncer de mama.

TOXICIDAD: todas las partes del tejo son extremadamente tóxicas, con excepción del arilo. La toxicidad ni siquiera se elimina tras el secado y es más acusada en invierno. El aceite volátil causa gran irritación estomacal mientras que la taxina ejerce una alteración depresora de las funciones cardíacas. La ingestión de hojas o semillas causa trastornos digestivos (náuseas, vómitos, dolores abdominales) y neurológicos (somnolencia, letargo), hipotensión, trastornos del ritmo cardiaco, arritmia ventricular; no existe tratamiento específico y puede llegar a causar la muerte. El tratamiento implica un lavado de estómago y suministro de fármacos para mantener la actividad cardiaca.

OTROS USOS: la madera, que es compacta, elástica y duradera, tiene la particularidad entre las coníferas de curvarse al vapor, por lo que desde antiguo se ha utilizado para fabricar arcos y ballestas, piezas torneadas, sillas para las iglesias, espitas de tonel, etc. Excelente planta topiaria.

CURIOSIDADES: su familia es un grupo primitivo ampliamente difundido desde el Jurásico, del que actualmente *T. baccata* es el único representante europeo. Árbol sagrado y símbolo de vida eterna en la cultura celta. Es habitual en zonas del norte peninsular encontrar tejos singulares próximos a ermitas medievales. El veneno de tejo era utilizado por los guerreros vascones para impregnar sus flechas. El antitumoral taxol se aisló en primer lugar de la corteza del tejo del Pacífico, *T. brevifolia*, en tan escasa cantidad (0,01%), que para obtener un solo kg se precisan 7 toneladas de cortezas. Para obtenerlo a partir de hojas se cultiva *T. x media* (*T. baccata* x *T. cuspidata*), con un rendimiento mayor y más fácil de cosechar.

FAMILIA • Taxáceas
Taxus baccata L.

DESCRIPCIÓN:

árbol robusto y dioico de ramas abiertas patentes y ligeramente colgantes. Hojas angostas, planas, agudas o mucronadas, verdinegras en la cara superior, dispuestas a lo largo de las ramillas en dos filas. Inflorescencias masculinas globosas con 6-14 estambres, las femeninas constituidas por un solo primordio seminal, rodeado cuando madura por el arilo, una especie de cúpula carnosa de color rojo vivo, que rodea incompletamente la semilla.

Mejorana, tomillo salsero

 ETIMOLOGÍA: *Thymus* deriva de *thymos*, nombre griego de estas plantas, que probablemente deriva de *thyein* y significa olor o aroma, aludiendo a una de sus características más sobresalientes. *Mastichina*, del latín *mastiche*, la resina del lentisco, que se mastica para quitar el mal aliento y curar las encías.

 DISTRIBUCIÓN: endemismo ibérico distribuido por casi toda la península, donde prospera en claros de bosques y matorrales, pedregales de montaña, roquedos y en cunetas y campos abandonados, preferentemente sobre sustratos silíceos de textura suelta, más o menos arenosos; menos frecuente en sustratos calizos. Se hibrida con facilidad cuando convive con algún otro tomillo. Florece de abril a julio.

 COMPOSICIÓN FITOQUÍMICA: contiene aceites esenciales, en especial eucaliptol (más del 50%), linalol, pineno, borneol y alcanfor. También contiene ácido acético e isovaleriánico, libres o combinados, y flavonoides.

 USO MEDICINAL: las aplicaciones de esta planta en medicina popular son para contar y no acabar. Las hojas se emplean en infusión para estimular o regular la circulación de la sangre y como hipotensoras. En algunos lugares se tiene por una panacea para todo tipo de trastornos digestivos, incluyendo su uso como laxante y también, en sentido contrario, se toma como antidiarreico en infusión, sola o con anís. Se ha empleado para combatir el mal aliento y las afecciones bucales. La tisana se suele tomar después de las comidas, y a veces se preparan añadiendo otras hierbas como romero, manzanilla, espliego, poleo o jalea real. En lo que respecta al sistema genitourinario, se usa hervida para regular y calmar los dolores menstruales. Contra la infección de orina se emplea el cocimiento de la planta en baños de asiento. Se ha usado y se usa mediante fricciones en la zona dolorida para afecciones reumáticas, en especial la artrosis de personas mayores.

 OTROS USOS: las sumidades floridas se usan para aromatizar diferentes licores artesanales y condimentar guisos y asados. Frecuentemente se recomienda para la carne de caza y se utiliza también para condimentar los productos de la matanza y para aliñar aceitunas.

 CURIOSIDADES: el nombre de mejorana silvestre se debe a su parecido con la mejorana u orégano y a su aroma agradable. En los mercados tradicionales de Murcia se vendía como específico para lavados vaginales todavía en la década de 1990.

FAMILIA • Lamiáceas
Thymus mastichina L.

DESCRIPCIÓN:

arbusto erguido y ramificado, ceniciento a blanquecino, aromático, con hojas opuestas, ovadas a lanceoladas, planas, pecioladas, con envés peloso. Inflorescencias en espigas densas, globosas, de apariencia muy pelosa, por sus brácteas y calices ciliados. Cáliz con angostos dientes más largos que su tubo del que sobresalen las corolas blanquecinas. Los frutos son 4 clusas situadas en el fondo de los cálices.

Tomillo alcanforado, tomillo borriquero, tomillo de San Antonio

ETIMOLOGÍA: *Thymus*: nombre genérico que deriva de la palabra griega *thymos*, que es el nombre dado a estas plantas y probablemente deriva de *thyein*, que significa olor, aroma, aludiendo a una característica de estas plantas. *Vulgaris*, por tratarse de una mata muy común allí donde crece.

DISTRIBUCIÓN: vive en terrenos áridos, sobre sustratos rocosos, calizas, margas y suelos arcillosos, pedregosos o arenosos. Se encuentra exclusivamente en el área occidental de la región mediterránea europea hasta la mitad oriental de la península ibérica. En la cuenca mediterránea, el tomillo crece espontáneamente y, cuando se dan las condiciones idóneas, se expande de forma abundante dominando el paisaje y formando «tomillares».

COMPOSICIÓN FITOQUÍMICA: contiene aceite esencial que tiene una veintena de componentes, como linalol, timol, borneol, alcanfor o pineno. La proporción de cada uno de ellos es muy variable, lo que ha dado lugar a reconocer razas químicas. Además, contiene flavonoides, ácidos cafeico y ursólico, taninos y principios amargos. De los compuestos mencionados, destaca el timol, que es el que le proporciona su característico olor. Contiene también vitaminas B1 y C.

USO MEDICINAL: tiene acción antivírica, bactericida, antifúngica y antihelmíntica. Como digestivo ayuda a una buena secreción de bilis y evita los gases intestinales. Calma la tos y en general sirve para cualquier afección respiratoria. También tiene acción antiinflamatoria y mejora las infecciones del aparato genitourinario. Se prepara en infusión, porque, si llega a hervir, se pierden muchos de los compuestos volátiles de su aceite esencial. Otras especies próximas se emplean para lo mismo; la más frecuente y extendida por casi toda la península ibérica es el tomillo salsero (*T. zygis*).

OTROS USOS: ambos tomillos salseros se han empleado como condimento de guisos y en adobo de aceitunas, aunque para este fin muchos prefieren *Thymus zygis*. También se elaboran licores y vino con fines medicinales. Se preparan quesos aromatizados con tomillo en todo el mediterráneo, especialmente en la Provenza francesa.

CURIOSIDADES: la recolección de esta planta se hace cuando no está húmeda, a eso de media mañana y a principios de su floración, en primavera, cuando almacena una mayor proporción de aceites esenciales, y por lo tanto ofrece más sabor y aroma. Se conserva secándolo a la sombra en un lugar ventilado y se guarda en frascos herméticos. El secado no hace que se pierdan los principios activos, pero el tomillo entero siempre conserva mejor los aromas que el tomillo molido. El fresco se puede congelar sin que mermen sus propiedades organolépticas, pero no debe lavarse hasta el momento de su utilización.

Thymus vulgaris L.

DESCRIPCIÓN:

mata o arbusto pequeño, de un palmo de altura, aromático, con hojillas muy pequeñas y estrechas de márgenes revueltos, blanquecinas por el envés, muy aromáticas. Las florecillas nacen en cabezuelas y son menudas y de color algo rosado. Los frutos son cuatro clusas situadas en el fondo de los cálices.

Tilo, tilo de hoja ancha

 ETIMOLOGÍA: el nombre genérico deriva del griego antiguo *ptilon* (= ala), en alusión a las características brácteas foliáceas que facilitan la propagación por el viento de las semillas. *Platyphyllos*: epíteto latino que significa "con hojas anchas".

 DISTRIBUCIÓN: extendido por gran parte de Europa, especialmente por el centro y sur, y alcanza hasta Asia occidental. En España se distribuye por los sistemas Pirenaico, Cantábrico e Ibérico, y llega por el sur hasta la serranía de Cuenca siempre en suelos húmedos, en bosques mixtos caducifolios de sotos, hoces y barrancos. Florece a finales de primavera y principios de verano.

 COMPOSICIÓN FITOQUÍMICA: flavonoides: heterósidos del quercetol y del kaempferol, que se encuentran en las inflorescencias; ácidos fenilcarboxílicos; mucílagos. Aceites esenciales (alcanos, farnestol). Taninos, sales de magnesio y aminoácidos, pero en menor cantidad. Su madera también está impregnada de taninos, además de contener ácido cafeico y cumarinas.

 USO MEDICINAL: principalmente se utilizan las flores y las brácteas secas, pero también se recolectan las hojas, la corteza y la albura que es la parte blanca de debajo de la corteza del árbol, cuyo cocimiento fluidifica la sangre y es vasodilatador, además de calmante en caso de cólicos. Los flavonoides tienen un efecto ansiolítico, sedante y diurético suave. Los aceites esenciales tienen una acción sedante y antiespasmódica (utilizados por los dolores menstruales). Los mucílagos son demulcentes sobre las mucosas digestivas y respiratorias. Se ha comprobado que los extractos de las flores tienen actividad antifúngica. Además, la tila es un buen diaforético, que provoca un aumento de sudoración y hace disminuir la temperatura corporal.

 OTROS USOS: popularmente, las infusiones de tila se toman como ansiolíticas y favorecedoras del sueño, pero también contra el dolor de muelas y para enjuagues contra infecciones en la boca, como calmante para el parto y para bajar el azúcar en sangre.

 CURIOSIDADES: sus flores se recogen cortando toda la inflorescencia con su bráctea. Se dejan secar y se toman dos o tres veces al día en una infusión preparada reuniendo varias inflorescencias (unos tres gramos) por taza de agua hervida. El mismo efecto medicinal de los tilos de hoja ancha lo tienen las otras dos especies de tilos más cultivadas: *T. cordat*a, de hojas más pequeñas y sin pelos, y *T. tomentosa* cuyo envés está cubierto de pelos blanquecinos. El género comprende una treintena de especies, que se distribuyen a lo ancho de Asia, Europa y el oriente de Norteamérica; se cultivan en todo el mundo como ornamentales. Existen además numerosos híbridos espontáneos y artificiales, un factor que dificulta la elaboración de una taxonomía precisa para la especie.

Tilia platyphyllos Scop.

DESCRIPCIÓN:

árbol caducifolio con hojas acorazonadas, pilositas terminadas en un ápice picudo. Flores pequeñas, amarillentas muy aromáticas reunidas de 2 a 7 en ramilletes unidos por un largo rabillo que cuelga de una característica hojuela en forma de lengüeta. Esta hojuela (bráctea) es muy llamativa y característica, un tanto correosa y de color verde pálido. Fruto ovalado, pilosito y resaltado con cinco costillas, al menos cuando maduro.

Capuchina, espuela de galán, marañuela, mastuerzo de Indias

 ETIMOLOGÍA: nombre genérico elegido por Linneo que deriva del griego *tropaion* y del latín *tropaeum* (trofeo), por la manera en que crece la planta sobre un soporte, que recuerda un trofeo clásico con escudos y cascos de oro como las que colgaban como un signo de la victoria en un campo de batalla. *Majus* significa en latín "el más grande".

 DISTRIBUCIÓN: para algunos autores es originaria de Suramérica, aunque ahora sea cultivada en muchas zonas del mundo. Para otros autores es una planta que se conoce sólo como planta cultivada y no existen plantas silvestres. Estos autores creen que su origen es a partir de la hibridación de dos especies silvestres del sur de Perú.

 COMPOSICIÓN FITOQUÍMICA: contiene flavonoides, glusosinolatos (glucotropeolina), isotiocianatos y antocianos.

 USO MEDICINAL: se usan tanto la flor como la hoja y la semilla. Tienen propiedades antibacterianas y antifúngicas. Se recomienda contra infecciones del tracto urinario bajo, catarros del sistema respiratorio y, en uso tópico, para el tratamiento de dolores musculares leves, para la alopecia y las afecciones cutáneas.

 TOXICIDAD: puede afectar tanto al intestino como al riñón. No se recomienda su uso en niños, ni tampoco un uso prolongado en adultos.

 OTROS USOS: tanto sus flores como sus hojas, que tienen un sabor picante como el del berro, son comestibles y se consumen tanto crudas como cocinadas. En los altiplanos de Bolivia y en el área andina en general, existe la especie *Tropaeolum tuberosum*, que tiene unos tubérculos del tamaño de una castaña y unas flores de bello color carmesí. Los tubérculos tienen un sabor áspero muy acentuado y un sabor que recuerda al de la capuchina. La capuchina se usa mucho como planta ornamental. También se intercala en las huertas para que atraiga a los pulgones y a la mosca blanca, evitando que éstas ataquen a las plantas hortícolas. La semilla molida se puede usar como sustituto de la pimienta.

 CURIOSIDADES: fue introducida en Europa por los jesuitas en el siglo XVI cuando ya se sabía que podía usarse en alimentación. La flor es el símbolo de Arequipa, ciudad peruana. Las flores, tomadas crudas, tienen fama de afrodisíacas. Esta planta ha escapado de los jardines y se ha convertido en una especie invasora en algunas zonas de España (como, por ejemplo, Canarias) por lo que está incluida en el Catálogo Español de Especies Exóticas Invasoras.

DESCRIPCIÓN:

herbácea anual, aunque a veces se comporta como bianual. Puede crecer como trepadora (si tiene un soporte), como rastrera o como planta
colgante. Tiene hojas grandes, suborbiculares. Las flores tienen cinco
pétalos desiguales que pueden variar de color según las variedades entre
el amarillo, el naranja y el rojo. Corola largamente espolonada. El fruto
es carnoso, subgloboso y se divide en tres partes, cada parte con una
semilla dura.

Parterre ornamental con las vistosas espádices de la cala *Zantedeschia aethiopica*.

Ortiga mayor, ortiga verde

ETIMOLOGÍA: *Urtica,* del latín *uro, urere,* me quemo, quemar, y de *tactus,* tacto, es decir, planta que quema cuando se toca. *Dioica* del griego *di,* dos, y *oikos,* casa, (dos casas) por el hecho de que esta especie tiene flores masculinas y femeninas separadas en plantas distintas.

DISTRIBUCIÓN: cosmopolita. Se cría en suelos ricos en nitrógeno y húmedos, en corrales y huertos, a lo largo de caminos, de muros de piedra, en el campo o en la montaña, etc. En ambientes urbanos muy nitrificados, es más abundante su congénere *U. urens.*

COMPOSICIÓN FITOQUÍMICA: frutos con un aceite rico en ácidos grasos insaturados, fitoestimulinas cicatrizantes, fitohormonas y tocoferoles vitamínicos. Además de ser muy rica en clorofila, almacena numerosos ingredientes activos (taninos, nitratos, ácido fórmico y salicílico, flavonoides, carotenoides, hierro, vitaminas C, B, K1). Los pelos urticantes son pequeños depósitos de ácido fórmico y acético, acetilcolina, serotonina e histamina.

USO MEDICINAL: en fitoterapia se usa toda la planta cosechada de abril a septiembre, los rizomas recolectados en otoño (para hacer decocciones con vinagre de uso externo, para combatir la alopecia y la caspa) y en algunos países también los frutos en forma de extractos alcohólicos, como corroborantes y tonificantes. En conjunto, tienen propiedades diuréticas, astringentes, hemostáticas, depurativas, antirreumáticas, antihemorrágicas, hipoglucémicas y antiseborreicas. Debido a su acción remineralizante, se emplea como reconstituyente en anemias. En vía externa contra eczemas, dermatitis de pieles muy grasas y caída del cabello. Popularmente se toma para rebajar la tensión y el colesterol y contra el acné juvenil. En enjuagues mitiga el dolor de muelas. También se frotan con ortigas las partes del cuerpo con reuma o se ponen emplastos en el pecho para enfermedades respiratorias.

OTROS USOS: añadidas al pienso, sirven para mantener en estado saludable a los animales criados en piscifactorías y granjas avícolas. Se cultivaron durante mucho tiempo como forraje para el ganado y todavía ahora se administran ortigas frescas trituradas a los animales de granja para que su piel, carne y huevos sean más coloridos y para aumentar la producción de grasa en la leche y colorear la mantequilla con un hermoso amarillo. También es una excelente verdura: las hojas, completamente inermes después de un breve escaldado y luego exprimidas, se usan cocidas y sazonadas con sal y aceite como las espinacas, y para preparar risotto, sopa de verduras, tortillas, tortellini, pasteles salados, rellenos, etc.

CURIOSIDADES: los pelos urticantes son pequeñísimas ampollas punzantes y frágiles llenas de líquido irritante, que, al simple contacto con la piel, punzan, se rompen y vierten su contenido (ácido fórmico, resina, histamina y una sustancia proteínica desconocida), provocando ronchas, escozor y prurito, debidas al irritante ácido fórmico.

FAMILIA • Urticáceas

Urtica dioica L.

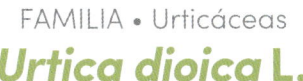

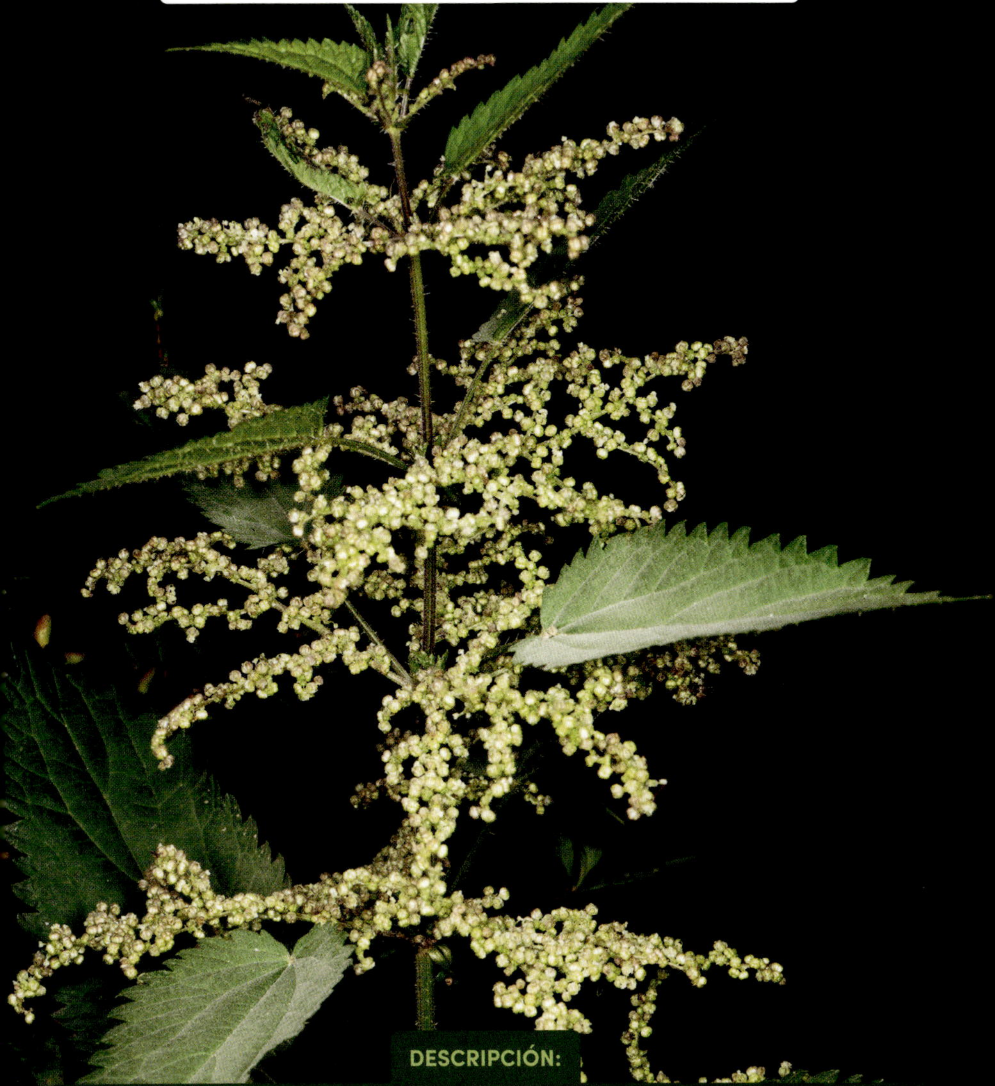

DESCRIPCIÓN:

hierba perenne de hasta 1 m, con tallos de sección cuadrangular sobre los que crecen hojas ovaladas enfrentadas por pares, unos y otras, al igual que las flores, revestidos de pelos transparentes urticantes. Las flores, muy pequeñas, sin diferenciación en cáliz y corola, y de color amarillo verdoso, van reunidas en grupitos esféricos (glomérulos) distribuidos en racimos colgantes en la axila de las hojas superiores. La floración se concentra de mayo a noviembre.

Valeriana, yerba de los gatos

 ETIMOLOGÍA: *Valeriana* proviene del latín *valere,* en referencia a que sirve para estar fuerte y sano ya que se traduce como "gozar de buena salud". La palabra *officinalis* hace referencia a que se ha usado en medicina.

 DISTRIBUCIÓN: nativa de Europa y algunas partes de Asia, ha sido introducida en España. Muy común en los bosques húmedos y al borde de corrientes de agua, desde las llanuras hasta las zonas montañosas. En la península ibérica es especialmente frecuente en la mitad septentrional.

 COMPOSICIÓN FITOQUÍMICA: la raíz contiene aceite esencial con valerenal, valeranona, ácido valerénico y ácido acetoxivalerénico. También valepotriatos y pequeñas cantidades de alcaloides, ácidos fenólicos derivados del ácido cinámico y flavonoides.

 USO MEDICINAL: los órganos subterráneos se usan desecados por su acción sedante sobre el sistema nervioso y muscular, ayudan a conciliar el sueño, reducen la frecuencia de los despertares nocturnos y para aliviar momentos de estrés, tensión y ansiedad. También ayuda a expulsar gases y atenúa los efectos de la migraña. Se ha usado ampliamente en medicina popular para tratar la conjuntivitis, como depurativo sanguíneo, para reducir el dolor de muelas y menstrual, tratar problemas digestivos y urinarios y como anticatarral. La Agencia Europea de Medicamentos aprobó su uso como medicina tradicional para aliviar la tensión nerviosa leve y como ayuda en el tratamiento del insomnio.

 TOXICIDAD: en algunos estudios se ha informado que tras el consumo de valeriana se produjeron dolores de cabeza, mareos, prurito, diarrea e insomnio. En otros se desaconseja el consumo durante el embarazo, ya que podría aumentar el riesgo de toxicidad en el feto y hepatotoxicidad en la madre. Algunos componentes de la valeriana provocan depresión del sistema nervioso central y por ello se debe evitar usarlo al mismo tiempo que otros depresores como beber alcohol o consumir benzodiazepinas, barbitúricos, opiáceos o antihistamínicos.

 OTROS USOS: usada como aromatizante de bebidas alcohólicas y como condimento. Se usa como planta ornamental en jardines. El extracto fermentado de valeriana o su infusión se aplica fumigado en agricultura ecológica para proteger a las plantas de las heladas tardías.

CURIOSIDADES: la raíz tiene un olor desagradable producido por el ácido valeriánico. Tiene efectos psicoactivos sobre el comportamiento de los gatos, que parecen ser placenteros puesto que su olor les atrae para engullirla a plena satisfacción.

DESCRIPCIÓN:

hierba perenne, rizomatosa. Tallos solitarios, robustos, asurcados, generalmente glabros. Hojas opuestas, pinnatisectas, segmentos lineares, lanceolados o elípticos, margen entero o dentado. Inflorescencia una cima compuesta, corimbiforme. Flores hermafroditas, actinomorfas. Cáliz con dientes lineares, acrescente. Corola tubulosa infundibuliforme, con cinco lóbulos desiguales. Androceo y gineceo trímeros. Fruto aquenio coronado por el cáliz transformado en vilano plumoso.

Verbena común

ETIMOLOGÍA: *Verbena* procede del latín y alude al carácter mágico otorgado a esta planta. *Officinalis* significa en latín "medicinal".

DISTRIBUCIÓN: amplia distribución en Europa, Asia, América y África. Suele crecer en terrenos incultos con cierta humedad y en bordes de caminos. Se propaga por semilla o raíces.

COMPOSICIÓN FITOQUÍMICA: contiene iridoides (hastatósido, verbenalina, dihidroverbenalina y verbenina). También contiene mucílagos, taninos, verbascósido, eukovósido y aceite esencial (con espatulenol, citral, geraniol y verbeneno). Las hojas contienen, además, numerosos flavonoides.

USO MEDICINAL: se usa toda la parte aérea cuando está en flor contra problemas tanto de las mucosas bucofaríngeas como de las vías respiratorias. También contra calambres, agotamiento nervioso, trastornos digestivos y genitourinarios, para favorecer la lactancia y en enfermedades reumáticas. Tiene reputación, además, como planta cicatrizante. Se dice que tiene un efecto estimulante, que baja la fiebre y es diurética. Sin embargo, de sus propiedades medicinales hay muchos menos estudios científicos que de otras plantas medicinales.

TOXICIDAD: parece que esta planta puede tener efectos tóxicos sobre el organismo disminuyendo la actividad del tiroides o afectando al sistema nervioso central, pero se requiere más investigación científica sobre el tema. Como medida de precaución, no se recomienda su uso a las embarazadas.

OTROS USOS: antiguamente se usaba como planta mágica en ceremonias. Hoy tiene uso ornamental en jardinería y también en aromaterapia por su penetrante aroma.

CURIOSIDADES: en el nordeste europeo se consideró una hierba sagrada que protegía contra vampiros y demonios. En el Mediterráneo, en la noche de San Juan era tradición formar un ramillete de plantas medicinales recogidas del campo, entre las que se encontraba esta planta. Después se participaba de la fiesta nocturna al aire libre. De ahí viene el dicho de "ir de verbena". De acuerdo con el relato *An Odor of Verbena* de William Faulkner, la verbena es la única fragancia que puede ser olfateada por los caballos sin perder un rastro

Verbena officinalis L.

DESCRIPCIÓN:

herbácea perenne con tallos muy ramificados, de sección cuadrangular y bisurcados, que pueden llegar a medir un metro de altura. Las hojas son opuestas, lanceoladas y con los nervios muy marcados. Flores sésiles, de color morado o azul claro, que se agrupan en espigas terminales o axilares. Cáliz tubular, con cinco dientes desiguales; corola infundibuliforme, pentalobada, ligeramente bilabiada; estambres didínamos inclusos y simpétalos; ovario bicarpelar, estilo corto, incluso, estigma bilobado. Fruto en esquizocarpo.

Las flores actinomorfas de las anémonas, como este cultivar de *Anemone coronaria*, tienen entre 5 y 8 sépalos coloreados y decenas de estambres que rodean un gineceo apocárpico.

GLOSARIO DE TÉRMINOS DE INTERÉS EN TAXONOMÍA

acaule. Sin tallos o casi sin ellos; de tallo tan corto que las hojas nacen casi al nivel del suelo.

acicular. Que tiene hojas lineares, con forma de aguja como las hojas de los pinos.

aclamídeo, a. Se dice de la flor que carece de perianto (de sépalos y pétalos) y de la planta que las posee.

aclavelada. Dícese especialmente de la corola actinomorfa de cinco pétalos libres, de uña larga y limbo patente, como la de los claveles silvestres del género *Dianthus*.

acrescente. Se dice del órgano, frecuentemente el cáliz, que no sólo no se marchita y cae, sino que crece y se desarrolla después de la floración, envolviendo muchas veces al fruto. (*) Cualquier órgano de una planta que continúa su crecimiento después de formarse.

actinomorfa. Se dice de la flor que tiene dos o más planos de simetría; equivale a flor regular con simetría radial (multilateral).

acúleo. Equivale a aguijón.

acuminada. Se dice de la hoja o de cualquier otro órgano que remata en punta, sobre todo de aquellas hojas en que la lámina se estrecha de forma gradual en punta algo larga.

afilo. Carente de hojas.

aguijón. Tipo particular de estructura vulnerante como las que hay en los tallos de los rosales y zarzamoras, que recuerda a una espina, pero que deriva de la epidermis y, al no estar vascularizada, se puede separar del tallo sin desgarrar sus tejidos; no es una verdadera espina porque estas son ramitas modificadas y, por tanto, vascularizadas.

ala. Expansión foliosa o membranosa de distintos órganos. Cada uno de los dos pétalos laterales de las corolas papilionáceas.

aleznado. Puntiagudo, en forma de lezna.

alternas. Se dice de las hojas que se insertan de forma espaciada a lo largo del tallo, incluidas las esparcidas o dispuestas en espiral. Cuando nacen una enfrente de otra se denominan opuestas; cuando nacen varias a la misma altura en torno a un nudo, verticiladas.

amento. Inflorescencia apretada, con frecuencia colgante, de tipo racimo o espiga, generalmente de flores unisexuales desnudas o con envuelta simple, que nacen en la axila de brácteas; equivale a gatillo o candela.

amplexicaule. Se dice de las hojas, estípulas, brácteas, etc., que rodean casi por completo al tallo (parece como si lo abrazaran).

anemocora (planta). Que sus frutos o sus semillas se diseminan mediante el viento.

anemofília. Fenómeno propio de las plantas que se polinizan por el viento.

antela. Inflorescencia tirsoidea en la que todos los ramitos laterales superan la longitud el eje respectivo. Se observa en muchas juncáceas.

antera. Parte del estambre, generalmente engrosada, en que se producen y alojan los granos de polen; por lo general consta de dos mitades o tecas y cuatro sacos polínicos. Puede ir sobre un filamento o sentada sobre el tálamo o la corola.

antófilo. También llamados hojas florales son las hojas modificadas que constituyen las flores. Los denominados antofilos estériles son los que forman el perianto o el perigonio, es decir, los sépalos y los pétalos. Los antofilos fértiles, por otro lado, son los estambres y los carpelos, antófilos muy modificados sobre los que se desarrollan los órganos productores de los gametos.

anual. Dícese de la planta que tienen un ciclo de vida (nace, crece, se desarrolla y muere) en un periodo temporal muy breve, siempre inferior a un año. Se opone a bienal y perenne.

apocárpico. Calificativo aplicado a los gineceos de carpelos libres entre ellos, no soldados (gineceos sincárpicos o gamocarpelares). Es sinónimo de dialicarpelar.

aquenio. Es un término algo impreciso con el que se denominan los frutos secos que no se abren al madurar y que contienen una sola semilla. Se usa tanto para los procedentes de ovario súpero como ínfero. Se confunde a menudo con nuez, aunque los más puristas prefieren usar la palabra nuez cuando la cubierta es dura y aquenio cuando es correosa o membranácea.

asilvestrado. Se dice de la planta que crece silvestre pero que tiene su origen en semillas de plantas cultivadas. Se emplea a veces como sinónimo de naturalizado.

autócora. Se aplica a plantas que se diseminan sin ayuda externa, esto es por sus propios medios.

bacciforme. Se dice del fruto carnoso, fructificación o semilla que se asemeja a una baya sin serlo.

balausta. Es la granada: un fruto especial, coronado por el cáliz persistente, de paredes correosas, con compartimentos separados por tenues telillas y con semillas de cubierta o episperma carnosa. Procede de un ovario ínfero y tiene dos pisos de gajos o carpelos.

baya. Fruto con la parte externa (el epicarpio) delgada y la parte media e interna (el mesocarpio y endocarpio) carnosos y con bastante jugo.

bejuco. Sinónimo de liana o enredadera. Planta trepadora de tallos largos y sarmentosos, que arraiga en el suelo y se sube a las copas de los árboles para acceder mejor a la luz; es propio sobre todo de los bosques tropicales.

bienal. Se dice de la planta que vive más de un año sin pasar de dos; durante el primer año germina la semilla y la planta se desarrolla para florecer, fructificar y morir en el segundo año.

bifoliolado. Se dice de las hojas compuestas que tienen dos hojuelas o folíolos.

bilabiado. Se dice del cáliz o de la corola de piezas soldadas cuando se divide de forma más o menos clara en dos partes o labios. En el cáliz, el labio superior tiene frecuentemente tres dientes y el inferior dos; en la corola suele ser al revés (el labio superior suele tener dos lóbulos y el inferior tres).

bilobulado. Hendido en dos gajos o lóbulos poco profundos; si son profundos se habla de bilobado.

bipartido. Dividido en dos gajos o segmentos hasta más allá de la mitad de la longitud del órgano del que se trate, sin llegar hasta la base, como las hojas del género *Bauhinia;* si llega hasta la base, se denomina bisecto.

bipinnada. Hoja pinnada con las foliolas primarias divididas a su vez de forma pinnada; véase pinnada.

bóstrice o bóstrix. Inflorescencia cimosa con sucesivas ramificaciones laterales sólo de un lado (unípara), resultando una cima helicoide.

bráctea. Hoja reducida de las inflorescencias, diferente de las hojas normales, como la que suele haber junto al punto de inserción del cabillo de cada flor; en sentido estricto se denominan brácteas sólo a las que están en el eje principal de la inflorescencia (ver bractéola). Cada bráctea lleva en la axila una flor, una inflorescencia o una rama de la inflorescencia. Las inflorescencia u otros órganos provistos de ellas se llaman bracteados.

bractéola. Bráctea que suele ser más pequeña que la bráctea principal y que nace por lo general sobre el cabillo de la flor o en su ápice, adosada al cáliz. En sentido estricto se diferencia de la bráctea en que no nace sobre el eje principal de la inflorescencia sino sobre un eje lateral.

braquiblasto. Brote corto, de crecimiento limitado, como los que llevan los grupos de hojas del cedro, del almendro o del alerce.

brote. Tallo o vástago en fase de desarrollo a partir de la yema y hasta que termina de crecer. Son brotes las partes aéreas incipientes de las plantas vasculares, los nuevos tallos que se desarrollan en primavera y los tallitos que proceden de la plúmula del embrión.

bulbo. Órgano subterráneo formado por una yema cubierta de hojas modificadas (o las bases de las hojas) que almacenan sustancias de reserva; el eje de la yema suele ser muy corto y a menudo tiene forma de disco. Un ejemplo es la cebolla, en la que las hojas de reserva son los cascos.

cabezuela. Sinónimo de capítulo.

cabillo. Palabra de uso coloquial para referirse al pedicelo o pedúnculo de las flores y frutos, más raramente al pecíolo o pezón de las hojas. Equivale a pezón.

caducifolio. Sinónimo de deciduo. Se aplica a las plantas que, como adaptación a la estación desfavorable, pierden completamente las hojas durante aquella. En nuestras latitudes se trata de una adaptación al frío invernal (endurecimiento y letargo). En zonas cálidas y áridas, como adaptación a la sequía (eliminación de superficies transpirantes). Se opone a perennifolio.

caja. Equivale a fruto en cápsula; hay quien propone llamar así sólo a las cápsulas de carpelos cerrados (las que tienen varias cavidades).

cáliz. Verticilo externo de piezas del perianto en las flores que tienen dos envueltas (cáliz y corola) o la única envuelta de las flores poco vistosas; las piezas que forman el cáliz se denominan sépalos, y suelen ser verdes o membranáceas, mientras que los pétalos tienen por lo general colores vivos; cuando el cáliz es de una sola pieza (gamosépalo o de sépalos soldados), los sépalos se aprecian generalmente en forma de dientes o lóbulos.

capítulo. Inflorescencia corta formada por un grupo de flores sentadas y en disposición apretada, más o menos en forma de cabeza. Normalmente tiene las flores sentadas sobre un receptáculo común (que corresponde al eje de la inflorescencia muy acortado y ensanchado) y rodeadas de una o varias hileras de brácteas que se asemejan a un cáliz (el involucro). Por las brácteas a modo de cáliz y las flores periféricas que a veces tienen forma de lengüeta y se asemejan a pétalos, hay quien confunde a los capítulos con una sola flor, pero basta mirarlo con un poco de detalle para ver que está formado en realidad por numerosas flores. Es típica (pero no exclusiva) de la familia de las compuestas; son capítulos las margaritas, las alcachofas o los cardos, por citar tres ejemplos conocidos entre miles. Equivale a cabezuela.

cápsula. Fruto seco, formado por varios carpelos soldados (dos o más), que se abre al madurar; puede tener una o varias cavidades, denominadas lóculos, dependiendo de que los carpelos sean abiertos (soldados uno con otro por el margen) o cerrados (cada uno con los dos bordes unidos y soldado lateralmente con los adyacentes); hay también casos de cápsulas de carpelos abiertos que tienen dos o más cavidades: cuando se forman uno o varios falsos tabiques a partir de las placentas, como ocurre en la silicua y silícula. Es un tipo de fruto muy común y del que hay varios modelos diferentes.

cariópside. Fruto seco, con una sola semilla, que no se abre al madurar, con la cubierta externa delgada y soldada a la semilla, como en el grano de trigo; es típico de las gramíneas.

carpelo. Se llama así a cada una de las hojas modificadas que forman el pistilo de las plantas con flores; a veces van libres (cada uno forma un pistilo) y otras veces se sueldan entre sí todos los de la flor para formar un solo pistilo; puede haber uno solo.

catáfilo. Los catáfilos u hojas primordiales, son las primeras hojas que nacen por encima de los cotiledones de una planta joven.

cima. Inflorescencia en la cual cada ápice terminal de crecimiento produce una flor, al igual que los ejes secundarios que van naciendo en su costado. **cima escorpioide.** Cima en la que cada rama remata en una flor y produce una sola ramita lateral (es por tanto una cima de las denominadas uníparas), que nace siempre en el mismo lado del eje; la inflorescencia parece enrollada hacia uno de los lados como la cola de un escorpión. **cima helicoide.** Cima en la que cada rama remata en una flor y produce una sola ramita lateral (es por tanto una cima de las denominadas uníparas), que nace alternativamente a uno u otro lado del eje. **cima umbeliforme.** Inflorescencia cimosa más o menos en forma de parasol, que se asemeja a una umbela. **cima unípara.** Cima en la que cada rama remata en una flor y produce una sola ramita lateral. Las hay de varios tipos.

cincino. Inflorescencia cimosa en la que las ramitas laterales (una sola en cada nudo, pues se trata de una cima unípara) nacen alternativamente hacia uno u otro lado, en dirección transversal con respecto a la bráctea;

normalmente está curvada hacia un lado; es como una cima escorpioide en la que las ramas no quedan todas en el mismo plano.

cinorrodon o cinarrodon. Fruto carnoso complejo en cuya formación participa el receptáculo floral, que se agranda y se vuelve rojo, y que lleva en su interior numerosas nuececillas; es típico de los rosales; procede de un ovario ínfero.

cipsela. Fruto de tipo aquenio (con una sola semilla) que deriva de un ovario ínfero con más de un carpelo y con una sola cavidad, como el de las compuestas y dipsacáceas.

circunciso. Se dice del órgano cortado todo alrededor por una hendidura transversal, como los frutos en pixidio del beleño (se abre por una tapadera, como una olla) o los cálices del género *Calicotome*.

clado. Cada una de las ramificaciones que se obtiene después de hacer un único corte en el árbol filogenético. Empieza con un antepasado común y consta de todos sus descendientes, que forman una única rama en el árbol de la vida. El antepasado común puede ser un individuo, una población, una especie, no importa si extinto o existente, y así hasta llegar a un reino. También se lo nombra como «grupo monofilético».

cladodio. Tallo aplastado que semeja una hoja. El ejemplo más típico es el del rusco *(Ruscus acualeatus)*.

clon. Grupo de plantas que proceden por multiplicación vegetativa de un solo padre y que, por consiguiente, contienen idéntico material genético.

clusa. Fruto que no se abre al madurar, con una o varias semillas, que procede de la división longitudinal, en dos o más partes, del carpelo de un gineceo sincárpico (de carpelos soldados). Son clusas los cuatro frutillos con una sola semilla de las labiadas y boragináceas, que proceden de la división de un pistilo con sólo dos carpelos. Es un tipo particular de aquenio; se ha llamado también nuez y núcula.

concrescente. Se dice de las piezas florales u otros órganos que, pudiendo estar libres, se unen entre sí de forma natural, como los pétalos de las corolas gamopétalas o los frutillos que forman la mora.

conectivo. Zona de tejido estéril que en los estambres une las dos mitades de las anteras denominadas tecas y conecta entre sí los sacos polínicos.

connado. Se dice de los órganos que nacen juntos y permanecen unidos entre sí (se fusionan durante el desarrollo), sobre todo de las hojas opuestas que se sueldan por la base o de los estambres que se sueldan en tubo; es más correcto decir connato, pero no se usa apenas.

connivente. Se dice de los órganos que convergen hasta ponerse en contacto; están más o menos separados en la base y se aproximan por su parte superior hasta tocarse, pero sin llegar a soldarse, como por ejemplo los estambres de la tomatera.

coriáceo. De consistencia recia, parecida al cuero. Equivale a correoso.

corimbo. Inflorescencia de tipo racemoso en la que los pedicelos más inferiores de las flores externas se igualan con los superiores de las internas, de modo que todas las flores se encuentran al mismo nivel.

cormo. Tallo subterráneo corto, bulboso, con hojas escamosas y raíces adventicias; actúa como órgano perenne para la multiplicación vegetativa; véase bulbo, tubérculo.

cormófitos. Nombre que se dio al conjunto de las plantas superiores que presentan un eje o cormo bien diferenciado en raíz, tallo y hojas. Es lo contrario que talófitos.

corola. Conjunto de los pétalos de una flor. En las flores de envuelta doble, el verticilo interno, formado en general por piezas más delicadas y de colores más vivos que las del cáliz, piezas que se denominan pétalos y que sirven en la mayoría de los casos para atraer a los insectos polinizadores.

corona. En la corola, conjunto de apéndices semejantes a pétalos, a veces en forma de tubo o trompeta como en los narcisos, que pueden derivar de los pétalos o bien ser estambres modificados. Las corolas provistas de corona, como la de los narcisos, se llaman coronadas.

cosmopolita. Se aplica a las especies cuya distribución es mundial. El cosmopolitismo es raro en la naturaleza, aunque existe para determinados organismos ligados a ciertos medios, por ejemplo, los hidrófilos como *Phragmites australis*. Sin embargo, debido a la capacidad de expansión de las actividades humanas, muchas plantas ligadas a ambientes antropogénicos tienen actualmente una distribución cosmopolita.

cotiledón. Se denomina así a cada una de las hojas que trae el embrión de las plantas superiores dentro de la semilla, hojas que tras la germinación serán en algunos casos las primeras hojas de la plantita o plántula. En muchos casos sirven para absorber las sustancias de reserva acumuladas en la semilla o en los propios cotiledones, hasta que la joven plantita es capaz de producir sus primeras hojas normales y realizar la fotosíntesis. Se llama también hoja primordial, seminal o embrionaria.

crasifolio. Que tiene hojas gruesas y más o menos carnosas, es decir, crasas o suculentas.

crenado. Con dientes obtusos y relativamente anchos, en forma de onda o festón, como las hojas de algunas labiadas; equivale a festoneado.

criptógama. Vegetales que no contienen semillas. El nombre latino *crypto-gamae* deriva de las raíces griegas *kryptos* y *gamos*, que significan, respectivamente, 'escondido' y 'unión sexual'. Este nombre era usado desde Linneo para referirse a las plantas sin flores y por extensión aquellas cuyos aparatos de reproducción no eran visibles a simple vista, cuya mayor diferencia con las fanerógamas es que estas se propagan por semillas.

cruciforme. Corola regular, con cuatro pétalos y cuatro sépalos, seis estambres tetradínamos y ovario bicarpelar súpero. Es típica de la familia brasicáceas o crucíferas.

cuneado. En forma de cuña o de sección longitudinal de una cuña; es sinónimo de cuneiforme.

cutícula. Cubierta externa de la epidermis, a modo de película continua y muy fina, constituida por cutina. Evita la pérdida de agua.

cutina. Sustancia muy resistente, de naturaleza compleja, que forma la cutícula de las plantas o de las partes de las plantas no protegidas por tejidos suberosos (corcho).

deciduo. Caedizo, caduco, como las hojas de los árboles que las pierden en otoño.

decumbente. Se dice de los tallos que tienen poca fuerza y que están inclinados o echados sobre el suelo, pero con la parte apical más o menos levantada.

decusado. Se dice de las hojas (o de cualquier otro órgano) dispuestas en pares opuestos y colocadas de manera que forman cruz con las anteriores y también con las siguientes.

dehiscencia. Se denomina así el mecanismo de apertura de los frutos que al madurar liberan espontáneamente las semillas por dientes, valvas, hendiduras, etc. Los frutos que no se abren al madurar se denominan indehiscentes.

dentado. Se dice de la hoja cuyo margen tiene dientes o puntas parecidas a ellos, como los de una sierra, pero menos agudos; también se utiliza para referirse a los frutos u otros órganos.

denticulado. Con dientecillos muy menudos. Diminutivo de dentado.

dialicarpelar. Sinónimo de apocárpico.

diadelfo. Se dice de la flor o del androceo que tiene los estambres soldados por sus filamentos en dos grupos o manojos o bien uno libre y el resto soldados en un solo grupo, y de las plantas que tienen este tipo de flores.

dialipétalo. Se dice de la corola de piezas libres (no soldadas entre sí, ni siquiera en la base) y de las flores o plantas que las tienen. Es sinónimo de coripétalo y lo opuesto a gamopétalo o simpétalo.

dialisépalo. Se dice del cáliz de piezas libres (no soldadas entre sí). Se opone a gamosépalo o sinsépalo.

dicasio. Inflorescencia cimosa en la que por debajo de la flor terminal hay dos ramitas que pueden rematar en una flor o ramificarse de la misma manera; es común en muchas cariofiláceas, como por ejemplo en la colleja.

diclamídeo, a. Con dos envueltas. Se dice de la flor que tiene el perianto doble, formado por dos verticilos de piezas, sépalos y pétalos, y del rudimento seminal que trae dos cubiertas o tegumentos. Es lo contrario de monoclamídeo.

dicotiledóneas. Una de las dos subclases de las plantas con flores o angiospermas. La otra es la de las monocotiledóneas. Se caracteriza porque el embrión trae dos hojitas primordiales o cotiledones. La integran unas tres cuartas partes de todas las plantas con flores e incluye familias tan importantes como las de las leguminosas, labiadas o compuestas.

didínamo. En el sistema de Linneo el término se aplica a las flores hermafrodita con cuatro estambres libres, de los cuales dos son más cortos, como acontece en la mayoría de las labiadas.

digitado. Se dice de la hoja u otro órgano que tiene las hojuelas o segmentos alargados y divergentes, dispuestos como los dedos de una mano abierta.

dímero. Que está integrado por dos piezas o partes, como los verticilos de ciertas flores que tienen 2 sépalos, 2 pétalos y 2 estambres.

dioecia. Fenómeno que ocurre en ciertas plantas de flores unisexuales en las que las de cada sexo van en diferente pie de planta. Su adjetivo es dioico.

diploide. Se dice del organismo que tiene únicamente dos series básicas de cromosomas. Los que tienen más de dos se denominan poliploides; los que tienen sólo una, haploides.

disámara. Se denomina así a la sámara doble o samaridio, fruto formado por una pareja de sámaras, como el de los arces.

discoloro. Se dice de la hoja o de cualquier otro órgano que tiene dos o más colores; hoja discolora es la que no tiene el mismo color por las dos caras, como la hoja de la encina.

diseminación. Se denomina así en botánica la dispersión natural de frutos y semillas, o de cualquier otra estructura encargada de la reproducción de la planta.

drepanio. Inflorescencia cimosa que se ramifica de forma sucesiva en uno solo de los lados (es una cima unípara), hacia el que se curva, y cuyas ramitas quedan todas en un mismo plano; es una cima escorpioide aplanada.

drupa. Fruto carnoso que tiene un hueso duro en su interior; la verdadera drupa procede de un ovario súpero, formado por un solo carpelo, y suele tener una sola semilla, como la aceituna, la ciruela y otros muchos de "frutas de hueso".

drupéola. Cada una de las pequeñas drupas que forman ciertos frutos derivados de una flor cuyo gineceo consta de varios o numerosos carpelos libres, como la frambuesa y la zarzamora.

duramen. En el tronco de un árbol, porción más vieja, de color generalmente algo oscuro, formada por células muertas que no son ya capaces de transportar el agua y las sales minerales; en torno a él y por debajo de la corteza está la parte todavía viva, de color más claro, denominada albura.

emarginado. Se dice de las hojas, pétalos, etc., que tienen una muesca o escotadura poco profunda en el ápice; equivale a escotado.

embriófitos. Conjunto de las plantas que forman un embrión como resultado de la fecundación de un óvulo por un espermatozoide. Lo son todas las plantas mal llamadas superiores: musgos, helechos, gimnospermas y plantas con flores.

endémico. Se dice de la planta exclusiva de determinado país, región o lugar.

endocarpio o endocarpo. Capa interna de las tres que forman habitualmente la cubierta del fruto o pericarpio. En los frutos en drupa corresponde a la parte endurecida o pétrea que se denomina comúnmente hueso (en su interior va la semilla o almendra).

entero. Se dice de los órganos en forma de lámina que tienen el margen sin ningún tipo de diente, lóbulo, muesca o apéndice, es decir absolutamente íntegro.

entomofilia. Fenómeno propio de las plantas entomófilas o polinizadas por insectos.

entrenudo. Porción del tallo comprendido entre dos nudos consecutivos; se llama también internodio.

envainador. Se dice de la hoja o del pecíolo que es más o menos ancho y rodea total o parcialmente al tallo u otro órgano de la planta; forma una vaina o ensanchamiento que envuelve al tallo.

envés. Cara o parte inferior de la hoja.

epicáliz. Especie de segundo cáliz que hay en ciertas flores, formado por brácteas o estípulas; se llama también calículo o sobrecáliz.

epicarpio o epicarpo. En la cubierta del fruto o pericarpio, es la capa más externa, que corresponde a la epidermis externa de los carpelos. En los frutos en drupa como la ciruela corresponde a la piel.

epífito. Planta que sin ser parásita germina y se desarrolla sobre otras plantas. Abundan en los bosques tropicales, en los que falta la luz al nivel del suelo. El epífito utiliza la planta sobre la que vive únicamente como soporte, para alejarse de la competencia que puede haber en el suelo o buscar más luz.

epilítico. Se aplica a las plantas que viven (o parecen vivir) directamente sobre las piedras (griego *lithos*: piedra). En realidad, pocas o ninguna planta vascular es capaz de vivir sobre las rocas habida cuenta de la necesidad de anclar sus raíces en un sustrato adecuado. Por ello, las plantas epilíticas en sentido estricto son algas, hongos, líquenes y briófitos. Las plantas vasculares son, en realidad, glareícolas o fisurícolas dado que sus raíces están en fisuras o grietas de rocas. Más apropiado sería llamarlas endolíticas (en el interior de las piedras) aunque este término no se emplea.

episperma. Cubierta de la semilla.

escabroso. Se dice del órgano cubierto de asperezas, tropiezos o estorbos que se aprecian bien al tacto. Normalmente se debe a la presencia de pelos (tricomas) cortos y rígidos o bien puntas o prominencias duras y cortas. Equivale a áspero.

escapo. Tallo florido que nace de un bulbo, rizoma, etc., y que carece por completo de hojas, como los tallos de los narcisos; es frecuente en las monocotiledóneas.

escarioso. Se dice de las brácteas, sépalos y otros órganos foliares cuando son delgados, secos, tiesos, más o menos membranosos y a veces semitransparentes.

esclerénquima. Tejido de sostén integrado por células de paredes engrosadas y más o menos lignificadas (células esclerenquimáticas), a veces alargadas (fibras esclerenquimáticas). Dan fortaleza y soporte mecánico a los tejidos adultos.

esclerificado. Se dice de la hoja endurecida y correosa, por haberse desarrollado en ella notablemente el esclerénquima, como las de las plantas esclerofilas.

esclerofilo. Del griego *escleros*: duro. Plantas de hojas duras, coriáceas, como consecuencia del extremado desarrollo del esclerénquima.

escorpioide. Se dice de la inflorescencia de tipo cimoso arqueada o enrollada hacia un lado como si fuera la cola de un escorpión. Como nombre, equivale a cincino. (*) Arrollado en espiral.

escotado. Con una muesca o incisión poco profunda, referido sobre todo al ápice de las hojas o de los pétalos; equivale a emarginado.

espádice. Inflorescencia en espiga, simple o compuesta, de flores generalmente poco vistosas que van como incrustadas en un eje más o menos engrosado, toda ella rodeada por una o varias brácteas grandes o espatas.

espata. Bráctea o par de brácteas más o menos grandes que rodean a una inflorescencia, como en la cala (inflorescencia en espádice), el ajo o la palmera. Es propia de las monocotiledóneas.

espatulado. Se dice de las hojas u otros órganos laminares ensanchados y obtusos en la parte apical, más angostos y atenuados en la parte inferior, con figura de espátula.

especie. Es la unidad básica de clasificación, que agrupa a todas las plantas que son muy semejantes desde un punto de vista morfológico, tienen un origen común, se reproducen en general sin problemas entre sí (en el caso de que tengan reproducción sexual) y pueden diferenciarse de otras especies próximas por medios ordinarios. Es un término muy controvertido del que hay muchas definiciones. Según el punto de vista que se utilice en la definición, se habla de especie biológica, especie filogenética, especie biosistemática, especie evolutiva, microspecie, paleoespecie, etc. La descrita aquí es la especie taxonómica, la que se utiliza en las clasificaciones formales.

espermatófitos. Conjunto de las plantas con semillas; comprende las gimnospermas y las plantas con flores o angiospermas.

espiga. Inflorescencia simple, alargada, con las flores sentadas; es de tipo racemoso, de las que no rematan en una flor y pueden crecer de forma más o menos indefinida; la llamada "espiga" de trigo es en realidad una inflorescencia compuesta, una espiga de espiguillas.

espina. Tallo o rama acabado en punta vulnerante. No debe confundirse con aguijón.

espolón. Protuberancia generalmente cónica y más o menos puntiaguda que a veces hay en la base de los pétalos, sépalos, tépalos u hojas. Los espolones de las flores suelen ser huecos y sirven muchas veces como almacén de néctar. Los espolones cortos se llaman gibas. Las corolas provistas de espolón se llaman espolonadas.

espontáneo. Que crece en un lugar sin necesidad de ser plantado.

esporofito. El esporofito es la fase diploide pluricelular propia de las plantas y de aquellas algas que comparten con ellas el tener alternancia de generaciones heterofásica. El esporófito produce por meiosis esporas haploides (meiosporas), de cuyo desarrollo derivan individuos haploides, llamados gametófitos.

esquizocarpo. Fruto que al madurar se descompone en varios frutillos que llevan una sola semilla y que generalmente no se abren para liberarla; estos frutillos se denominan mericarpos. Procede de un ovario formado por dos o más carpelos soldados. Son frutos de este tipo el cremocarpo, la regma, el poliaquenio de las malvas, etc.

estambre. Cada uno de los órganos que forman la parte masculina de la flor o androceo; son los que llevan los sacos polínicos y en su interior los granos de polen

estaminodio. Estambre estéril, que ha perdido su función y no produce polen.

estigma. En el pistilo u órgano femenino de la flor, parte apical de los carpelos, generalmente cubierta de papilas o con sustancias pegajosas, que es la encargada de retener a los granos de polen y posibilitar su germinación; puede haber uno o varios por pistilo y suelen ir sobre una columna o estilo.

estilo. Parte superior alargada del pistilo, en forma de estilete o columna, que remata en uno o varios estigmas; suele ir situado en general sobre el ovario, más raramente nace lateralmente, de la base o de entre los lóbulos del ovario (estilo ginobásico).

estípula. Cada uno de los apéndices que en muchas plantas nacen a cada lado de la base del cabillo o pecíolo de la hoja; suelen ser dos. A veces son grandes y parecidas a hojas (foliáceas).

estolón. Brote lateral que nace de la base de los tallos o de los rizomas, generalmente largo y delgado, capaz de formar raíces y una nueva plantita en la parte apical; al morir en las porciones intermedias, propaga vegetativamente a la planta; puede ser aéreo o subterráneo. Las plantas que los producen se llaman estoloníferas.

estoma. Diminuta apertura que hay en la epidermis de los órganos verdes de las plantas superiores para facilitar el intercambio de gases.

estrellado. Se dice del órgano que tiene varios brazos o ramas dispuestos radialmente, con figura parecida a la de una estrella, como ciertos pelos, corolas, frutos, etc.

estriado. Se dice del tallo o de cualquier órgano recorrido por estrías (surcos tan finos que parecen rayas).

estróbilo. Grupo de hojas fértiles (esporofilos, escamas polínicas o seminíferas) agrupadas de forma más o menos estrecha en torno a un eje central, como en los falsos frutos o piñas de las coníferas. Equivale a cono.

eterio. Fruto que deriva de una sola flor con gineceo formado por varios o muchos carpelos libres que al madurar originan frutillos que pueden ser de tipo variado pero que no se sueldan entre sí. Un ejemplo típico es el conocarpo de las fresas.

exerto. Que sobresale al exterior, que no queda encerrado en el interior de un órgano, como los estambres de ciertas flores tubulares que salen por fuera de la corola.

exocarpio o exocarpo. Sinónimo de epicarpio.

extrorso. Se dice de las anteras (y de los estambres que las tienen) que se abren en dirección opuesta al eje de la flor, hacia la corola.

fanerogamia. Término antiguo con el que se designaba al conjunto de plantas con órganos reproductores sexuales bien visibles, en oposición al grupo de las criptógamas.

fasciculado. Se dice de los órganos que están agrupados formando hacecillos o manojos, es decir, fascículos; hojas fasciculadas son las que se disponen a modo de manojitos, como ocurre a menudo en las ramitas incipientes que vemos en la axila de las hojas de muchas plantas.

filamento. En las plantas con flores parte estéril del estambre que sostiene a la antera. Cuando falta o es tan corto que casi no existe, se dice que la antera es sésil o sentada.

filario (a). En las cabezuelas de algunas compuestas como el cártamo, grupo suplementario de brácteas parecidas a hojas que rodean a las normales por fuera y en la base.

filiforme. Que tiene forma o apariencia de hilo, muy fino y sutil, como los segmentos de la hoja del hinojo. Si es todavía más fino se denomina capilar, si algo más grueso, linear.

filodio. Se denomina así a un pecíolo o cabillo de hoja más o menos dilatado, que adopta la forma y las funciones de la hoja para reemplazar a la lámina, que por lo general está totalmente abortada, como ocurre en ciertas acacias.

fistuloso. Se dice del tallo que está hueco por dentro, como el de la caña.

flabelado. En forma de abanico, como las hojas del ginkgo o las hojuelas del culantrillo de pozo.

flexuoso. Se dice del tallo u órgano que no es recto y forma curvas u ondas.

floculoso. flocoso. Que presenta pelos aglomerados en copos o grumos.

floema. Tejido conductor que se encarga del transporte de las sustancias nutritivas elaboradas por la planta y que en los troncos de los árboles forma la capa más interna de la corteza; forma parte, junto con el xilema, de los hacecillos conductores. Está integrado por los tubos cribosos (células vivas alargadas separadas por membranas perforadas), que se encargan del transporte, las células anejas (que faltan en las gimnospermas) y las parenquimáticas.

flor perfecta. Con órganos masculinos y femeninos funcionales.

flora. Conjunto de las plantas de un determinado país o región.

flósculo. Flor de corola tubular típica de los capítulos de la familia de las compuestas o asteráceas; es de ovario ínfero, generalmente regular, con cinco pétalos soldados en tubo, cinco estambres soldados en tubo por las anteras y un estilo que pasa a través del tubo de las anteras y remata en dos estigmas, a veces soldados o adosados.

foliáceo. Con aspecto de hoja, como las brácteas de ciertas inflorescencias o algunas estípulas.

folículo. Fruto seco formado de un solo carpelo dehiscente solamente por un lado: la sutura ventral.

folíolo. Cada una de las hojuelas (láminas foliares individuales) que forman una hoja compuesta; los folíolos van articulados sobre el eje o raquis de la hoja, al que se unen directamente o mediante un cabillo denominado peciólulo.

fruto. Ovario maduro con semillas en su interior. En sentido amplio, la estructura en el interior de la cual se encuentran las semillas maduras, que muchas veces abarcan más del ovario.

gálbula (o). Fructificación carnosa redondeada propia de los enebros, denominada popularmente "baya de enebro". No es un verdadero fruto sino una piña o estróbilo carnoso. Equivale a arcéstida.

galeada. Flor que tiene algún sépalo o pétalo con forma de casco o yelmo, como las de algunas salvias y acónitos.

gameto. Célula reproductora que actúa sexualmente y se une a otra morfológicamente igual o diferente para fecundarla y dar lugar a otra célula denominada huevo o zigoto, punto de partida para un nuevo individuo. Normalmente es haploide y al fusionarse con otro complementario dan un huevo diploide. Puede ser móvil o inmóvil.

gamocarpelar. Sinónimo de sincárpico.

gamopétala. Se dice de la corola que trae los pétalos soldados entre sí, al menos en la base. Es sinónimo de simpétala y se opone a dialipétalo o coripétalo.

gamosépalo. Se dice del cáliz que trae los sépalos soldados entre sí, al menos en la base. Es sinónimo de sinsépalo y se opone a dialisépalo o corisépalo.

garganta. En el cáliz o la corola de piezas soldadas, zona en la que acaba la parte tubular y empiezan los lóbulos o dientes que forman el limbo; parte superior del tubo del cáliz o de la corola.

gimnospermas. Conjunto de plantas con semillas en las que los rudimentos seminales y luego las semillas no van en el interior de un ovario sino al descubierto o protegidas por escamas; no tienen fruto verdadero sino piñas, piñas carnosas parecidas a bayas, semillas carnosas, etc.

gineceo. Parte femenina de la flor, es decir el conjunto de los órganos femeninos. Se emplea a menudo como sinónimo de pistilo, ya que en la mayoría de las flores el gineceo está representado por un único pistilo; sin embargo, en las flores de gineceo apocárpico (de carpelos libres), cada carpelo representa un pistilo y la flor tiene en ese caso un gineceo de varios o numerosos pistilos.

ginodioecia. Fenómeno que se presenta en algunas plantas que tiene pies con flores hermafroditas y otros con flores todas femeninas, como en ciertos tomillos.

glabro. Que carece por completo de pelos; equivale a lampiño.

glande. Fruto correoso de tipo aquenio, envuelto en la base por una cúpula o cascabillo; es la bellota.

glándula. Célula o grupo de células que acumulan o producen una secreción: aceite esencial, resina, néctar, agua, etc.

glauco, ca. De color verde claro, con matiz ligeramente azulado, como el de las hojas de la pita.

glomérulo. Grupo apretado de flores (que no llegan a formar sin embargo una cabezuela típica).

hábitat. Estación o habitación de una especie, habitáculo.

hábito. Sinónimo de porte. Término amplio y un tanto ambiguo que trata de expresar la silueta de una planta. Hábito piramidal, por ejemplo, que se aplica a los árboles de copa estrecha. Hábito postrado, para las plantas que se tienden sobre el suelo (ver decumbente, procumbente).

halófilo. Se dice de la planta que puede crecer y que incluso prefiere los terrenos muy salobres (o las aguas salinas). Significa amigo de la sal.

hastado. Se dice de las hojas puntiagudas y con dos lóbulos divergentes en la base, con figura de alabarda.

haz. En botánica, parte superior de la hoja. Es palabra femenina, aunque por regla fonética lleva el artículo el.

hendido. Dividido en lóbulos o gajos. En sentido estricto, se dice de las hojas en las que los senos penetran a lo sumo hasta la mitad de la distancia del margen al nervio medio (hoja pinnatífida) o hasta la mitad de la distancia entre el margen y la base de la hoja (hoja palmatífida).

hermafrodita. Se dice de las plantas y de las flores que tienen los dos sexos (estambres y pistilo). Equivale a bisexual.

hesperidio. Fruto carnoso típico de los cítricos, que procede de un ovario súpero con varios carpelos soldados, generalmente 10. Tiene la cubierta externa o epicarpio rica en esencia, el mesocarpio algo esponjoso y el endocarpio membranáceo, que envuelve a unos gajos comestibles, donde van las semillas, llenos de pelos gruesos repletos de jugo.

hipantio o hipanto. En las flores de ovario ínfero, se llama así a la parte ahondada del tálamo que se suelda al ovario.

hipocraterimorfa. Término que se aplica a las corolas simpétalas de tubo largo y angosto que remata en un limbo patente, como en el jazmín, en la primavera, etc.

hipogeo. Se dice de cualquier órgano subterráneo, sobre todo de aquellos que normalmente no lo son, como el fruto del cacahuete, que se entierra para madurar.

hipsofilo. Cada una de las hojas superiores del tallo, las situadas entre las hojas normales y las flores. Son hipsofilos las brácteas y las bractéolas. El botánico Cavanilles las llamó hojas espúreas y entendía por tales las espatas de las inflorescencias en espádice, las estípulas, las brácteas, las escamas y los involucros.

hirsuto. Se dice de la planta o del órgano vegetal cubierto de pelos tiesos y ásperos al tacto, pero no tanto como los del órgano híspido; si son sólo ligeramente rígidos y ásperos, se denomina hirto. (*) También se dice de este tipo de pelos.

híspido. Cubierto de pelos sumamente tiesos y ásperos al tacto.

hoja. Órgano generalmente laminar, de crecimiento limitado, que brota del tallo o de las ramas de las plantas y suele estar encargado de realizar la función clorofílica o proceso fundamental de nutrición. Consta de la lámina o limbo, que es la parte ensanchada, y del pezón o pecíolo, que en algunos casos lleva un par de apéndices o estípulas en la base.

imbricado. Se dice de las hojas y otros órganos parecidos que se cubren por los bordes, de manera semejante a como lo hacen las tejas de un tejado o las escamas de los peces; equivale a empizarrado.

imparipinnado. Se dice de la hoja pinnado-compuesta que tiene un número impar de hojuelas o folíolos (lleva una hojuela solitaria en el ápice del eje o en el de cada uno de los segmentos en que se divide). Es lo contrario de paripinnado.

incluso. Se dice de los estambres o del estilo que no asoman al exterior del tubo de la corola y quedan ocultos dentro de ella. También de la corola que no sobrepasa al cáliz. Es lo contrario de exerto.

indumento. Vestimenta de las plantas o de los diversos órganos de las plantas para protección o abrigo. Puede estar formado por una cubierta de pelos, escamas, glándulas, acículas, etc.

inerme. Que carece de espinas o de aguijones, desarmado.

ínfero. Se dice del ovario que está soldado con el receptáculo floral acopado porque parece como si estuviera situado debajo de la flor. Es lo contrario de súpero.

inflorescencia. Conjunto de flores que nacen agrupadas, de la forma que sea, sobre un eje; no hay inflorescencia cuando las flores nacen solitarias, en la terminación de los tallos o en la axila de las hojas, incluso en el caso de que un mismo pie de planta tenga muchas flores.

infrutescencia. Conjunto de frutos que derivan de todas las flores de una inflorescencia.

infundibuliforme. Se dice de la corola de piezas soldadas o de cualquier otro órgano que tiene forma de embudo, como la corola de la corregüela.

inserto. Incluido dentro de otro órgano.

introducida. Con frecuencia, algunas plantas que han sido cultivadas se aclimatan de tal forma a su nuevo territorio que aparecen de forma que parece natural, como ocurre con muchas especies forestales, originalmente plantadas y luego asilvestradas.

introrso. Se dice de las anteras (y de los estambres) que miran y se abren hacia el centro de la flor. Es lo contrario de extrorso.

invasora. Cualquier planta, o comunidad vegetal, que tiende a colonizar un medio desplazando a otras.

involucro. Conjunto de brácteas que rodean o envuelven a las flores de una inflorescencia, a las que generalmente protegen en la fase inicial de su desarrollo; en las compuestas, falso cáliz que rodea al conjunto de las flores de la cabezuela; en las umbelíferas, verticilo de brácteas que rodea la base de los radios de la umbela principal (en las umbelas compuestas) o de la única umbela.

irregular. En botánica, se dice del cáliz, la corola o cualquier otro órgano que no tiene plano de simetría o que tiene un solo plano de simetría (simetría bilateral), es decir, de los que son asimétricos o bien zigomorfos.

lacinia. Cada uno de los segmentos profundos, estrechos y puntiagudos en que se dividen a veces los pétalos y otros órganos laminares o aplanados, como los pétalos de algunas clavellinas.

lámina. En las hojas, parte ensanchada o limbo, que va por lo general sobre un pezón o pecíolo (excepto en las hojas sentadas) y que permite a la hoja ampliar el área en el que se realiza la función clorofílica; en los pétalos libres, parte ensanchada que está a continuación de la uña.

lampiño. Que carece de pelos; equivale a glabro.

lanceolado. Estrechamente elíptico y terminado más o menos en punta en ambos extremos (en forma de hierro o punta de lanza).

látex. Jugo muy blanco y lechoso de algunas plantas, como el de las lechetreznas, más raramente amarillo, anaranjado o rojo; es por lo general una emulsión de resinas y caucho en agua.

lauroide. Se dice de la planta o del órgano de la planta, sobre todo de las hojas, que tiene una estructura similar a la de las que viven en los bosques nublados o laurisilvas.

legumbre. Fruto seco, que deriva de un pistilo con un solo carpelo y se abre en dos valvas, por hendiduras que coinciden con la sutura ventral y el nervio medio del carpelo; en ocasiones, como en las de algunas aulagas, se abren de forma explosiva, y lanzan las semillas

liana. Planta trepadora, generalmente leñosa, que germina en el suelo y crece apoyándose en otras. Es lo mismo que bejuco.

lignificado. Se dice de los tejidos o células vegetales en los que se ha depositado (en las paredes celulares) lignina y otros compuestos que la suelen acompañar. Las paredes celulares lignificadas adquieren mucha dureza.

lignina. Sustancia de alto peso molecular que se incrusta en las paredes de las células vegetales y las endurece en gran medida. Forma hasta el 25 % de la madera seca.

lígula. En los capítulos de ciertas compuestas o asteráceas, flores de ovario ínfero y corola irregular, en forma de lengüeta, con 3 o 5 dientes.

liliácea. Corola perfectamente regular y un poco acampanada, de seis piezas iguales (tépalos) libres como las de los tulipanes o las azucenas.

limbo. Parte ensanchada y generalmente laminar de la hoja y de los pétalos; también, en las corolas de pétalos soldados, cada uno de los lóbulos o dientes que corresponden a un pétalo individual. Sinónimo de lámina.

lobulado. Dividido en gajos pequeños y más o menos redondeados o lóbulos. Diminutivo de lobado.

lóbulo. Porción redondeada y saliente de un órgano cualquiera cuando es de pequeño tamaño (de una hoja u otro órgano lobulado). Es un diminutivo de lobo, aunque a menudo se emplea para reemplazar de forma general a este término, independientemente del tamaño del gajo, debido a que lobo suena algo extraño.

loculicida. Se dice del tipo de apertura o dehiscencia de los frutos que se realiza por el nervio medio de los carpelos, con hendiduras coincidentes con las cavidades, que de esta forma se destruyen liberándose las semillas.

lóculo. Cavidad de un ovario, de un fruto, de una antera, de un esporangio, etc. Los ovarios y frutos pueden ser uniloculares o pluriloculares según tengan una sola cavidad o varias.

lomento. Fruto en legumbre articulada, como el de la coronilla, que al madurar se desmiembra por grietas transversales en artejos o segmentos, cada uno con una sola semilla; es indehiscente (los artejos no se abren para liberar la semilla).

macroblasto. En las plantas con dos tipos de vástagos, como ciertas coníferas, se dice del brote largo, de crecimiento más o menos indefinido, que contrasta con otros brotes cortos denominados braquiblastos. En el alerce o en los cedros, las ramas son macroblastos, y las cortas ramitas sobre las que van los manojos de hojas braquiblastos.

madera. Parte dura de los árboles debajo de la corteza. En sentido amplio, conjunto de partes lignificadas de las plantas leñosas.

mericarpo o mericarpio. Cada uno de los gajos, generalmente con una sola semilla, en que se desarticulan ciertos frutos como los de la malva (frutos en esquizocarpo).

meristema. Se denomina así a cualquier tejido cuyas células indiferenciadas crecen y se multiplican. Es un tejido embrional a partir del cual se forman los tejidos adultos especializados. La mayoría de las plantas tienen un meristema apical del que se originan los distintos órganos que surgen durante el crecimiento.

mesocarpio o mesocarpo. Capa o parte media de las tres que forman la cubierta de los frutos o pericarpio. Suele corresponder a la parte comestible de los frutos carnosos.

monadelfo. Se dice del androceo, de la flor o de la planta en que todos los estambres están soldados por sus filamentos en un solo grupo.

mono. Prefijo que significa solitario o único. **monocarpelar.** Formado por un solo carpelo. **monocárpico, ca.** Se dice de la planta que florece una sola vez y después de madurar y diseminar sus frutos o semillas muere. También se aplica a veces a plantas perennes como la pita en las que no muere toda la planta sino sólo la roseta que florece, pues echa hijuelos antes de florecer. Es lo contrario que policárpico. **monocasio.** Inflorescencia de tipo cimoso en la que por debajo de la flor terminal nace una sola ramita lateral que a su vez puede ramificarse de igual forma. **monoclamídeo.** Con una sola envuelta. Se dice de la flor que tiene el perianto formado por un solo verticilo de piezas, bien sean sépalos o pétalos, y del rudimento seminal que trae una sola cubierta o tegumento. Es lo contrario de diclamídeo. **monocotiledónea.** Se dice de la planta cuyo embrión tiene sólo una hojita primordial o cotiledón. **monoico.** Se dice de la planta de flores unisexuales en la que las flores masculinas y femeninas nacen en el mismo pie; es lo contrario de dioico. **monopódico, ca.** Se dice de la ramificación en la que existe un eje principal del que nacen lateralmente ramas secundarias, como ocurre en la mayoría de las coníferas. Es lo contrario de simpódico.

mucilago. Se denomina así a ciertas sustancias parecidas a las gomas que se hinchan y se vuelven viscosas o gelatinosas en contacto con el agua. Derivan de la degradación de la celulosa, calosa, lignina y sustancias pépticas.

mucrón. Pequeña punta o piquito en que rematan algunos órganos vegetales: hojas, hojuelas, frutos, etc.

multicaule. Con varios o muchos tallos. Es lo contrario de unicaule.

multífido. Que está dividido en varios segmentos o lacinias.

multifloro. Se dice de la inflorescencia o de la planta que trae o produce numerosas flores. Es lo contrario de paucifloro.

multilocular. Se dice del ovario, del fruto o de otro órgano que tiene varias o muchas cavidades separadas por tabiques. Es lo mismo que plurilocular.

naturalizado. Se dice de la planta que no siendo autóctona de un país crece y se reproduce como si fuera nativa. La planta exótica que no es capaz de aclimatarse y vive durante un tiempo limitado se denomina adventicia.

nervio. Cada uno de los hacecillos que recorren la lámina de la hoja y otros órganos de la misma naturaleza. Tienen naturaleza fibrovascular: están formados por tejido conductor y tejido de sostén. Se llama también vena. El que recorre la lámina a lo largo de su línea media se denomina nervio principal o medial; los que arrancan del nervio principal se denominan nervios secundarios o transversales.

nitrófilo (ruderal, arvense). Se aplica a plantas y comunidades que viven en sustratos ricos en nitrógeno. Como el nitrógeno procede en muchos casos de la actividad humana y de animales a causa de los restos orgánicos y de las deyecciones, las plantas nitrófilas suelen presentarse como ruderales (que viven en bordes de caminos), segetales o arvenses (en cultivos).

nomófilo. Se denominan así las hojas normales de las plantas, situadas entre los catafilos (las primeras hojas por encima de los cotiledones) y los hipsofilos (las hojas superiores que acompañan a las flores).

núcula. Cada uno de los huesos de los frutos drupáceos o nuculanios. En general, nuez de pequeño tamaño.

nuculanio. Fruto drupáceo que deriva de un ovario con varios carpelos y que puede tener uno o varios huesos. (*) Se denominan así también algunos pomos de endocarpio endurecido (con hueso o huesos), como el de los majuelos, y la trima (fruto del nogal).

nudo. Punto del tallo, frecuentemente engrosado, al que se unen una o más ramas u hojas.

nuececilla. Nuez más o menos diminuta; se aplica muchas veces a los frutillos que proceden de una sola flor con numerosos carpelos no soldados entre sí, los que muchas veces se denominan también aquenios. Se denomina también así a las núculas.

nuez. En botánica no es el fruto del nogal (que es una drupa especial denominada trima) sino cualquier fruto seco y con una sola semilla que no se abre al madurar, sobre todo aquellos de cubierta endurecida; un ejemplo típico es el fruto del avellano. Es un término no muy preciso que se usa a veces en lugar de aquenio (sin diferenciar los dos términos de forma clara).

oblongo, ga. Más largo que ancho; viene a ser lo mismo que alargado.

obovado. Se dice del órgano laminar (hoja, hojuela, etc.) con figura o silueta de huevo, pero invertida, con el cabillo unido a lo que sería la parte más estrecha o coronilla del huevo.

ondulado. Se dice de los cuerpos o de las hojas cuya superficie o cuyo margen no son planos, sino que forman pequeñas ondas.

opérculo. Parte apical del fruto o de otro órgano cualquiera que se desprende mediante una hendidura transversal, como si fuera la tapadera de una olla como se ve en el fruto en pixidio.

opuesto. Situado enfrente; hojas opuestas son las que, cuando hay dos en cada nudo, nacen una enfrente de la otra.

ovado. Con figura o silueta de huevo; si se trata de hojas, con el cabillo unido a la parte más ancha; si es similar, pero algo más angosto o achatado se denomina respectivamente estrecha o anchamente ovado. Si en la hoja el pecíolo se une a lo que sería la parte estrecha del huevo (si la lámina tiene la figura de un huevo invertido), se dice obovada. Se aplica sólo a los objetos de dos dimensiones (si es de tres dimensiones, como los frutos, se dice ovoide).

oval. En forma o con figura de óvalo. Se dice de las hojas cuando son elípticas, pero con los dos extremos obtusos o redondeados.

ovario. Parte inferior ensanchada del pistilo que contiene los rudimentos seminales, denominados impropiamente "óvulos", unidos a una o varias placentas; está formado por la base de una hoja carpelar soldada por sus bordes o por varias hojas carpelares unidas entre sí y puede tener una o varias cavidades o lóculos. Según su posición con respecto al resto de partes de la flor puede ser ínfero, súpero o seminífero (ver estos términos).

óvulo. Célula sexual femenina, generalmente mayor que la masculina e inmóvil. A veces se denomina así impropiamente a los rudimentos seminales de los espermatófitos, en cuyo interior, en el saco embrionario, va el verdadero gameto femenino u óvulo.

palmeado. De forma parecida a la de una mano abierta; se dice generalmente de las hojas que tienen los nervios o los lóbulos en esta disposición. Para designar los órganos con esta forma se usa el prefijo "palmati": palmaticompuesto, palmatífido, palmatiforme, palmatilobado, palmatinervio, palmatipartido, palmatisecto.

panícula. Es una inflorescencia compuesta, ramosa (en rigor un racimo de racimos), que equivale a lo que popularmente se denomina "racimo" y cuyo ejemplo más típico es el racimo de uvas; las ramitas suelen decrecer de la base al ápice, por lo que generalmente toma un porte piramidal.

Racimo en botánica es una inflorescencia simple de crecimiento indefinido, con un solo eje alargado y flores provistas de cabillo que alternan a lo largo del mismo.

paralelinervio. Se dice de las hojas que poseen varios nervios principales más o menos paralelos, como se ve en las gramíneas y otras muchas monocotiledóneas.

paripinnado. Se dice de la hoja pinnado-compuesta que tiene un número par de hojuelas o folíolos (el eje o raquis carece de hojuela terminal). Es lo contrario de imparipinnado.

patente. Manifiesto, visible. En botánica, abierto, extendido. Se dice de las ramas, hojas, etc., que forman un ángulo más o menos próximo a 90 grados con el tronco o eje en el que se insertan.

peciolado. Se dice de la hoja provista de pecíolo. Si no lo tiene, se denomina sésil o sentada.

pecíolo. Es el cabillo o pezón sobre el que va situada la lámina de la hoja (cuando ésta no es sentada). A cada lado del punto de unión con el tallo hay a veces un par de apéndices denominados estípulas.

pedicelado. En las inflorescencias, se dice de la flor que lleva cabillo o pedicelo (la que no va sentada sobre el eje).

pedunculado. Que va sobre un pedúnculo más o menos bien desarrollado. Se opone a sésil o sentado.

pepónide. Fruto carnoso de las cucurbitáceas, como por ejemplo la sandía. Deriva de un ovario ínfero de 3 ó 5 carpelos y tiene la parte externa del pericarpio endurecida o incluso leñosa y placentas muy desarrolladas; es indehiscente (no se abre al madurar). Los frutos más grandes que se conocen son de este tipo.

perenne. Se dice de las plantas que viven más de dos años. También de la hoja cuando se mantiene varios años (dos o más) sin caer.

perennifolio. Se dice de los árboles o arbustos que no pierden la hoja en la estación desfavorable y se mantienen verdes todo el año. Opuesto a caducifolio o deciduo (ver éstos). Vegetal que aparentemente nunca pierde las hojas, como ocurre, por ejemplo, con la mayoría de las coníferas o con las encinas. Pero basta mirar la hojarasca acumulada bajo cualquier perennifolio para darse cuenta de que, en realidad, no es que no pierdan la hoja, sino que la renuevan constantemente de forma que, en apariencia, son de hoja perenne. Por el contrario, los caducifolios pierden la hoja casi de una vez, quedando desprovistos de hojas durante la estación desfavorable.

perianto o periantio. Envuelta floral, formada en muchos casos por el cáliz (verticilo externo de piezas generalmente verdes denominadas sépalos) y la corola (verticilo interno de piezas generalmente coloreadas denominadas pétalos), uno y otra a veces con pie. Base del tronco de un árbol; al pie de un roble. (*) Tallo de las plantas y tronco del árbol. (*) Ejemplar de una planta determinada; pie masculino de un sauce es el que produce sólo gatillos con flores masculinas. (*) Base o parte en que se apoya un órgano.

personada. Dícese de la corola bilabiada cuando el labio inferior tiene una abolladura o protuberancia (el paladar) que cierra la garganta corolina, como ocurre en los géneros *Antirrhinum* y *Linaria*.

pinna. División o rama primaria de una hoja compuesta.

pinnado. Se dice de la hoja compuesta en la que hay varias hojuelas (que se llaman folíolos) dispuestas a lo largo de un eje o raquis; equivale a pinnaticompuesta. También se dice de la nervadura en la que hay varios nervios secundarios dispuestos a ambos lados de un nervio central o nervio medial.

pínnula. Cada una de las hojuelas que forman las hojas dos o tres veces pinnadas (bi o tripinnaticompuestas).

piña. Falso fruto leñoso de los pinos y otras gimnospermas; equivale a estróbilo. También se denomina así, generalmente añadiendo el adjetivo "tropical" a las infrutescencias del género *Ananas*.

pirófílo, la. Se dice de las plantas a las que les favorece el fuego y que nacen con fuerza en los montes o terrenos quemados. Significa "amigo del fuego".

pistilo. Estructura propia de la parte femenina de la flor o gineceo, formada por una o varias hojas carpelares soldadas, que lleva en su interior los rudimentos seminales; consta de ovario, estilo y estigma y frecuentemente tiene forma de botella. Por lo general cada gineceo consiste en un solo pistilo y los dos términos se emplean a menudo como sinónimos; sin embargo, cuando el gineceo está formado por carpelos libres, cada uno de ellos da lugar a un pistilo diferente y la flor tiene por tanto varios pistilos.

pixidio. Fruto en cápsula que se abre por la parte superior mediante una hendidura transversal completa, de manera que se separa una pieza en forma de tapadera denominada opérculo; la parte inferior donde van las semillas se denomina urna. Es de este tipo el fruto del beleño.

plántula. Plantita que nace de la semilla recién germinada como consecuencia del desarrollo del embrión.

pleocasio. Inflorescencia cimosa en que por debajo del eje principal, terminado en flor, se forman tres o más ramitas laterales también floríferas.

plumoso. Se dice de los pelos o cerdas que presentan finas hebras laterales que son al menos el doble de largas que la anchura del propio pelo o cerda. Si son más cortas, el pelo se califica de dentado o denticulado.

plurianual. Se dice de la planta que normalmente es perenne, como el ricino, pero que en los climas fríos se comporta muchas veces como anual porque muere tras completar su ciclo biológico en el primer año.

plurilocular. Se dice del ovario, del fruto o de cualquier otro órgano que tiene varias cavidades separadas por tabiques. Se opone a unilocular y es lo mismo que multilocular.

polen. Polvillo fecundante que liberan las anteras de las plantas con flores o los sacos polínicos de las gimnospermas; está formado por numerosos granos diminutos, denominados granos de polen, que equivalen a las micrósporas de los helechos.

poliaquenio. Fruto que deriva de un gineceo con varios carpelos libres cada uno de los cuales da un frutillo en aquenio; fruto formado por tanto por numerosos aquenios, como el del botón de oro. (*) También se ha denominado así a los esquizocarpos que se desarticulan en más de dos mericarpos.

polinización. Transporte o tránsito de los granos de polen desde el estambre en que se ha producido al estigma o desde la escama polínica hasta el rudimento seminal. Se puede realizar por medio del viento, agua, insectos, aves, murciélagos u otros medios. Generalmente va seguida por la fecundación (el grano de polen libera los espermatozoides o forma un tubo polínico que conduce a los núcleos espermáticos hasta el rudimento seminal para que uno fertilice al óvulo).

pomo. Fruto carnoso complejo, formado por un ovario ínfero y por el receptáculo floral en el que va incrustado, que se vuelve más o menos suculento; son ejemplos la pera y las manzanas; tiene tantos compartimentos o lóculos como carpelos y las paredes internas suelen ser correosas o de consistencia de pergamino, más raramente leñosas (ver nuculanio); procede de un ovario formado generalmente por 5 carpelos y suele estar coronado por el cáliz; no se abre al madurar (es indehiscente).

primordio seminal. En las plantas con semillas son los precursores de las semillas. Por su apariencia externa, clásicamente se denominó óvulo, aunque esta denominación es impropia, habida cuenta de que, en sentido estricto, el óvulo es el gameto femenino de todos los organismos que tienen reproducción sexual. En las plantas con semillas, el verdadero óvulo es una célula más (o un simple núcleo) que se encuentra dentro de una estructura pluricelular.

procumbente. Extendido sobre la superficie del suelo; se dice de los tallos que no tienen fuerza para mantenerse erguidos y se arrastran sobre el suelo sin arraigar en él.

profilo. Los profilos son las primeras hojas sobre un eje lateral (rama). Tienen una posición característica, lateral en dicotiledóneas y dorsal y soldados entre sí en monocotiledóneas. Sobre el eje lateral después de los profilos pueden desarrollarse nomófilos u otros tipos de hojas como hipsófilos (brácteas) o antófilos (hojas florales).

propágulo. Estructura que es capaz de multiplicar vegetativamente a una planta, como ciertos fragmentos de tejido o grupos de células que producen los musgos.

pruína. Revestimiento céreo muy tenue que llevan ciertos tallos, frutos, hojas, etc., que suelen tomar un tono algo azulado (glauco). Se separa fácilmente al frotar la superficie cubierta por la capita de cera.

pseudanto. Se dice de la inflorescencia que por la disposición o tipo de flores que presenta se asemeja a una sola flor, como el ciatio del género *Euphorbia*.

pubescente. Cubierto de pelos finos y suaves.

pulverulento. Se dice de la planta o del órgano de la planta que parecen estar cubierto como de un fino polvillo; si el polvo es blanco y recuerda a la harina se denomina farinoso.

racemiforme. Semejante a un racimo.

racemoso. Se dice de las inflorescencias en racimo cuyo eje en teoría puede crecer de forma indefinida, en contraposición a las inflorescencias cimosas en las que el eje remata muy pronto en una flor terminal y se desarrolla de forma lateral. Significa en forma de racimo.

racimo. Prototipo de las inflorescencias llamadas por esta razón racemosas, que corresponde a la ramificación monopódica. El racimo se compone de un eje indefinido de cuyos flancos van brotando flores acrópetamente sobre sendos pedicelos simples más o menos distantes. Del racimo se derivan fácilmente la espiga, el espádice, la umbela y el capítulo.

radio. Flores en lengüeta que hay en la periferia de las cabezuelas radiadas, como las de la margarita. (*) En las inflorescencias en umbela, cada una de las ramitas que lleva una flor o una umbela secundaria. (*) En los pelos estrellados, cada uno de los brazos que forman la estrella.

raíz. En las plantas superiores, órgano que crece en dirección contraria al tallo y absorbe de la tierra (o de otros vegetales) las sustancias necesarias para el crecimiento y desarrollo, al tiempo que le sirve de anclaje y sostén. Normalmente, pero no siempre, es subterránea. A diferencia de los tallos, es incapaz de formar hojas o flores.

raquis. Eje de una inflorescencia. Eje de una hoja compuesta.

receptáculo. Base o asiento sobre el que se sitúan los distintos verticilos de la flor tanto el perianto como los estambres y el pistilo; en este sentido equivale a tálamo. En las inflorescencias en cabezuela, parte ensanchada (extremo dilatado del pedúnculo) sobre la que van sentadas las flores.

regular. Con dos o más planos de simetría; es igual a actinomorfo.

reticulado. Con resaltes unidos en forma de retículo o red. Se dice sobre todo de la nervadura y de la ornamentación de granos de polen, semillas, etc.

retrorso. Se dice de los pelos, apéndices, etc., que se dirigen hacia la parte basal del órgano en que se insertan. Es lo contrario de antrorso.

revoluto. Se dice de la hoja que tiene el borde enrollado hacia la cara inferior o externa, es decir hacia el envés. Es lo contrario de involuto.

ripidio. Inflorescencia cimosa unípara cuyas ramitas caen todas en un mismo plano, y por detrás de sus ejes madres respectivos. Vista de lado, esta inflorescencia muestra sus ramitas sucesivas como naciendo alternativamente a derecha e izquierda. Es una cima helicoide con todas las ramas en el mismo plano. Las especies del género *Iris* tienen una inflorescencia de este tipo.

rizoma. Tallo perenne adaptado a la vida subterránea, generalmente horizontal u oblicuo, que lleva raíces y produce brotes aéreos con hojas y flores. Sus hojas suelen estar reducidas a escamas membranosas. (*) El término se usa a veces en un sentido mucho más amplio; también se suele llamar rizoma, aunque en rigor no lo sea, pues lleva hojas normales, al tallo subterráneo o rastrero de los helechos e incluso a los rizoides de algunas plantas inferiores.

romo. Aplicado al ápice de las hojas, lo contrario de agudo. Carente de punta, chato.

rosácea. Aplícase a la corola dialipétala actinomorfa y pentámera cuyos pétalos tienen uña corta y lámina bien desarrollada como las de las rosas silvestres.

roseta. Se dice del conjunto de hojas que se disponen muy juntas por ser los entrenudos muy cortos, bien sea en la base de la planta o en la terminación del tallo o de las ramas.

rotácea. Con forma de rueda. Se aplica sobre todo a las corolas gamopétalas con tubo extraordinariamente corto y limbo patente.

rubiginoso. De color de herrumbre.

ruderal. Se dice de las plantas o de las comunidades vegetales que viven en medios alterados por la influencia humana como escombreras, bordes de caminos, estercoleros, ribazos, etc. Este tipo de plantas o comunidades se denominan también nitrófilas.

rupícola. Se dice de la planta que crece sobre los peñascos. Equivale a petrófito. Las plantas rupícolas se denominan litófitos o casmófitos según nazcan directamente sobre la roca o en las grietas y hendiduras.

sámara. Fruto alado, con un ala más o menos tenue o membranosa que facilita la dispersión por el viento, de tipo aquenio (nuez), como el de los olmos; no se abre al madurar y procede de un ovario con un solo carpelo.

samaridio. Fruto seco que procede de un ovario de dos carpelos y está formado por dos frutillos alados que se separan o desarticulan finalmente, como el de los arces; es un tipo de esquizocarpo. Se le llama también disámara (sámara doble).

saprófito. Se dice del vegetal que no es capaz de sintetizar sus propios hidratos de carbono, como hacen los autótrofos, y se nutre de sustancias orgánicas muertas o en descomposición. Es un saprobio vegetal.

sarco. Prefijo que se emplea en botánica para indicar que algo es carnoso.

savia. Jugo de las plantas superiores (el que circula por los tejidos conductores de las plantas vasculares). La savia ascendente va por los vasos leñosos y está formada por agua y sales minerales. La savia descendente o elaborada transporta además las sustancias sintetizadas por la planta y circula por el floema.

semilla. Órgano (diáspora) que permite la reproducción de las plantas con flores y de las gimnospermas; consta del embrión de una nueva planta en estado de vida latente o amortiguada, protegido por una cubierta que se denomina episperma; el embrión puede ir acompañado o no de sustancias alimenticias (tejidos nutricios). Procede del rudimento seminal que, una vez fecundado el óvulo que hay en su interior, experimenta los cambios necesarios para transformarse en semilla; las semillas pueden ir en el interior de un fruto (en las plantas con flores), solitarias o en pinas (en las gimnospermas). (*) Popularmente, cualquier grano u órgano que sirva para reproducir una planta, sea semilla, fruto o incluso tubérculo o bulbo.

sentado. Término popular que equivale a sésil.

sépalo. Cada una de las piezas que forman la envuelta externa del perianto (el cáliz) o la única envuelta cuando ésta es herbácea o membranosa. Cuando el cáliz es de piezas soldadas, suelen quedar reducidos a lóbulos o dientes.

seríceo, a. Cubierto de pelos finos, cortos y aplicados, más o menos brillantes, que recuerdan a la seda.

serrado. Con dientes agudos y próximos como los de una sierra.

serrulado. Serrado, pero con dientes diminutos; es lo mismo que aserradito.

sésil. Se dice de aquellos órganos que carecen de cabillo, pie o soporte. Una hoja sésil es la que no tiene pecíolo; una antera sésil es la que no trae filamento. Equivale a sentado.

siempreverde. Se dice de la planta que se mantiene verde todo el año (la que no es de hoja caduca).

simpétalo, la. Se dice de la corola que trae los pétalos soldados entre sí, aunque sea muy cortamente en la base. Se opone a dialipétalo o coripétalo y es sinónimo de gamopétalo.

simple. Sencillo, sin complicaciones; se dice de las hojas y otros órganos que pudiendo ser compuestos no lo son y de los tallos no ramificados.

sinantéreo, a. Se dice de la flor o de la planta que tiene todas las anteras soldadas en un solo grupo, como ocurre en las compuestas.

sincárpico, ca. Se dice del gineceo o de la flor que tiene los carpelos soldados para formar un solo ovario; es sinónimo de gamocarpelar y antónimo de apocárpico o dialicarpelar.

sinsépalo, la. Se dice del cáliz que trae los sépalos soldados. Equivale a gamosépalo. (*) En algunas orquídeas (género *Cypripedium* y otros), sépalo que resulta de la fusión de dos sépalos laterales.

soldado. Se dice de las piezas u órganos que van unidas entre sí, como los pétalos en la corola gamopétala.

subulado. En forma de lezna. Muy estrecho y que se adelgaza hacia el ápice hasta rematar en punta fina.

suculento. Se dice de las hojas, tallos, etc., o de toda la planta, cuando son gruesos y con jugo abundante, como en la uña de gato.

sumidad florida. Rama portadora de flores, primero, y de frutos, después.

súpero. Se dice del ovario libre, que se une al tálamo o receptáculo floral sólo por la base. Está situado generalmente al mismo nivel o por encima del nivel en el que se unen sépalos, pétalos y estambres (excepto en las flores períginas).

tálamo. Base o asiento sobre el que se sitúan los diversos verticilos de una flor (en el caso más amplio y general, sépalos, pétalos, estambres y pistilo); procede del eje o tallo floral. Equivale a receptáculo, aunque este último término es más amplio y por tanto más impreciso.

tallo. Vástago o eje principal de la planta que trae las hojas y las yemas; normalmente se desarrolla en dirección opuesta a la raíz, pues tiene geotropismo negativo. A veces puede ser subterráneo, como ocurre en los rizomas.

taxon o taxón. Nombre genérico que se da a cada una de las unidades de clasificación que se establecen en la sistemática de los seres vivos, sea cual sea su jerarquía: especie, género, familia, reino, etc. En el Diccionario de la Lengua Española figura sólo la forma acentuada, pero en botánica se emplea tradicionalmente la otra. El plural es táxones o taxones (*taxa* en latín).

taxonomía. Ciencia que trata de los principios, métodos y fines de la clasificación; se ocupa de agrupar de forma jerárquica y dar nombre a los distintos tipos de organismos. (*) Clasificación.

teca. En los estambres, cada una de las dos mitades en que se divide por lo general la antera; cada teca tiene dos sacos polínicos que suelen confluir finalmente en una sola cavidad; hay anteras, como las de las malváceas, que tienen una sola teca.

tejido. Agregado de células de la misma naturaleza, diferenciadas de un modo determinado, regularmente ordenadas y que desempeñan en conjunto una función precisa.

tépalo. Cada una de las piezas de la envuelta floral cuando ésta no está diferenciada en cáliz y corola (cuando no se puede afirmar si se trata de sépalos o pétalos). La envuelta se denomina en ese caso perigonio. Se presenta en muchas monocotiledóneas.

terófito. Planta anual, que desarrolla su ciclo completo desde que nace hasta que disemina las semillas y muere en un solo año.

tetracíclico, ca. Se dice de las flores hermafroditas que tienen cuatro verticilos, el de sépalos, el de pétalos, el de estambres y el que corresponde al pistilo.

tetrámero. Que está integrado por cuatro piezas o partes, como los verticilos de ciertas flores que tienen 4 sépalos, 4 pétalos y 4 estambres; se dice también que la flor es tetrámera.

tetraquenio. Se llama así el fruto constituido por cuatro aquenios, como las clusas de las labiadas o de las boragináceas (en el que cada aquenio corresponde a la mitad de un carpelo).

tirsoide. Tipo de inflorescencia en el cual el número de ramitas laterales del eje común es indefinido, lo mismo que el de ramitas de órdenes sucesivamente inferiores sobre los ejes secundarios, terciarios, etcétera; el eje principal suele rematar en una flor, y el desarrollo general de la inflorescencia se realiza en parte centrífugamente y en parte centrípetamente.

tomento. Capa más o menos gruesa de pelos que cubre por completo los órganos de algunas plantas.

tráquea. Se llama así a cada una de las células tubulares muertas que alineadas y una vez desaparecidas las paredes en la zona de contacto dan lugar a un conducto por el que circula el agua y las sales minerales. Forman junto con las traqueidas el tejido conductor denominado xilema. Es un tipo de vaso conductor abierto que se considera el vaso prototípico.

traqueófito. Se denomina así cualquier planta que tiene tejido conductor. Equivale a planta vascular.

tricoma. Se denomina así a los pelos y a cualquier otra excrecencia de la epidermis (papilas, escamas, etc.).

trífido. Dividido en tres gajos, lóbulos o segmentos.

trifoliado. De tres hojas; término, con este significado, prácticamente inútil. Se emplea sin embargo muchas veces en lugar de trifoliolado tal vez por la influencia del nombre científico del trébol *(Trifolium)*, y con ese significado se recoge en el Diccionario de la Lengua Española (el trébol tiene sin embargo hojas trifolioladas).

trifoliolado. Se dice de la hoja compuesta que tiene tres hojuelas o folíolos, como las del trébol.

trímero. Que está integrado por tres piezas o partes, como los verticilos de ciertas flores que tienen 3 sépalos, 3 pétalos y 3 estambres; se dice también de la flor con verticilos trímeros.

trinerve. Se dice de la hoja que tiene tres nervios principales que van de la base al ápice sin dividirse.

tuberculado. Se dice del órgano o de la superficie que tiene protuberancias o abultamientos parecidos a tubérculos.

tubulosa. Con forma de tubo. Nombre que se aplica a las flores centrales de las flores de capítulos como los del girasol o las manzanillas.

umbela. Inflorescencia simple en la que todas las flores van sobre cabillos de longitud similar y que arrancan de la misma altura, de un receptáculo que se forma en el extremo del eje principal; tiene forma de parasol y es de tipo racemoso; los cabillos se llaman radios de la umbela y la hilera o verticilo de brácteas que hay rodeando la base de los radios involucro. Hay umbelas compuestas (umbela de umbelas): umbelas en la que cada flor es reemplazada por otra umbela secundaria más pequeña denominada umbélula; las bracteíllas de la umbélula forman el involucelo.

umbeliforme. Inflorescencia más o menos en forma de parasol, que se asemeja a una umbela.

uninervio. Se dice de las hojas que tienen un solo nervio, como las de muchas coníferas.

uniovulado. Se dice del ovario, de la cavidad del ovario, etc., que contiene un solo rudimento seminal (falso óvulo).

uña. Se llama así a la parte inferior de los pétalos libres cuando es más estrecha que el resto.

urceolado. Se dice de la corola, el cáliz, etc., que tiene el tubo relativamente grande y ventrudo, en forma de olla u orza.

vascular. Que tiene vasos o está relacionado con los vasos. Tejido vascular es el tejido conductor encargado del transporte del agua y de las sales minerales desde la raíz al tallo, las hojas, las flores, etc.; el transporte se hace a través de dos tipos de conductos: xilema y floema.. Planta vascular es la que tiene tejidos vasculares bien desarrollados, como los helechos, las gimnospermas y plantas con flores.

vaso. Célula muerta alargada, tubular, que alineada con otras sirve para el transporte del agua y las sales minerales en las plantas. Hay dos tipos de vasos, los que están abiertos por sus extremos y forman como una cañería (las tráqueas o vasos propiamente dichos) y los cerrados, que se comunican por placas perforadas y se llaman traqueidas. Los vasos, junto con fibras y células parenquimáticas, forman el xilema o leño, integrante junto con el floema de los hacecillos conductores.

vástago. Brote nuevo o rama tierna que brota de la planta. En botánica, se suele denominar así al conjunto de tallo y hojas (la parte aérea de la planta) en contraposición a la raíz.

velloso. Se dice de las plantas, de las hojas, etc., cubiertas de vello; es decir, de pelos suaves y no demasiado finos. Si el pelo es bastante fino, se denominan pubescentes; si es áspero o tieso, hirtas, hirsutas o híspidas, dependiendo de la rigidez de los pelos. Equivale a villoso.

verticilastro. En las labiadas, cada uno de los falsos verticilos superpuestos que forman la inflorescencia de muchas de las especies, como la de las mentas; se trata en realidad de dos cimas opuestas apretadas y confluentes.

verticilo. Conjunto de hojas, ramas, flores, etc., que nacen a un mismo nivel del tallo o eje de la inflorescencia, rodeando por lo general a un nudo de forma regular, cuando son más de dos (si son sólo dos se llaman opuestas). (*) Hablando de la flor, se llaman verticilos (verticilos florales) a las sucesivas hileras de piezas que forman el cáliz, la corola, el androceo o el gineceo, incluso cuando no forman realmente un verticilo (hay veces que van en espiral).

vilano. Penacho o corona de pelos, cerdas o escamas que llevan ciertos frutos que proceden de un ovario ínfero, como los de las compuestas, dipsacáceas y valerianáceas; normalmente procede de la transformación del limbo del cáliz. También se denomina así al penachito o mecha de pelos que llevan algunas semillas como las de los tarayes, chopos, etc. El vilano sirve generalmente para facilitar la diseminación por el viento.

violácea. Se aplica a las corolas zigomorfas pentámeras y dialipétalas como las de violetas y pensamientos.

vivaz. Sinónimo de perenne. (*) En sentido restringido, se denomina vivaz a la planta perenne cuya parte aérea muere y se renueva cada año, como por ejemplo el gamón o vara de San José.

vulgar. Se dice de la planta que es muy común en un cierto país, territorio o comarca; o bien de la que sin ser abundante la conocen casi todos.

xero. Prefijo que indica sequedad.

xerofítico. Propio de los xerófitos o relativo a ellos; se dice de las plantas o comunidades vegetales adaptadas por su estructura a vivir en países con un periodo acusado de sequía al año y de este tipo de ambiente ecológico o adaptación; estructura xerofítica. (*) Xerófilo.

xerófito. Planta adaptada a soportar la sequía, propia de un clima con una estación seca más o menos larga. (*) Xerofítico.

xeromorfo. Se dice de las plantas adaptadas a la sequía, lo que se manifiesta en su morfología externa y en su estructura, como los xerófitos. Poseen adaptaciones para conservar el agua tales como hojas reducidas, carácter craso, cubierta gruesa de pelos, cutícula gruesa, etc.

xilema. Tejido conductor encargado del transporte del agua y de las soluciones salinas en las plantas, que en el tronco de los árboles forma el leño o parte dura que hay por dentro de la corteza; forma parte junto con el floema de los hacecillos conductores y está integrado por vasos o traqueidas (células muertas tubulares por las que circula el líquido), parénquima y fibras leñosas que actúan como elemento de sostén.

yema. Rudimento meristemático de un brote tierno (de un vástago) o de una flor que a menudo está cubierta de una serie de hojas modificadas (escamas o brácteas) y otras veces desnuda; las hay de muy diverso tipo.

zarcillo. Órgano especializado de la planta, por lo general largo, delgado y voluble, que le sirve para trepar. Puede derivar de un tallo, de una hoja, del pecíolo de una hoja o incluso de una raíz.

zigomorfía. Fenómeno que presentan las flores y otros órganos que tienen un solo plano de simetría.

zoocoria. Fenómeno relativo a las plantas zoocoras, que son aquellas cuyas diásporas (frutos, semillas, etc.) las dispersan o diseminan los animales. Pueden ser endozoocoras o epizoocoras (ver estos términos).

Las orquídeas, como esta
Paphiopedilum parnatanum son
plantas herbáceas muy evolucionadas.

Las flores de esta bromeliácea de los trópicos suramericanos, *Bilbergia vittata*, son ornitófilas, es decir, son polinizadas por aves, en este caso por colibríes.

GLOSARIO DE TÉRMINOS FARMACOLÓGICOS Y TERAPÉUTICOS

abortivo. Que provoca el aborto, es decir la expulsión del feto prematuramente (ver oxitócico y uterotónico).

adaptógeno. Que proporciona nutrientes especiales que ayudan al cuerpo a alcanzar un rendimiento óptimo mental, físico y de trabajo.

adrenérgico. Medicamento o sustancia que ejerce efectos similares o idénticos a los de la adrenalina (epinefrina). Por ello, son un tipo de medicamentos simpaticomiméticos, es decir, de los fármacos que se utilizan para imitar o potenciar la actividad del sistema nervioso simpático encargado de regular diversas funciones corporales involuntarias, incluyendo la frecuencia cardíaca, la presión arterial, la dilatación de las pupilas y la respuesta al estrés. Por el contrario, los antagonistas adrenérgicos, son los que ejercen una acción opuesta bloqueante.

afrodisíaco. Que estimula o excita el deseo sexual.

agonista y antagonista. En bioquímica, se califica como agonista al componente que tiene la capacidad de aumentar la actividad que realiza otra sustancia. Los agonistas funcionan a partir de su facultad de acoplamiento a un receptor de tipo celular. De este modo, consiguen generar una cierta acción en la célula. Los antagonistas, en cambio, son los compuestos que provocan lo contrario al unirse al receptor, provocan un bloqueo.

alergia. Reacción del organismo ante una sustancia que pone en alerta el sistema inmunitario.

alopatía. Tratamiento de las enfermedades por remedios que producen efectos diferentes u opuestos a los de la enfermedad.

alucinógeno. Que provoca alucinaciones, estupefaciente, hilarante.

anafrodisiaco. Que reduce el deseo sexual.

analéptico. Que sirve para reponer fuerzas y estimular el organismo. Es similar a tónico.

analgésico. Que calma o quita el dolor. Sinónimo de antinoceptivo.

anestésico. Que atenúa o quita la sensibilidad.

ansiedad. Estado en tensión como defensa natural ante estímulos peligrosos o que amenazan.

ansiogénico. Fármaco ansiotrópico que genera ansiedad.

ansiolítico. Fármaco ansiotrópico con acción depresora del sistema nervioso central, que disminuye o elimina los síntomas de la ansiedad sin producir sedación o sueño. Su efecto inhibidor de la ansiedad se contrapone al de los fármacos ansiogénicos que generan ansiedad.

ansiotrópicos. Fármacos que modifican las respuestas del sistema nervioso central. Pueden ser ansiotrópicos o ansiolíticos.

antiagregante plaquetario. Principios que alteran o modifican la coagulación de la sangre actuando en la primera parte de esta (hemostasia primaria) dentro del proceso de agregación plaquetaria y por lo tanto la formación de trombos o coágulos en el interior de las arterias y venas.

antiálgico. Sinónimo de analgésico.

antiapoptótico. Que previene la apoptosis. La apoptosis es un tipo de muerte celular en la que una serie de etapas moleculares de una célula la lleva a su muerte.

antiarrítmico. Medicamento que se usa para suprimir o prevenir las alteraciones del ritmo cardíaco, tales como la fibrilación auricular, el aleteo auricular, la taquicardia y la fibrilación ventriculares a concentraciones en la que no ejercen efectos adversos sobre la propagación normal del latido cardíaco. Los antiarrítmicos son el tratamiento de elección para los pacientes con trastornos del ritmo cardíaco, aunque pueden ser reemplazados en algunas ocasiones específicas por desfibriladores, marcapasos, técnicas de ablación y quirúrgicas.

antiateromatoso. Que reduce o evita los ateromas, siendo estos las masas anormales compuestas de grasa o lípidos, que se sitúan en los quistes sebáceos y en los depósitos de las paredes arteriales.

anticolinérgico. Que reduce o bloquea los efectos producidos por la acetilcolina en el sistema nervioso central y el sistema nervioso periférico.

anticonceptivo. Que impide la formación del feto.

anticongestivo. Que impide que se acumule la sangre en una parte del cuerpo. Que disminuye o quita la congestión.

antidepresivo. Que sirve para aliviar los estados de depresión.

antidiabético. Que ayuda en la diabetes disminuyendo el azúcar en la sangre.

antidismenorreico. La dismenorrea (del griego *dys-*. dificultad, *mēn(a)*. menstruación, y *rhoíā*. flujo) es una menstruación dolorosa. Se define como la presencia de cólicos dolorosos en la zona pélvica durante el período de la menstruación. Los fármacos antidismenorreicos minoran esas molestias.

antídoto. Que neutraliza la acción de los venenos.

antiequimótico. En dermatología, el término equimosis define una lesión subcutánea caracterizada por depósitos de sangre extravasada debajo de la piel intacta, como por ejemplo la de los hematomas o los ojos morados.

antiespasmódico. Que combate las contracciones o convulsiones.

antiespástico. Calmante de los dolores de la musculatura.

antifibrilante. Fibrosis es el desarrollo en exceso de tejido conectivo fibroso en un órgano o tejido como consecuencia de un proceso reparativo o reactivo, en contraposición a la formación de tejido fibroso como constituyente normal de un órgano o tejido. La fibrosis se produce por un proceso inflamatorio crónico, lo que desencadena un aumento en la producción y deposición de matriz extracelular. Un antifibrilante o antifibrótico es un fármaco empleado para evitar la fibrilación de diferentes órganos internos.

antiflatulento. Ver carminativo.

antiflogístico. Que sirve para calmar la inflamación.

antifúngico. Que impide las infecciones provocadas por hongos.

antigonadotrópica. Que da lugar a una disminución de la síntesis de testosterona por el testículo y, por lo tanto, a una reducción de los niveles séricos de testosterona, de lo que se derivan propiedades anafrodisíacas.

antihelmíntico. Que actúa contra los gusanos parásitos del organismo.

antihistamínico. Que inhibe la acción de la histamina, que transmite información a las células cuando se pone en funcionamiento la defensa inmunitaria.

antiinflamatorio. Que ayuda a disminuir las inflamaciones.

antilitiásico. Se dice de ciertas sustancias que evitan o ayudan a eliminar los cálculos renales o biliares.

antimicótico. Sinónimo de antifúngico.

antimicrobiana. Que ejerce una acción genérica contra los microbios, especialmente contra las bacterias patógenas.

antimitótico. Que impide la formación correcta del huso mitótico y, por tanto, bloquea la mitosis.

antineoplásicos. Sustancias que impiden el desarrollo, crecimiento, o proliferación de células tumorales malignas. Estas sustancias pueden ser de origen natural, sintético o semisintético.

antinociceptivo. En anatomía, el adjetivo nociceptivo se refiere a los receptores nerviosos de los estímulos dolorosos. Antinoceptivo es, pues, sinónimo de analgésico.

antioxidante. Que evita la oxidación y el envejecimiento.

antipirético. Que provoca el descenso de la temperatura en los estados febriles.

antiprotozoario. Que ayuda a combatir las infecciones producidas por protozoos.

antipruriginoso. Conocidos como medicamentos antipicazón, son medicamentos que inhiben el prurito que se asocia a menudo con quemaduras, reacciones alérgicas, eczema, psoriasis, varicela, infecciones por hongos, picaduras de insectos como las de mosquitos, pulgas y ácaros, y dermatitis de contacto y la urticaria causada por las plantas como las ortigas.

antipsicótico. Ver neuroléptico.

antirreumático. Que combate el reumatismo.

antiséptico. Que combate la infección o la contaminación debida a microorganismos.

antitumoral. Que impide la formación de tumores.

aperitivo. Que tiene la cualidad de abrir el apetito.

apósito. Compresa preparada con un producto sanitario poco concentrado que se aplica sobre una herida y se deja actuar lentamente.

aromática (planta). Cualquier vegetal cuya composición contenga aceites esenciales. Se usan especialmente en la industria alimentaria y cosmética, pero también en la farmacéutica cuando tienen propiedades terapéuticas o se usan como aromatizantes.

artritis. Inflamación de las articulaciones.

asma. Enfermedad pulmonar y bronquial en la que la musculatura lisa de los bronquios reduce los canales bronquiales y se produce ahogo.

astringente. Que astringe, es decir, que aprieta, que estrecha, que contrae los tejidos orgánicos. Los astringentes pueden producir una acción cicatrizante, antiinflamatoria, antihemorrágica y de estreñimiento.

aterogénico. Conjunto de alteraciones que permiten la aparición en la pared de las arterias de un depósito de lípidos, transformándose paulatinamente en una placa de calcificación que ocasiona la pérdida de elasticidad arterial y otros trastornos vasculares. Determinadas grasas de origen vegetal, como el aceite de palma, y muchas otras de origen animal, al disminuir el colesterol bueno y aumentar el colesterol malo, tienen efectos aterogénicos.

bactericida. Que mata a las bacterias.

balsámico. Que alivia la irritación de garganta y suaviza las vías respiratorias.

béquico. Eficaz contra la tos.

bifidogénico. Que favorece el crecimiento de las bifidobacterias intestinales.

broncodilatador. Sustancia, generalmente medicamentosa, que causa que los bronquios y los bronquiolos se dilaten, provocando una disminución en la resistencia aérea y permitiendo así el flujo de aire.

candidiasis. Infección producida en las mucosas por un hongo *(Candida)*, sobre todo en la vagina.

carcinogénico. Que tiene capacidad de inducir cánceres.

cardiotónico. Sustancia que aumenta la eficiencia de la función cardiaca al disminuir el consumo de oxígeno.

carminativo. Que favorece y provoca la expulsión de los gases retenidos en el tracto gastrointestinal y previene su formación. Poseen esta acción las plantas ricas en esencia ya que provocan una irritación de la mucosa gastrointestinal, al entrar en contacto con ella, dando lugar a un aumento de la motilidad y relajación del cardias con lo que se favorece la expulsión de gases.

cataplasma. Masa preparada con agua, harina o mucílago, más la planta (triturada) que se desea utilizar como medicinal. Esta masa se coloca superficialmente sobre la zona enferma y se sujeta con un trozo de tela.

catártico. Agentes que, actuando sobre la consistencia y cantidad de las heces, promueven y/o facilitan la defecación al acelerar el tránsito de las heces fecales a través del intestino grueso, facilitando su eliminación vía rectal. Los términos laxante y catártico reflejan la intensidad típica y el tiempo de latencia del efecto. Un catártico produce usualmente una rápida evacuación líquida, mientras que un laxante usualmente produce unas heces suaves moldeadas durante un período determinado; la misma droga puede actuar como laxante o catártico dependiendo de la dosis administrada o de la sensibilidad individual del paciente.

cáustico. Que produce un efecto parecido a una quemadura sobre ciertas formaciones de la piel indeseables, cauterizando o destruyendo verrugas o lunares.

cerato. Preparado farmacéutico que tiene por base una mezcla de cera y aceite, y se diferencia del ungüento en no contener resinas.

cicatrizante. Que ayuda a cerrar las heridas (vulnerario).

cistitis. Infección de la orina que afecta sobre todo a la vejiga y que se suele producir por enfriamiento.

citostático. Sustancia que detiene la división celular. Se aplica a los fármacos que detienen el crecimiento de células tumorales.

colagogo. Que provoca la expulsión de la bilis por la vesícula biliar.

colerético. Que activa la producción y secreción de la bilis por el hígado.

cólico. Obstrucción de conductos, bien biliares o urinarios, que impide el normal funcionamiento de secreción de bilis o de orina.

colinérgico. Término relacionado con la actividad de la colina que se refiere típicamente a circuitos neuronales, medicamentos, moléculas y proteínas que hacen uso, transportan o modifican la actividad del neurotransmisor acetilcolina.

colirio. Extracto suave de una planta que, en forma líquida, se aplica en los ojos cuando está tibio.

compresa. Trozo de algodón impregnado con un líquido procedente de infusión, decocción, etc.

condimentaria. También llamadas especias son las plantas o partes de ellas, frescas o desecadas, enteras, troceadas o molidas, que por su color, aroma o sabor característicos se usan para elaborar alimentos o bebidas.

congestión. Cuando se produce gran cantidad de líquido o mucosidad que llena los tubos respiratorios.

conjuntivitis. Inflamación de las mucosas que rodean al ojo.

convulsivante. Que provoca convulsiones, es decir, movimientos súbitos, descontrolados del cuerpo y cambios en el comportamiento que se presentan por una actividad eléctrica anormal en el cerebro. Los síntomas incluyen pérdida de conciencia, cambios emocionales, pérdida de control muscular y temblores. Las crisis convulsivas se presentan por efectos de medicamentos, fiebres altas, lesiones en la cabeza y enfermedades tales como la epilepsia.

cordial. Bebida que se da a los enfermos, compuesta de varios ingredientes propios para confortarlos.

corroborante. Sinónimo de vivificante, término que se aplica a cualquier principio que otorga mayores fuerzas a alguien débil, desmayado o enflaquecido.

cuajante. Sustancia que contiene peptidasas (enzimas) que se utiliza para cuajar la leche. Puede ser de origen animal, vegetal, microbiano o artificial (sintético o químico).

decocción. Preparado hecho con plantas trituradas que se ponen en agua fría y luego se calientan hasta que hierven, manteniéndose así durante varios minutos.

demulcente. Que ejerce una acción protectora local similar a la que hacen las mucosidades en las membranas. Se usan en el tratamiento local de gingivitis, estomatitis, faringitis. En tos y en ocasiones en gastroenteritis.

depresor. Sustancia química que ralentiza la actividad del sistema nervioso central. Los depresores son utilizados en medicina como ansiolíticos, analgésicos, sedantes o somníferos. También son utilizados con fines no terapéuticos como drogas lúdicas o de abuso. Los depresores más comunes son el alcohol, los opioides, los barbitúricos y las benzodiazepinas.

depurativa. Depura o purifica, sobre todo la sangre o la orina.

desinfectante. Impide las fermentaciones pútridas que causan infecciones.

diabetes. Enfermedad funcional que no regula el contenido de azúcar en la sangre y como consecuencia este aumenta.

diaforético. Que aumenta la transpiración. Equivale a sudorífera.

dismenorrea. Del griego *dys-*. dificultad, *mēn*(a). menstruación, y *rhoíā*. flujo, es una menstruación dolorosa. Se define como la presencia de cólicos dolorosos en la zona pélvica durante el período de la menstruación. Los fármacos antidismenorreicos minoran esas molestias.

diurético. Que provoca una eliminación de agua y electrolitos del organismo a través de la orina únicamente.

dopaminérgico. Término que generalmente se utiliza para describir aquellas sustancias o acciones que incrementan la actividad relacionada con la dopamina en el cerebro.

droga vegetal. Las drogas vegetales se definen como plantas, partes de plantas, algas, hongos o líquenes, enteros, fragmentados o cortados, sin procesar, generalmente desecados, aunque también a veces en estado fresco. Como ejemplos tendríamos la hoja de ginkgo, la raíz de valeriana, la flor de lavanda, la sumidad florida de tomillo, entre otras. Cuando usamos drogas vegetales en un producto estamos suministrando todos los componentes activos de la planta (glicósidos, alcaloides, aceites esenciales, etc.), pero a una dosis muy, muy baja. Por lo tanto, tenemos que suministrar grandes cantidades de drogas vegetales para conseguir una acción terapéutica.

eczema. Inflamación de la piel (dermatitis) con sequedad, picor e irritación.

efervescente. Que en contacto con un líquido desprende burbujas gaseosas a la vez que se disuelve.

emenagogo. Que favorece el flujo menstrual.

emético. Vomitivo.

emoliente. Que calma los tejidos inflamados.

emplasto. Parte de la planta que se aplica extendida sobre una tela en la piel o parte afectada.

emulgente. Los agentes emulgentes, espesantes, estabilizantes y gelificantes son muy similares en cuanto a su cometido. Sin alterar significativamente el sabor y las propiedades de los alimentos, contribuyen a formar suspensiones líquidas.

emulsión. Mezcla coloidal de dos líquidos inmiscibles de manera más o menos homogénea. Un líquido (la fase dispersa) es dispersado en otro (la fase continua o fase dispersante). Ejemplos de emulsiones son la mantequilla, la margarina, la leche, la crema y la mayonesa. En el caso de la mantequilla y la margarina, la grasa rodea las gotitas de agua (en una emulsión de agua en aceite); en la leche y la crema el agua rodea las gotitas de grasa (en una emulsión de aceite en agua).

enema. véase Lavativa.

enmascarante. En cosmética, una sustancia que reduce o inhibe el olor o sabor básicos del producto.

enteógeno. Que tiene propiedades psicotrópicas, es decir, que cuando se ingiere provoca un estado modificado de conciencia. Se utiliza en contextos espirituales, religiosos, rituales y chamánicos además de usos recreativos o médicos.

enzima. Proteína específica que actúa químicamente en los procesos metabólicos.

erupción. Aparición de manchas o vesículas en la piel o en las mucosas.

espasmolítico. Agente que generalmente funciona mejorando el nivel de inhibición o reduciendo el nivel de excitación de las neuronas motoras que provocan calambres musculares.

especia. Véase condimentaria.

espesante. Sustancia que, al agregarse a una mezcla, aumenta su viscosidad y su estabilidad, y facilita la formación de suspensiones sin modificar sustancialmente otras propiedades como el sabor. Los agentes espesantes son frecuentemente aditivos alimentarios. Los espesantes alimentarios frecuentemente están basados en polisacáridos (almidones o gomas vegetales), proteínas (yema de huevo, colágeno). Algunos agentes espesantes son agentes gelificantes.

estabilizante. Sustancia que ayuda a evitar que ocurra la separación de fases de las emulsiones; como ocurre de modo natural con las mezclas de agua y aceite.

estimulante. Estimulante, psicoestimulante o psicotónico es una droga que aumenta los niveles de actividad motriz y cognitiva, refuerza la vigilia, el estado de alerta y la atención.

estomáquico. Que estimula el apetito y las funciones digestivas.

estomatológica. Dícese de las plantas indicadas para el tratamiento de la inflamación de la cavidad bucofaríngea como las que contienen mucílago y actúan como antiinflamatorias, y plantas con esencias u otros compuestos de acción antiséptica.

estreñidora. Que provoca estreñimiento, es decir, cuando una persona tiene tres o menos evacuaciones en una semana.

estrogénico. Regula el ciclo menstrual.

eupéptico. Favorece la digestión.

excipiente. Ver Principio activo.

exfoliante. Exfoliación en dermatología es el proceso natural de renovación celular de la piel mediante la eliminación de las células muertas de la epidermis.

expectorante. Favorece la expulsión de la mucosidad.

farmacopea. Libro en el que se expresan las sustancias medicinales de uso común y el modo de prepararlas y combinarlas.

febrífugo. Que disminuye la fiebre.

flebitis. Inflamación de las venas. Folioso. Referente a las hojas.

forúnculo. Dureza causada por una infección dérmica que produce acumulación de pus.

fungicida. Destruye los hongos.

galactogogo. Aumenta la secreción láctea.

galénico. Medicamento preparado a partir de drogas vegetales.

gangliopléjico. Fármacos que bloquea los impulsos de las fibras nerviosas colinérgicas preganglionares y bloquea la transmisión nerviosa simpática y parasimpática.

gargarismo. Preparación líquida que se usa para afecciones de garganta, manteniendo la sustancia sin tragar en la garganta haciéndola gorgotear; suele ser más efectiva cuando está bastante caliente.

gastritis. Inflamación del estómago.

gastroenteritis. Inflamación del tubo digestivo debido a un proceso infeccioso.

gelificante. Sustancias que forman un gel que se disuelve en la fase líquida como una mezcla coloidal que forma una estructura interna débilmente cohesiva.

genotóxico. Que tiene capacidad para causar daño al material genético.

gingivitis. Enfermedad de las encías que produce hinchazón y pérdida de fijación de las piezas dentarias.

gota. Enfermedad muy dolorosa e inflamatoria, como consecuencia del exceso de ácido úrico en la sangre, que se produce al depositarse pequeños cristales de urato sódico en las articulaciones o los extremos de los dedos.

gemolítico. Destruye los hematíes.

hemostático. Retiene el flujo sanguíneo.

hepatoprotector. Los hepatoprotectores son capaces de mejorar el funcionamiento de las células hepáticas; de esa manera pueden bloquear a las hepatotoxinas del organismo.

herpes. Enfermedad vírica que produce dolores en la dermis y pústulas en los labios.

hidrogoga. Remedio que provoca evacuaciones acuosas. Se aplica a los sudoríficos, diuréticos y purgantes.

hipnótico. Psicofármaco utilizado para tratar el insomnio y otras alteraciones psicológicas.

hipoglucemiante. Capacidad de disminuir los niveles de glucosa en la sangre.

hipolipemiante. Capacidad de disminuir los niveles de lípidos en sangre.

hipotensiva. Capacidad de disminuir la tensión que tienen los hipotensores.

homeopatía. Práctica que consiste en administrar a alguien, en dosis mínimas, las mismas sustancias que, en mayores cantidades, producirían supuestamente en la persona sana síntomas iguales o parecidos a los que se trata de combatir.

ictericia. Enfermedad funcional producida por el mal funcionamiento del hígado y la secreción de bilis, que se manifiesta con un color amarillo de la piel.

infusión. Preparado que se hace añadiendo agua hirviendo sobre una planta que normalmente está triturada o al menos troceada. A continuación, se deja reposar varios minutos y después se cuela.

inmunoestimulante. Que estimula los procesos de defensa frente a microbios o inmunológicos en el organismo.

inmunomoduladora. Sustancia que estimula o deprime el sistema inmunitario y puede ayudar al cuerpo a combatir el cáncer, las infecciones u otras enfermedades.

lavativa. Líquido que se introduce en el cuerpo por el ano con un instrumento adecuado para impelerlo, y sirve por lo común para limpiar y descargar el intestino. Es de efecto rápido y eficaz, por lo que puede ser peligrosa. No se administra más de una vez al día, ni más de medio litro cada vez. Se utiliza agua a 37º C.

laxante. Facilita la evacuación intestinal. Ver catártico.

litontrípticos. Destruyen los cálculos en las vías urinarias.

loción. Líquido (infusión o decocción) que se aplica sobre una zona afectada del cuerpo para dar un masaje. Si el masaje es enérgico se le llama fricción.

maceración. Preparado a base de dejar reposar partes de una o más plantas en líquido durante un periodo prolongado de tiempo. Puede utilizarse agua, alcohol, vino, etc. Si la maceración se hace con agua, no debe dejarse más de medio día porque se tiene riesgo de aparición de hongos.

medicamento. Cualquier droga que sufre una manipulación que no sea el simple secado y troceado.

metabolismo. Procesos bioquímicos y biofísicos que mantienen vivas las células que forman los tejidos y los órganos del organismo. En las plantas, suele denominarse primario para diferenciarlo del secundario.

metabolismo secundario. Metabolismo de los vegetales por el cual en sus procesos de desecho producen sustancias que han resultado beneficiosas evolutivamente.

metástasis. Formaciones anormales de crecimiento de tejidos que se originan a partir de células cancerígenas o células con funcionamiento genético anormal.

migraña. Dolor generalmente intenso de cabeza con pulsaciones y localizado en un lado.

mordiente. Sustancia química que hace de enlace entre la fibra y el tinte, con lo que fija el color al tejido.

movimientos peristálticos. Movimientos involuntarios del tubo digestivo que hacen avanzar el contenido digestivo.

moxibustión. Método de curación chino en el que se aplica sobre determinados puntos del cuerpo pequeños nódulos de hierbas medicinales que se queman y producen calor.

mucilaginoso. Sustancia orgánica y viscosa semejante a las gomas que se encuentra en algunos vegetales y que tiene la propiedad de hincharse al embeberse con agua. Debido a su capacidad de succión, los mucílagos retienen el agua de reserva, como, por ejemplo, en plantas crasas como los cactus. En fitoterapia se emplean a modo de infusiones para resolver problemas del aparato respiratorio y como cataplasmas para aliviar los dolores producidos por traumatismos.

mucolítico. Sustancia que deshace las sustancias mucosas segregadas en el tubo respiratorio y ayuda a que se eliminen.

narcótico. Sustancia que, por definición, provoca sueño o en muchos casos estupor y, en la mayoría de los casos, inhibe la transmisión de señales nerviosas, en particular las asociadas al dolor por lo que funcionan como analgésicos. El grupo de los narcóticos comprende gran variedad de drogas con efectos psicoactivos, aunque terapéuticamente no se usan para promover cambios en el humor, como los psicotrópicos, sino para otros fines farmacológicos. Analgesia, anestesia, efectos antitusivos, antidiarreicos.

necrótico. Tejido muerto.

nefrítico. Referente al riñón.

nervino. Da tono a los nervios y estimula su acción.

neuroléptico. Fármaco que comúnmente, aunque no exclusivamente, se usa para el tratamiento de las psicosis.

neurotónico. Que tiene la propiedad de tonificar o estimular el sistema nervioso.

nutracéutico. Alimento que a la vez tiene propiedades curativas.

opacificantes. Sustancias que se añaden a los productos cosméticos transparentes o translúcidos para hacerlos más impenetrables por la luz y la radiación cercana. Se aplican en formulaciones cosméticas como champús, geles de baño y jabones líquidos.

oxitócico. Que estimula la contracción del músculo uterino.

panacea. Que cura muchas enfermedades o casi todas.

pediculicida. Que se usa para combatir los piojos.

piorrea (periodontitis). Infección de las encías que afecta a los alveolos dentarios y suelta los dientes.

polvo. Preparado a base de machacar las plantas en seco con un mortero o similar. Posteriormente el polvo suele ser disuelto en algún líquido para su aplicación o mezclado con algún alimento como mermeladas o miel.

prebiótico. Promueve el crecimiento en el intestino de microorganismos beneficiosos para la salud (microbiota).

principio activo. Ingrediente biológicamente activo de un medicamento o de un preparado farmacéutico. Algunos medicamentos o preparados pueden contener más de un principio activo. En contraste con estos ingredientes que son los que tienen efectos terapéuticos, los ingredientes inactivos se llaman excipientes en contextos farmacéuticos. El excipiente principal que sirve como medio para transportar el principio activo generalmente se llama vehículo. La vaselina y el aceite mineral son vehículos comunes.

protector hepático. Cuando existe lesión o insuficiencia hepática, está indicado el uso de plantas que protejan al hígado de la acción destructora de los elementos tóxicos. Suelen emplearse plantas de acción local para suprimir la formación y absorción de sustancias tóxicas nitrogenadas. Dentro de este grupo destacan dos plantas, que poseen capacidad de regenerar las células hepáticas. El cardo mariano y la alcachofera.

psicoestimulante o psicotónico. Ver Estimulante.

psicotrópico. Del griego *psykhe* 'alma' y *tropos* 'girar, tornar'. Toda sustancia química que, al introducirse por cualquier vía (bucal, nasal, oral, intravenosa u otra mediante la cual la sustancia sea absorbida) y luego pasar al torrente sanguíneo, ejerce un efecto directo sobre el sistema nervioso central, lo que acarrea como consecuencia cambios temporales en la percepción, ánimo, estado de conciencia y comportamiento. Estas sustancias son capaces de inhibir el dolor, modificar el estado anímico o alterar las percepciones. En ocasiones, se llama a los psicotrópicos psicoactivos, psicoactivantes o psicoestimulantes, a pesar de que no todos promueven la activación del sistema nervioso.

psoriasis. Enfermedad de la piel que produce irritación y descamaciones.

purgante. Laxante. Catártico.

quelante. Del griego chēlē, «pinza», un agente quelante, o secuestrante, o antagonista de metales pesados, es una sustancia que forma complejos con iones de metales pesados. Estos complejos, conocidos como quelatos, están desprovistos de toxicidad y son eliminables a través de la orina.

queratolítico. Fármaco de uso tópico que se caracteriza por disolver, total o parcialmente, la capa córnea de la piel. Se usa en el tratamiento de verrugas, callos y otras lesiones en las que la epidermis produce exceso de células.

quimiopreventiva. Sustancia natural, sintética o biológica usada para revertir, disminuir o prevenir el desarrollo del cáncer.

relajante. Que actúa sobre el sistema nervioso, haciendo que los músculos se calmen al disminuir la contracción muscular.

remineralizante. Que ayuda a que los fosfatos y el calcio enriquezcan la estructura de los dientes, y a que aumente el contenido de otros elementos químicos en el cuerpo.

revulsivo. Que produce o provoca revulsión (congestión o inflamación). Las sustancias irritantes son revulsivas.

rubefaciente. Fármaco que causa irritación y enrojecimiento de la piel debido al aumento del flujo sanguíneo. Se considera que alivian el dolor en diversas afecciones osteomusculares.

sedante. Tranquilizante e inductor al sueño.

sinusitis. Inflamación de los senos nasales que causa mucha mucosidad y congestión.

sudorífera. Que aumenta la transpiración. Sinónimo de diaforética.

surfactante. Sinónimo de tensoactivo.

taquicardia. Aceleración del ritmo cardiaco sin causa justificada.

tenífuga. Que sirve para expulsar las tenias o solitarias.

tensoactivo. Los agentes tensoactivos o tensioactivos (también llamados surfactantes) son sustancias que influyen por medio de la tensión superficial en la superficie de contacto entre dos fases (p. Ej., dos líquidos insolubles uno en otro).

tintura. Concentrado de los principios activos de una planta que se obtiene macerando la planta en alcohol de 90-96 grados para luego dejarla reposar en el alcohol durante 5-6 días. A continuación, el preparado se filtra a través de una tela muy fina.

tisana. Infusión o decocción muy poco concentrada.

tónico. Que sirve para reponer fuerzas y estimular el organismo. Es similar a analéptico.

triaca. Contraveneno de la antigüedad formado por muchos compuestos, la mayoría vegetales.

trigémino. Nervio craneal mixto, con fibras motoras y sensitivas, que se divide en tres e inerva la mandíbula, la maxila, parte del oído, el ojo, cuero cabelludo y meninges.

uricosúrico. Aumenta la excreción de ácido úrico en la orina, reduciendo la concentración de ácido úrico en el plasma sanguíneo. Especialmente indicado para la gota.

urticaria. Alteración de la piel con ronchas e hinchazones de origen autoinmune o causada por alergia.

uterotónico. Que produce una contracción uterina adecuada tras el parto.

vasoconstrictor. Disminuye el calibre de los vasos sanguíneos.

vasodilatación. Acción por la cual los vasos sanguíneos se relajan y fluye la sangre con más facilidad, dando lugar a una bajada de tensión sanguínea.

vasodilatador. Aumenta el calibre de los vasos sanguíneos.

vasoprotector. Que protege los vasos sanguíneos. Venas y arterias.

vehículo. Ver Principio activo.

venotónico. Tónicos venosos que contribuyen a aumentar el tono de las venas y la resistencia de los capilares. Este efecto ayuda a aliviar los síntomas y molestias de las varices.

vermicida. Que elimina y además mata a las lombrices.

vermífugo. Que elimina las lombrices.

vesicante. Que produce ampollas o vesículas.

vulnerario. Cicatrizante.

zumo. Líquido extraído de un vegetal fresco.

Narcissus bulcodium tiene seis tépalos libres y estrellados y una gran corona central.

Polinización ornitófila: la curruca ibérica *Sylvia melanocephala* poliniza una planta surafricana, *Chasmanthe floribunda*.

ÍNDICE DE NOMBRES COMUNES

ÍNDICE FÍGURAS Y LÁMINAS

FIGURAS

LÁMINAS

Las flores entomófilas de algunas orquídeas mediterráneas, como esta *Ophrys tenthredinifera*, son trampas sexuales para los insectos en busca de pareja.

BIBLIOGRAFÍA BÁSICA

ARA ROLDÁN, A. 1997. 100 plantas medicinales escogidas. Edaf, Madrid.

ARA ROLDÁN, A. 2003. 40 plantas medicinales. 2ª ed. Madrid: Edaf, Madrid.

BERDONCES, J. 1998. Gran enciclopedia de las plantas medicinales. Susaeta, Madrid.

BERDONCES, J. 2010. Gran diccionario ilustrado de las plantas medicinales. Océano Ámbar, Barcelona.

BONNIER, G. 1990. Plantas medicinales, melíferas, útiles y perjudiciales. Omega, Barcelona.

BRUNETON, J. 2001. Farmacognosia. 2ª ed. Acribia, Zaragoza.

CASTILLO GARCÍA, E. & I. MARTÍNEZ SOLÍS. 2007. Manual de fitoterapia. Masson, Barcelona.

CASTROVIEJO, S. (coord. gen.). 1986-2012. Flora iberica 1-8, 10-15, 17-18, 21. Real Jardín Botánico, CSIC, Madrid.

CEBRIAN, J. 2002. Diccionario de plantas medicinales. RBA, Barcelona.

CECCHINI, T. 2008. Las plantas medicinales. De Vecchi ediciones, Barcelona.

DURÁN, N. 2006. Plantas medicinales. Identificación, propiedades. GEOESTEL, Barcelona.

EDDE, G. 1998. Manual de las plantas medicinales. José J. de Olañeta, Palma de Mallorca.

FISHER, K. 2004. Plantas medicinales para la salud. Océano Ámbar, Barcelona.

FONT QUER, P. 1992. Plantas medicinales. 13ª edición. Editorial Labor, Barcelona.

FONT QUER, P. 2007. Plantas medicinales. El Dioscórides renovado. Península, Barcelona.

FURLENMEIER, M. 1978. Plantas curativas y sus propiedades medicinales. Blume, Barcelona.

GARCÍA, L. M. 1981. Navarra. Plantas medicinales. Caja de Ahorros de Navarra, Logroño.

GRÜNWALD, J. & C. JÄNICKE. 2009. La farmacia verde. 2ª ed. Everest, León.

HENSEL, W. 2008. Plantas medicinales. Omega, Barcelona.

HOFFMANN, D. 2008. Atlas ilustrado de las plantas medicinales. Susaeta, Madrid.

LÓPEZ GONZÁLEZ, G. 1982. La guía de Incafo de los árboles y arbustos de la península ibérica y Baleares. INCAFO, Madrid.

LÓPEZ GONZÁLEZ, G. 2002. Guía de los árboles y arbustos de la Península Ibérica y Baleares. Mundi-Prensa, Madrid.

MANTOVANI, L. 2006. Plantas medicinales. Susaeta, Madrid.

MORALES, R., L. Aceituno, M. Pardo de Santayana. 2023. La botica vegetal. Guía práctica de plantas medicinales. Larousse, Barcelona.

MOREIRO LÓPEZ, P. 2024. Manual práctico de fitoterapia: Descripción de las plantas medicinales y preparación de remedios naturales. Edición de Kindle.

MUÑOZ, F. 1996. Plantas medicinales y aromáticas. Estudio, cultivo y procesado. Mundi-Prensa, Madrid.

PABLO HERNÁNDEZ, C. de. 2010. Plantas medicinales. Formación Alcalá. Jaén.

PAMPLONA ROGER, J. 2009. Salud por las plantas medicinales. 2ª ed. Safeliz, Madrid.

PARDO DE SANTAYANA, M. 2004. Guía de las plantas medicinales de Cantabria. Librerías Estudio. Santander.

PARDO DE SANTAYANA, M., R. MORALES, L. ACEITUNO & M. MOLINA (eds.). 2014. Inventario español de los conocimientos tradicionales relativos a la biodiversidad. Primera fase: Introducción, metodología y fichas. Ministerio de Agricultura, Alimentación y Medio Ambiente (MAGRAMA). Madrid.

PARDO DE SANTAYANA, M., R. MORALES, J. TARDÍO & M. MOLINA (eds.). 2018. Inventario español de los conocimientos tradicionales relativos a la biodiversidad. Segunda fase (Tomo 1). MAGRAMA, Madrid.

PARDO DE SANTAYANA, M., R. MORALES, J. TARDÍO, L. ACEITUNO & M. MOLINA (eds.). 2018. Inventario español de los conocimientos tradicionales relativos a la biodiversidad. Segunda fase (Tomos 2 y 3). MAGRAMA, Madrid.

PÉREZ AGUSTÍ, A. 2005. Las 200 plantas medicinales más eficaces. Masters Ediciones, Madrid.

PÉREZ DE PAZ, J. L. & P. MEDINA. 1988. Catálogo de las plantas medicinales de la flora canaria. Aplicaciones populares. Instituto de Estudios Canarios, Viceconsejería de Cultura y Deportes, Gobierno de Canarias, La Laguna, Tenerife.

PERIS, J. B. & G. STÜBING. 2001. Plantas medicinales de la Península Ibérica e Islas Baleares. Jaguar, Madrid.

PERIS, J. B. & G. STÜBING. 2006. Plantas tóxicas de la provincia de Albacete. Instituto de Estudios Albacetenses, Albacete.

PERIS, J. B., G. STÜBING & A. ROMO. 2001. Plantas medicinales de la Península Ibérica e Islas Baleares. Ediciones Jaguar, Madrid.

PERIS, J. B., G. STÜBING & B. VANACLOCHA. 1995. Fitoterapia aplicada. Colegio oficial de Farmacéuticos, Valencia.

RADFORD, J. 1997. Aromas que curan. Robin Book, Barcelona.

REY BUENO, M.M. 2008. Historia de las hierbas mágicas y medicinales. Nowtilus, Madrid.

RIVERA, D. & C. OBÓN 1991. La guía de Incafo de las plantas útiles y venenosas de la península Ibérica y Baleares. Incafo, Madrid

SCHAUENBERG, P & F. PARIS. 1972. Guía de las plantas medicinales. Omega, Barcelona.

TARDÍO, J, H. PASCUAL & R. MORALES. 2002. Alimentos silvestres de Madrid. Guía de plantas y setas de uso alimentario tradicional en la Comunidad de Madrid. Ediciones La Librería, Madrid.

TARDÍO, J., M. PARDO DE SANTAYANA, R. MORALES, M. MOLINA & L. ACEITUNO (EDS.). 2018. Inventario español de los conocimientos tradicionales relativos a la biodiversidad agrícola. Vol. 1: Introducción, metodología y fichas. Ministerio de Agricultura, Pesca y Alimentación (MAPA), Madrid.

TARDÍO, J., M. PARDO DE SANTAYANA, A. LÁZARO, L. ACEITUNO & M. MOLINA (eds.). 2022. Inventario español de los conocimientos tradicionales relativos a la biodiversidad agrícola. Vol. 2. MAPA, Madrid.

THOMSON, W. (ed.) 1981. Guía práctica ilustrada de las plantas medicinales. Editorial Blume, Barcelona.

TOMAS MELGAR, L. 2004. Guía de las plantas que curan. Libsa, Madrid.

VANACLOCHA, B. & S. CAÑIGUERAL. 2019. Fitoterapia. Vademécum de prescripción. 5ª ed. Elsevier, Barcelona. Disponible online mediante suscripción en Fitoterapia.net.

VOLAK, J., J. STODOLA & F. SEVERA. 1992. Plantas medicinales. Susaeta, Madrid.

Los frutos de muchas asteráceas como
este diente de león llevan un penacho
de pelos (vilano), una estructura
adaptada a la diseminación por el
viento (dispersión anemócora).

Detalle de una flor de *Cistus crispus*. El androceo está formado por decenas de estambres libres. En el centro emerge un largo estilo rematado por un estigma mazudo pentalobulado.

Este libro se cierra para la impresión en mayo de 2025.

Esta edición ha estado al cuidado de **Editorial Cuarto Centenario**.

Se ha utilizado papel Magnomatt
y la familia tipográfica Sofía Pro y Minion Pro.